深度学习重要分支·深度卷积神经网络入门与提高

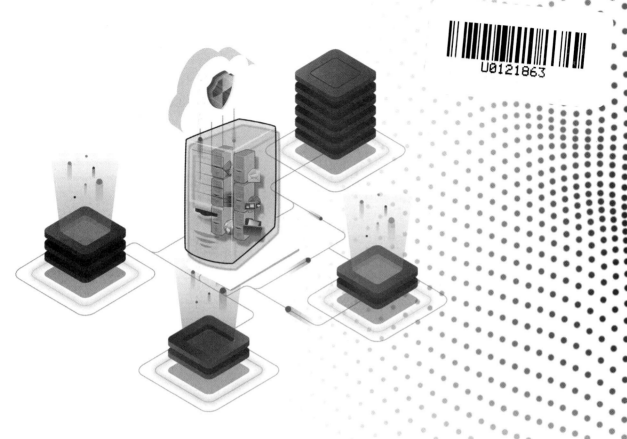

U0121863

深度卷积神经网络

原理与实践

周浦城 李从利 王 勇 韦 哲 编著

電子工業出版社·
Publishing House of Electronics Industry
北京·BEIJING

内 容 简 介

深度学习是人工智能与机器学习领域的重要研究分支,深度卷积神经网络是其核心内容之一。本书作为一本深度卷积神经网络方面的入门与提高书籍,目的是使读者了解和掌握卷积神经网络的理论基础与应用方法。全书共 10 章,分为三个部分:第一部分为第 1～3 章,主要介绍卷积神经网络基本理论;第二部分为第 4、5 章,概述卷积神经网络相关工具和框架;第三部分为第 6～10 章,介绍数据集、数据处理及卷积神经网络训练,最后给出卷积神经网络的三类典型应用实例。

本书可作为高等学校人工智能、计算机科学与技术、信息工程、自动化等专业高年级本科生或研究生深度学习相关课程的教材,也适合对卷积神经网络感兴趣的研究人员和工程技术人员参考阅读。

图书在版编目(CIP)数据

深度卷积神经网络原理与实践 / 周浦城等编著. —北京:电子工业出版社,2020.10
ISBN 978-7-121-39663-2

I. ①深… II. ①周… III. ①人工神经网络—高等学校—教材 IV. ①TP183

中国版本图书馆 CIP 数据核字(2020)第 183130 号

责任编辑:章海涛
文字编辑:张 鑫
印   刷:三河市君旺印务有限公司
装   订:三河市君旺印务有限公司
出版发行:电子工业出版社
            北京市海淀区万寿路 173 信箱   邮编:100036
开   本:787×1092 1/16   印张:17   字数:436 千字
版   次:2020 年 10 月第 1 版
印   次:2020 年 10 月第 1 次印刷
定   价:62.00 元

前　言

得益于深度学习技术的快速发展，神经网络在 2012 年以后再次得到了学术界和产业界的高度重视，各种新模型、新算法如雨后春笋般层出不穷，推动了机器学习技术大规模地走向应用。神经网络复兴的原因在于人们掌握了训练深度神经网络的有效手段，如数据的急剧扩增、高性能计算硬件的实现及高效的训练方法。尤其是近年来，基于卷积神经网络的深度学习在理论模型、算法设计、软硬件实现等方面得以迅速发展，计算机迈入智能时代已成为世人共识。每年的相关国际顶级会议和期刊都有大量的深度卷积神经网络论文出现，深度卷积神经网络已成为学者们研究的热点和焦点。

本书尝试围绕深度卷积神经网络理论及其典型应用的主题展开内容设计，基本思路是先从卷积神经网络基本理论入手，再学习实践工具，最后结合理论和实践工具对卷积神经网络的主要应用从理论和实践两方面进行阐述，达到理解理论、熟悉工具、掌握应用的目的。

本书重点突出了以下特点：

（1）内容涵盖全面。包含理论、工具、应用三方面，由入门到实践应用全流程讲解。

（2）深度、广度适中。针对本书的读者群体和阅读目标，在内容选择上既避免"科普文学"的浅尝辄止，也避免对研究领域内细分领域和前沿难题的过度纠缠。

（3）结构设置合理。遵循"理论—工具—应用"的学习顺序，符合认知规律。同样，针对每章的内容设置也如此。

本书共 10 章，从读者视角进行了内容安排，围绕"深度卷积神经网络是什么？深度卷积神经网络的实现工具有哪些？实际应用中深度卷积神经网络如何实现？"三个问题展开论述，层层递进，达到理论和实践结合的目的。首先，第 1～3 章针对第一个问题进行介绍，分别涵盖了机器学习基础、卷积神经网络基本原理、典型卷积神经网络结构；其次，第 4、5 章针对第二个问题进行介绍，深度卷积神经网络的实现工具较多，考虑到典型性和篇幅限制，主要介绍了目前使用最为广泛的 Python、PyTorch 的工具和框架；最后，第 6～10 章针对第三个问题进行介绍，介绍了数据集与数据处理、卷积神经网络的训练，以及在图像去噪、图像修复和目标检测这三类典型应用中的具体实现。书中所有实例和典型代码均经过反复测试与实际运行，读者可从华信教育资源网（http://www.hxedu.com.cn）自行下载配套资源。

本书可作为高等学校人工智能、计算机科学与技术、信息工程、自动化等专业高年级本科生或研究生深度学习相关课程的教材，也适合对卷积神经网络感兴趣的研究人员和工程技术人员参考阅读。

本书内容为编者多年从事国家级、省级相关自然科学基金课题（No.2013M532208; No.1908085 MF208）研究的部分成果，以及在本科和研究生教学过程中的心得体会。其中，第 1、4、5 章由周浦城编写，第 2、3、10 章由王勇编写，其余章由李从利、韦哲共同编写，最后由周浦城统稿。

在编写过程中，编者参考并引用了相关文献资料的观点和素材，在此向相关文献的作者表示感谢；在内容审校和出版过程中，得到了电子工业出版社张鑫编辑的大力支持和指导；读者能够阅读本书，也是对编者的极大支持，在此一并致谢。

需要指出的是，深度学习还在快速发展中，尽管取得了长足进步和出色成果，但由于其强依赖于大规模数据的训练，且缺乏坚实的理论基础，因此目前深度学习本质上还是一个黑盒系统，易被欺骗和干扰，在一些安全性要求高的领域难以应用，这一点需要读者知晓。

编者在书中阐述的某些学术观点，仅为一家之言。此外，囿于编者水平，加上撰稿时间仓促，书中难免出现不妥和错漏之处，恳请读者不吝批评指正，并欢迎读者与编者直接沟通交流（E-mail：zhoupc@hit.edu.cn）。

编　者

2020 年 6 月于合肥

目 录

第1章　机器学习基础

近年来，在互联网、大数据、云计算等技术的驱动下，机器学习技术得到加速发展，并且在制造、金融、医疗、交通、教育、安防等领域得到越来越广泛的应用。本章简要介绍机器学习涉及的相关概念、机器学习策略、模型评估与选择、神经网络与深度学习。

1.1　机器学习概述

1.1.1　机器学习的概念

学习是人类具有的一项重要的智能行为。维基百科将学习分为狭义与广义两种，狭义上的学习是指通过阅读、听讲、思考、研究、观察、理解、探索、实验、实践等途径获得知识或技能的过程，是一种使个体可以得到持续变化（知识与技能，方法与过程，情感与价值的改善和升华）的行为方式；广义上的学习则是指人们通过获得经验而产生的行为或行为潜能的相对持久的行为方式。

机器学习（Machine Learning，ML）已成为当今的热门话题，但是从机器学习概念的诞生到机器学习技术得以普遍应用经历了一段漫长的过程。最早给出机器学习概念的是Arthur Samuel，他认为"机器学习是在不直接针对问题进行编程的情况下，赋予计算机学习能力的一个研究领域"（The field of study that gives computers the ability to learn without being explicitly programmed）。卡内基梅隆大学（Carnegie Mellon University，CMU）计算机系 Tom Mitchell 赋予机器学习一个更被人们广泛接受的定义：假设用 P 评估计算机程序在某任务类 T 上的性能，若一个程序利用经验 E 在 T 中任务上获得了性能改善，则认为关于 T 和 P，该程序对 E 进行了学习。以计算机下围棋程序为例，经验 E 就是通过学习现有的高水平围棋棋谱，再加上程序成千上万次的自我对弈后积累形成的下棋策略；任务 T 就是下围棋；性能度量值 P 就是它在与对手进行围棋比赛时获胜的概率。

随着对机器学习了解的深入，机器学习的内涵和外延也在不断发生变化。目前普遍认为，机器学习专门研究计算机如何模拟或实现人类的学习行为，以获取新的知识或技能，重新组织已有的知识结构使之不断改善系统自身的性能；它是人工智能的核心，是使计算机具有智能的根本途径。机器学习是一门多领域交叉学科，涉及计算机科学、概率论、统计学、最优化理论、控制论、信息论、决策论、认知科学等多个领域。

在计算机系统中，经验通常是以数据形式存在的，因此机器学习研究的主要内容是使计算机如何从已有数据中产生模型的算法（即学习算法），以便利用基于经验数据得到的模型（这里的"模型"泛指从数据中学得的结果）对新的情况做出判断或者预测。由此可见，要进行机器学习，首先要有数据（data）。假设要对某个商品楼盘的售价情况进行预测分析，如果搜集了不同特征的楼盘和所对应的价格信息，包括房屋的面积、户型、楼层、地理位置、物业、开发商、周边配套等，这组记录的集合就称为一个数据集（data set）；其中每条记录是关于一个事件或对象的描述，称为示例（instance）或样本（sample）。反映事件或对象在某方面的表现或性质的事项，称为属性（attribute）或特征（feature）；属性的取值称为属性值；属性所张成的空间称为属性空间（attribute space）、样本空间（sample space）或输入空间。利用学习算法从数据中学得模型的过程称为学习或训练，得到的模型有时又称为学习器（learner）。在训练过程中使用的数据称为训练数据，其中每个样本称为一个训练样本，其组成的集合称为训练集（training set）。

机器学习的目标是使学到的模型能很好地适用于新样本，而不仅仅是训练集。模型适用于新样本的能力称为泛化（generalization）能力。通常假设样本空间中的全部样本服从一个未知分布，每个样本均从这个分布中独立获得，即独立同分布（independent and identically distributed，i.i.d）。一般而言，训练样本越多，越有可能通过学习获得具有较强泛化能力的模型。

1.1.2　机器学习的任务

机器学习任务的类别非常丰富，可以从不同角度进行划分。例如，从学习目标角度，机器学习可以分为分类、回归、排序、聚类、降维等；从模型功能角度，可以分为生成式模型和判别式模型。另外，还可以从模型复杂度、可解释性、可扩展性等角度进行划分。

1. 分类

分类（classification）是指通过对数据集进行学习，得到一个分类模型或分类器 f，从而把每一个输入样本 $x \in \mathbb{R}^d$ 映射到预先定义的类别标签 y 上，即分类模型 f 是一个从向量到整数的映射：

$$f : \mathbb{R}^d \to \mathbb{Z}$$

若类别标签的数量为 2，称为二分类问题，此时类别标签一般设置为+1 和–1，分别表示正样本和负样本；若涉及多个类别，则称为多分类问题。例如，人脸识别、垃圾邮件过滤是二分类问题，识别手写阿拉伯数字 0～9 是一个典型的多分类问题。

2. 回归

分类关注的是离散的类别标签，而回归（regression）是指从一组数据出发，建立因变量与一个或多个数值型自变量之间的数学关系模型，在此基础上对数值型因变量的取值做出预测或估计。换句话说，回归的预测函数 f 是一个从自变量 $x \in \mathbb{R}^d$ 到因变量 $y \in \mathbb{R}$ 的映射：

$$f : \mathbb{R}^d \to \mathbb{R}$$

根据因变量和自变量的函数表达式不同，可以将回归模型分为线性回归模型和非线性回归模型；根据因变量和自变量的个数不同，还可以将其分为一元回归模型与多元回归模型。

3．排序

很多实际应用都离不开排序（ranking），如信息检索、协同过滤、产品评级、广告业务推送等。排序学习是指使用机器学习的方法训练得到对数据特征排序的模型，据此模型得到可靠的排序结果。

根据训练数据的不同，排序学习方法可以分为基于单个样本的 pointwise 算法、基于样本对的 pairwise 算法及基于样本列表的 listwise 算法。其中，pointwise 算法将训练集中的每个查询—文档对作为一个训练数据，并采用合适的分类或回归方法进行学习从而得到排序模型；pairwise 算法的每个输入数据为一对具有偏序关系的文档，基于这些数据对进行学习从而得到排序模型；listwise 算法则将每个查询的结果列表看成一个训练数据，算法关键在于如何定义损失函数并选用合适的工具进行学习。

4．聚类

聚类（clustering）是指将一组物理的或抽象的对象，根据它们之间的相似性，分为若干不相交的簇（cluster）。假设样本集 $D=\{x_1, x_2, \cdots, x_m\}$ 包含 m 个无标记样本（unlabled sample），其中每个样本 $x_i=(x_{i1}; x_{i2}; \cdots; x_{in})$ 都是一个 n 维特征向量，聚类算法将样本集 D 划分成 k 个不相交的簇 $\{C_l | l=1, 2, \cdots, k\}$，其中

$$C_{l'} \bigcap_{l' \neq l} C_l = \varnothing, \quad D = \bigcup_{l=1}^{k} C_l$$

常见的聚类算法包括划分聚类算法（如 k-Means、k-Medoids 等）、层次聚类算法（如 BIRCH、ROCK）、基于密度的聚类算法（如 DBSCAN、OPTICS、DENCLUE）、基于网格的聚类算法（如 STING、CLIQUE、waveCluster 等）及基于模型的聚类算法。

5．降维

降维（dimensionality reduction）是指通过某种数学变换，将原始高维属性空间的样本映射到低维子空间，并保证其中所包含的有效信息不丢失。降维技术已经成为很多算法进行数据预处理的重要手段，最典型的应用就是在机器学习问题中进行特征选择，以便获得更好的分类效果。

降维算法可以根据所采用策略的不同而进行不同的分类。例如，根据样本信息是否可利用，可以分为监督降维方法、半监督降维方法及无监督降维方法；根据所要处理的数据类型的不同，降维技术又可以分为线性降维技术（包括主成分分析 PCA、独立成分分析 ICA、线性判别分析 LDA 等）和非线性降维技术（如等度量映射 Isomap、局部线性嵌入 LLE、核 PCA 等）。

1.1.3　机器学习的发展简史

目前人们普遍认为，机器学习是人工智能（Artificial Intelligence，AI）的核心研究领域之一，其目的在于让计算机系统模仿人的学习能力从而实现人工智能。因此，机器学习的发展历史与人工智能的发展历史有着高度的重合性，大体上可以将其划分为以下 5 个阶段。

1．奠基时期

1950 年，英国数理逻辑学家 Alan Turing 在发表的 *Computing machinery and intelligence* 一文中首次提出了"机器也能思考"的观点，并提出可通过图灵测试来判定计算机是否智能；1952 年，IBM 的 Arthur Samuel 开发了具有自学习、自组织、自适应能力的西洋跳棋程序，并且首次提出了"机器学习"的概念；1958 年，美国康奈尔航空实验室的 Rosenblatt 提出了感知机模型及其学习规则；1960 年，美国工程师 Widrow 和 Hoff 提出了自适应线性神经元（Adaline）模型和学习算法。

2．瓶颈时期

20 世纪 60 年代中到 70 年代末，机器学习的发展步伐几乎处于停滞状态。尽管这个时期 Winston 的"结构学习系统"、Michalski 等的"基于逻辑的归纳学习系统"及 Hunt 等的"概念学习系统"取得较大的进展，但都未能投入实际应用。与此同时，神经网络研究也遭遇了挫折，特别是 1969 年 Minsky 和 Papert 出版了 *Perceptrons: An introduction to computational geometry* 一书，从数学角度证明了感知机的处理能力非常有限，导致神经网络的研究转入低潮。

3．重振时期

1983 年，美国物理学家 Hopfield 利用神经网络在求解著名的 NP 难题"流动推销员问题"时取得了重大进展，使得神经网络的研究重新受到人们关注；1985—1986 年，Rumelhart 等系统地阐述了反向传播（Back Propagation，BP）算法，产生了深远的影响；1989 年，Cybenko 证明了神经网络可以看成一个通用的逼近函数。在另一个谱系中，澳大利亚计算机科学家 Ross Quinlan 在 1979 年提出了 ID3 算法，掀起了决策树（Decision Tree，DT）研究的热潮。短短几年时间，ID4、C4.5、CART 等众多决策树算法相继问世，并且这些算法至今仍然活跃在机器学习领域。

4．成型时期

1990 年，Schapire 构造出一种可以将弱学习器提升为强学习器的多项式算法，这就是 Boosting 算法的雏形。1997 年，Freund 和 Schapire 提出了 AdaBoost 算法，其效率与 Boosting 算法几乎相同，但无须任何关于弱学习器的先验知识，因而更容易将其应用于实际问题。1995 年，Vapnik 等正式提出了支持向量机（Support Vector Machine，SVM），它不仅在解决小样本、非线性及高维模式识别等问题中表现出了许多特有的优势，而且在函数拟合和数据分类等领域也取得了很好的应用效果，很快成为机器学习的主流技术。2001 年，Breiman 基于集成学习（ensemble learning）的思想，提出了随机森林（Random Forest，RF），它是一种以决策树为基学习器进行集成的一种算法。与此同时，神经网络再次遭到质疑，因为 Schmidhuber 等分别于 1991 年和 2001 年的研究表明，在应用 BP 算法进行神经网络训练时，很容易出现因神经元饱和而导致梯度消失的现象。

5．爆发时期

2006 年，Hinton 在 *Science* 杂志上发表了一篇论文，提出可通过无监督的学习方法逐层训练算法，再使用有监督的 BP 算法进行调优，以此来解决深度神经网络在训练上的难题。2012 年，Hinton 带领学生参加 ImageNet 图像识别与分类竞赛，使用卷积神经网络模型以绝对优势夺得冠军，掀起了深度学习（Deep Learning，DL）在学术界和工业界的研究浪潮。2015 年，为纪念"人工智能"概念提出 60 周年，LeCun、Bengio 和 Hinton 在 *Nature* 杂志上推出了深度学习的联合综述，并且认为：深度学习可以让那些拥有多个处理层的计算模型来学习具有多层次抽象的数据的表示，这些方法在许多方面都带来了显著的改善，包括最先进的语音识别、视觉对象识别、目标检测等。深度学习的出现，将人工智能的研究与应用推向了一个新的时代，深度学习领域的 3 位领军人物 Bengio、LeCun 和 Hinton 也因此荣获了 2019 年度图灵奖。

1.1.4　机器学习的典型应用

随着高性能计算、大数据、互联网等技术的快速发展，机器学习技术得以迅猛发展，尤其是近年来，众多的科研院所及 Google、Facebook、Microsoft、IBM、Intel、百度、华为、腾讯、商汤、旷视等公司纷纷斥资加快推进机器学习的研究与应用，并且已经取得了一些举世瞩目的成就。

1．人机博弈

早在 1962 年，IBM 的 Arthur Samuel 在内存仅为 32KB 的 IBM 7090 型晶体管计算机上改进了具有自主学习功能的西洋跳棋程序，并击败了全美排名第 4 的人类棋手。1997 年 5 月，IBM 研制的深蓝（Deep Blue）人工智能系统，基于知识规则引擎和强大的计算机硬件支撑，在 6 局比赛中以 2 胜 1 负 3 平的成绩战胜了国际象棋世界冠军 Garry Kasparov。2016 年 2 月至 3 月，Google 旗下子公司 DeepMind 开发的 AlphaGo，基于蒙特卡洛树搜索和深度强化学习技术，以 4 胜 1 负的成绩战胜了围棋九段李世石。2019 年 3 月，微软亚洲研究院开发的麻将 AI 系统 Suphx 登陆在线麻将竞技平台"天凤"，短短 3 个月后就成功晋级天凤十段，实力超越了顶级人类选手的平均水平。2019 年 7 月，由 Facebook 与 CMU 合作开发的人工智能程序 Pluribus 在无限制德州扑克 6 人局里战胜了人类顶尖选手。

2．生物特征识别

生物特征识别是指通过计算机识别人体所固有的生理特征或行为特征（包括指纹、掌纹、人脸、虹膜、声纹、步态等）来进行身份认证。近年来，随着人工智能与机器学习技术的日益成熟并走向应用，生物特征识别的研究与应用取得长足的进展。以人脸识别为例，人脸识别技术已经广泛运用于众多行业领域，如商铺的客流量自动统计、无人售货柜的刷脸支付、公司的人脸识别考勤、机场车站的人员身份鉴别等。与其他生物特征识别技术相比，指纹识别早已经在消费电子、安防等领域中得到了广泛应用。

3．医学影像诊断

基于医学影像的诊断是一个非常专业化的领域，需要长时间专业经验的积累，而机器学习不仅能减少主观因素带来的误判，还能提高诊断速度。目前，机器学习技术能够用于解决的问题有：肿瘤探测，如皮肤色素瘤、乳腺癌、肺部癌变的早期识别；肿瘤发展追踪，机器学习算法可以根据器官组织的分布，预测出肿瘤扩散到不同部位的概率，并从中获取癌变组织的形状、位置、浓度等信息；病理解读，可以通过训练机器学习算法来自动判读病人的医学影像数据，并向医生提供较为全面的诊断报告；病变检测，如阿里达摩院研发的新冠肺炎 CT 影像 AI 诊断技术，能够自动对病人的肺部 CT 影像数据进行特征提取与分类识别，正确率达 96%。

4．车辆自动驾驶

自动驾驶技术通过给车辆装备智能软件和多种感应设备，根据感知所获得的道路、车辆位置和障碍物信息，控制车辆的转向和速度，实现车辆的自主安全驾驶，达到安全高效到达目的地的目标。自动驾驶涉及环境感知、路径规划、智能决策与控制等多个核心问题，而人工智能与机器学习是限制自动驾驶技术发展的关键和瓶颈技术。近年来，Google、Tesla、Uber、Intel、百度等公司一直不遗余力地开发自动驾驶相关技术，为未来发展谋篇布局。

1.2　机器学习策略

从训练数据特性的角度，机器学习可以分为有监督学习、半监督学习、无监督学习、强化学习等。

1.2.1　有监督学习

有监督学习（Supervised Learning，SL）是指从带有标签（label）信息的训练样本集中学习并得到一个模型，然后使用该模型对新样本的标签值进行合理的推断。

假设训练样本由输入值与标签值（x，y）组成，其中，x 为样本的特征向量，是模型的输入值；y 为标签值，是模型的输出值。有监督学习的目标是给定训练集，根据它确定映射函数 $y=f(x)$，使得它能很好地解释训练样本，让函数输出值与样本真实标签值之间的误差最小化。

常见的有监督学习算法包括决策树、支持向量机、k 近邻（k-Nearest Neighbor，kNN）算法、朴素贝叶斯分类器（Naive Bayesian Classifier，NBC）等。

1.2.2　无监督学习

无监督学习（Unsupervised Learning，UL）处理的数据都是无标签的，其目的是从中发掘关联规则，或者根据样本的某些属性进行聚类或排序，以便发现样本集的某种内在结构或者分布规律。

利用无监督学习可以解决关联分析、聚类和数据降维等问题。常见的无监督学习算法包括稀疏自编码（Sparse Auto-Encoder，SAE）、主成分分析（Principal Component Analysis，PCA）、k-Means 算法、最大期望（Expectation-Maximization，EM）算法等。

1.2.3　半监督学习

半监督学习（Semi-Supervised Learning，SSL）是有监督学习和无监督学习相结合的一种学习策略，一般针对的是训练集中同时存在有标签数据和无标签数据，并且无标签数据的数量往往远大于有标签数据的数量的情况。通常人们需要先对无标签数据进行一些预处理（如根据它们与有标签数据之间的相似性来预测其伪标签），再利用它们来协助原有的训练过程。

常见的半监督学习主要有直推式（transductive）和归纳式（inductive）两种模式。直推式半监督学习只处理样本空间内给定的训练数据，基于"封闭世界"假设，不具备泛化能力；归纳式半监督学习需要处理未知的样例。从应用场景角度，半监督学习可分为半监督分类、半监督回归、半监督聚类和半监督降维。

1.2.4　强化学习

强化学习（Reinforcement Learning，RL）又称为增强学习、再励学习，它从动物学习、参数扰动自适应控制等理论发展而来，无须依赖预先给定的离线训练数据，而以一种"试错"（trial-and-error）的方式进行学习，通过与环境不断进行交互获得奖赏来指导行为，目标是使获得的累积奖赏值最大化。

强化学习的常见模型是标准的马尔可夫决策过程（Markov Decision Process，MDP）。按给定条件，强化学习可分为基于模型的强化学习（model-based RL）和无模型强化学习（model-free RL），或者主动强化学习（active RL）和被动强化学习（passive RL）。强化学习的变体包括逆向强化学习、分层强化学习和部分可观测系统的强化学习。求解强化学习问题所使用的算法可分为策略搜索算法和值函数（value function）算法两类。此外，将深度学习模型应用于强化学习可形成深度强化学习。

1.3　模型评估与选择

在现实任务中，往往有多种机器学习算法可供选择，甚至对于同一种机器学习算法，不同的参数配置也会得到不同的算法模型，这时通常需要对机器学习的算法模型从泛化性能、时间开销、存储开销、可解释性等方面进行综合评判并做出选择。这就是机器学习的模型评估与选择问题。

1.3.1　归纳偏好

模型选择要解决的问题本质上是如何选择正确的归纳偏好。归纳偏好（inductive bias）可以看成学习算法自身在一个可能很庞大的假设空间中对假设进行选择的某种价值观。

1969 年，Satosi 提出了丑小鸭定理（ugly duckling theorem）：如果只使用有限的谓词集合来区分待研究的任意两个模式，那么任意这样两个模式所共享的谓词的数量是一个与模式的选择无关的常数；此外，如果模式的相似程度是基于两个模式共享的谓词的总数，那么任何两个模式都是"等相似"的。因此，不存在与问题无关的"优越"的或"最好"的特征集合或属性集合。

1995 年，Wolpert 提出了没有免费的午餐（No Free Lunch，NFL）定理：所有搜索代价函数极值的算法在平均到所有可能的代价函数上时，其表现都恰好是相同的；特别地，如果算法 A 在一些代价函数上优于算法 B，那么一定还存在其他一些函数，使得 B 优于 A。NFL 定理强调的是，学习算法必须要进行一些与问题领域有关的假设，否则没有理由偏爱某一个学习算法而轻视另一个。

综上所述，只有针对特定的数据或先验信息，才能对分类器或模型进行选择。但这并不意味着不存在对任何分类器都普遍适用的选择标准。目前，人们普遍认可的一个标准就是最小描述长度（Minimum Description Length，MDL）原理：必须使模型的算法复杂度及与该模型相适应的训练数据的描述长度的和最小。换句话说，应该选择尽可能简单的分类器或模型，这其实体现的就是"奥卡姆剃刀原理"，即"若有多个假设与观察一致，选其中最简单的那个"。

1.3.2 数据集划分

学习算法或模型的预测输出与真实输出之间的差异称为误差（error）；算法模型在训练集上的误差称为训练误差（training error），又称为经验误差（empirical error）；算法模型在新样本上的误差称为泛化误差（generalization error）。由于事先并不知道新样本的特征，因此只能尽量减小经验误差，然而单纯使经验误差最小化得到的算法模型的实际效果往往并不理想。为此，通常将包含 m 个样本的数据集 $D=\{(x_1, y_1),(x_2, y_2), \cdots, (x_m, y_m)\}$ 拆分成训练集 S 和测试集 T。假设测试集 T 是从样本真实分布中独立采样获得的，就可以将测试集 T 上的测试误差（testing error）作为泛化误差的近似，从而同时根据训练误差和测试误差对学习算法进行性能评估。

研究表明，对于给定的偏差（即学习算法的期望输出与真实结果的偏离程度），方差将会随着样本个数 m 的增加而减小，即能够提高对数据扰动的鲁棒性。因此，要充分利用已有的有限数量的数据集来构造一个规模尽量大的数据集，主要技术包括留出法、自助法、交叉验证法等，如图 1-1 所示。

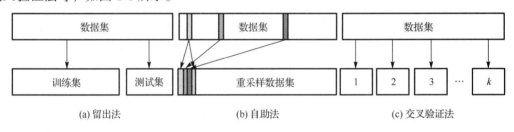

图 1-1　数据集划分示意图

1. 留出法

留出（hold-out）法是一种简单划分的方法，它直接将数据集 D 简单地划分为 S 和 T 两个互斥的集合，且 $D=S\cup T$, $S\cap T=\varnothing$。其中，训练集 S 用于拟合模型，测试集 T 用于评估模型的预测性能。通常使用一个经验公式，随机地抽取约 2/3（或 1/2）数据用于训练。例如，首先抽取 1/2 数据作为训练数据，若在测试数据上的预测性能不能被接受，则重新抽取 2/3 数据用于训练。

2. 自助法

自助（bootstrapping）法是以 Efron 等提出的自助采样（bootstrap sampling）法为基础的一种解决方案，其工作方式是：假设数据集 D 中有 m 个样本，每次随机地从 D 中取出 1 个样本，将其复制后放入新数据集 D' 中，再将该样本放回 D 中，如此重复 m 次，得到有 m 个样本的 D' 作为训练集，同时将 D 与 D' 的差集作为测试集。

3．交叉验证法

交叉验证（cross validation）法是一种统计学上将数据样本切割为较小子集的方法。以 k 折交叉验证（k-fold cross validation）为例，令 m 表示数据集 D 中数据的数量，将数据集 D 分为 k 个大小相似的互斥子集，即 $D=D_1\cup D_2\cup\cdots\cup D_k$，$D_i\cap D_j=\varnothing(i\neq j)$，每次用 $k-1$ 个子集的并集作为训练集进行训练，余下的子集作为测试集用于测试并计算预测误差。重复这一过程 k 次，得到 k 次结果的平均值。一般经常采用 10 折交叉验证，即数据集被分为 10 个子集，最终预测误差为 10 次预测误差的平均值。

自助法在数据集较小、难以有效划分训练集/测试集时很有效，但是产生的数据集改变了初始数据集的分布规律，由此会引入估计偏差，因此在数据量足够时留出法和交叉验证法更为常用。

1.3.3　性能度量

为了对学习算法或模型的泛化性能进行定性或定量评估，需要建立相应的评价标准，这就是性能度量（performance measure）。性能度量不仅取决于算法和数据，还应反映具体的任务需求。下面主要介绍分类任务中几种常用的性能度量。

1．错误率与精度

错误率（error rate）：错分样本的数量占样本总数的比例，即

$$E(f;D)=\frac{1}{m}\sum_{i=1}^{m}I(f(\boldsymbol{x}_i)\neq y_i) \tag{1-1}$$

精度（accuracy）：分对样本的数量占样本总数的比例，即

$$\mathrm{acc}(f;D)=\frac{1}{m}\sum_{i=1}^{m}I(f(\boldsymbol{x}_i)=y_i)=1-E(f;D) \tag{1-2}$$

这里 $I(\cdot)$ 是指示函数，若·为真则取值为 1，否则取值为 0。

2．查准率、查全率与 F1 度量

在信息检索、Web 搜索等场景中，经常需要衡量正例（又称正样本，positive）被预测出来的比例，或预测出来的正例中正确的比例，此时使用查准率和查全率比错误率和精度更适合。以二分类问题为例，它的样本只有正例和反例（又称负样本，negative）两类。例如，对于垃圾邮件分类，正例是垃圾邮件，反例是正常邮件。此时，可以将样例根据其真实类别与学习器预测类别的组合划分为 4 种情形：正例被分类器判定为正例，称为真正例（true positive），数量记为 TP；若正例被错判为反例，则称为假反例（false negative），数量记为 FN；反例被判定为反例，称为真反例（true negative），数量记为 TN；若反例被错判为正例，则称为假正例（false positive），数量记为 FP。统计真实标签值和预测结果的组合，便可得到如表 1-1 所示的分类结果的混淆矩阵（confusion matrix）。

从而可以定义查准率 P 和查全率 R 分别为

$$P=\frac{\mathrm{TP}}{\mathrm{TP}+\mathrm{FP}} \tag{1-3}$$

$$R = \frac{TP}{TP + FN} \tag{1-4}$$

需要指出的是，查准率和查全率中单独一个指标高并不一定有意义。例如，如果学习器预测所有的实例均为正例，那么查全率 R 就是 1，但是这种预测没有意义；若有 1000 个实例，其中 500 个是正例，最终结果就判断出 5 个是正例，并且这 5 个判断都正确，则查准率 P 等于 1，这同样也没有意义，因为对于 99% 的数据中真正的正例并没有判断出来。因此希望查准率和查全率这两项指标都要高，可以根据学习器的预测结果按正例可能性大小对样例进行排序，并逐个把样本作为正例进行预测，由此可以得到查准率—查全率曲线，简称 *P-R* 曲线。

表 1-1　分类结果的混淆矩阵

真实标签值	预 测 结 果	
	正　　例	反　　例
正例	TP（真正例的样例数）	FN（假反例的样例数）
反例	FP（假正例的样例数）	TN（真反例的样例数）

在一些实际应用中，更常用的是 F1 度量，即

$$F1 = \frac{2 \times P \times R}{P + R} \tag{1-5}$$

3. ROC 与 AUC

根据学习器的预测结果对样例进行排序，按顺序逐个把样本作为正例进行预测，并且以真正例率（True Positive Rate，TPR）为纵轴，以假正例率（False Positive Rate，FPR）为横轴，便可得到 ROC（Receiver Operating Characteristic）曲线，其中

$$TPR = \frac{TP}{TP + FN} \tag{1-6}$$

$$FPR = \frac{FP}{TN + FP} \tag{1-7}$$

若某个学习器的 ROC 曲线被另一个学习器的 ROC 曲线包住，则可以断言后者的性能要优于前者；若两个学习器的 ROC 曲线出现交叉，此时可以根据 ROC 曲线下的面积大小进行比较，即 AUC（Area Under ROC Curve）值，AUC 衡量了样本预测的排序质量。

1.3.4　过拟合和欠拟合

由于训练集和测试集是不一样的，学习器不仅需要考虑在训练集上的性能表现，更需要关注在训练集上得到的模型能否真正有效地用于测试集，因此带来了欠拟合与过拟合问题，如图 1-2 所示。

1. 欠拟合

如果模型没有很好地捕捉到数据特征，对训练样本的一般性质尚未学好，不能够很好地拟合数据，导致得到的模型在训练集上表现差，就称为欠拟合（underfitting）。引起欠拟

合的主要原因包括：模型本身过于简单，如数据本身是非线性的却使用了线性模型；特征数量太少，导致无法正确地建立映射关系。

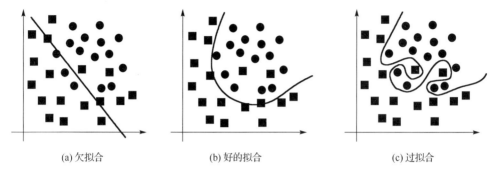

(a) 欠拟合　　　　　(b) 好的拟合　　　　　(c) 过拟合

图 1-2　分类问题中的三种拟合状态

2．过拟合

过拟合（overfitting）是指在训练集上表现好但在测试集上表现差，本质上是由于学习算法把训练样本本身的特点当成所有潜在样本都具有的一般性质，从而导致泛化能力下降。引起过拟合的主要原因包括：模型本身过于复杂，从而造成拟合了训练集中的噪声；训练样本数量太少或者训练样本缺乏代表性。

1.4　神经网络与深度学习

1.4.1　生物神经元

神经元（neuron）是神经系统的结构与功能单位之一。每个神经元都由细胞体（cell body）、树突（dendrites）和轴突（axon）组成，如图 1-3 所示。其中，树突能够接收周围与之相连的邻近神经元的电脉冲信号。细胞体是神经元的主体，用于处理由树突接收的信号；细胞体内部是细胞核，外部是细胞膜，细胞膜的外面是许多向外延伸的纤维。轴突是由细胞体向外延伸出的所有纤维中最长的一条分支，用来向外传递神经元产生的输出电信号。神经元彼此相连但不直接接触，相互之间形成微小的间隙，称为突触（synapse）。这些间隙可以是化学突触或电突触，将信号从一个神经元传递到下一个神经元。

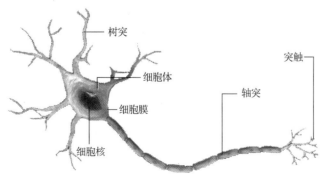

图 1-3　神经元的结构

早期研究认为，神经元是一种哑神经元（dumb neuron），功能上相当于一个简单的积分器：所有的信号在这里进行加权和计数，若总和超过某个阈值（threshold），则神经元会发出一系列的电脉冲，这些电脉冲由轴突传递至其他邻近的神经元。最新研究发现，神经元并不单纯只是为了连接，如皮质神经元树突上的微小区室同样能够执行复杂的非线性运算。以图 1-4 所示的神经元的行为模型为例，如果只有输入 X 或 Y，树突会出现尖峰；而如果两个输入同时出现，就不会有尖峰，这其实相当于异或运算。

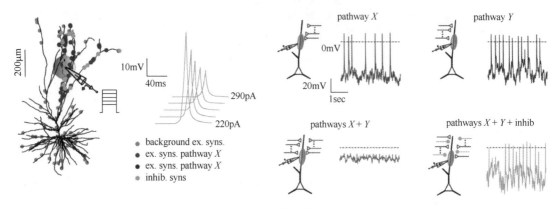

图 1-4　神经元的行为模型

1.4.2　人工神经网络

人工神经元是对生物神经元的抽象与模拟，而人工神经网络（Artificial Neural Network，ANN）则是将人工神经元按照一定拓扑结构进行连接所形成的网络。

1. M-P 模型

1943 年，美国神经生理学家 McCulloch 与数学家 Pitts 在总结了神经元的一些基本生理特征的基础上，提出了第一个神经元的抽象模型，称为 M-P 模型，如图 1-5 所示。

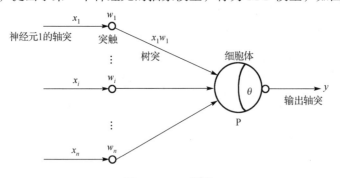

图 1-5　M-P 模型

图中，x_1，x_2，$\cdots$，x_n 为神经元 P 的 n 个输入节点，类似于 n 个轴突信息；w_1，w_2，$\cdots$，w_n 为权值，相当于不同树突之间的连接强度；θ 为神经元的阈值；y 为神经元的输出，即

$$y = f\left(\sum_{i=1}^{n} w_i x_i + \theta\right) \tag{1-8}$$

其中，f 为激活函数（activation function），是表示神经元输入/输出关系的函数，它将神经元的输出信号限制在允许的范围内，使其成为有限值。根据激活函数的不同，可以得到不同的神经元模型。

2．感知机（perceptron）

1958 年，Rosenblatt 提出了感知机模型，如图 1-6 所示。该模型在 M-P 模型的基础上加入了学习规则，使其能够根据训练样本的判别正确率对权值进行更新。假设输入特征向量空间为 $\boldsymbol{x} \in \mathbb{R}^n$，输出的类标签空间为 $y=\{+1，-1\}$，则感知机模型为

$$y = f(\boldsymbol{x}) = \mathrm{sgn}(\boldsymbol{w}^{\mathrm{T}}\boldsymbol{x} + b) \tag{1-9}$$

其中，sgn 为符号函数，$\boldsymbol{w}=(w_1,w_2,\cdots,w_n)^{\mathrm{T}}$，$\boldsymbol{x}$、$b$ 分别为神经元的权值向量和偏置（bias）。

在感知机盛行的 20 世纪 60 年代，人们对 ANN 的研究过于乐观，认为只要将感知机连接成一个网络，就可以解决人脑思维的模拟问题，因此掀起了 ANN 的第一个研究热潮。1969 年，Minsky 和 Papert 从数学角度证明了感知机的处理能力非常有限，甚至在面对简单的异或问题

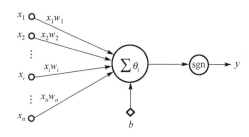

图 1-6　感知机模型

时也无能为力，并断定单层感知机的很多局限性在多层感知机中也无法全部克服，导致 ANN 的研究转入低潮。

3．多层感知机

在输入层与输出层之间加上隐层，就构成了多层感知机（Multi-Layer Perceptrons，MLP），其模型如图 1-7 所示。隐层从输入模式中提取更多有用的信息，使网络可以完成更复杂的任务。事实上，这是一种典型的前馈型神经网络，即神经网络中的各层均只从上一层接收信号并向下一层输出信号。

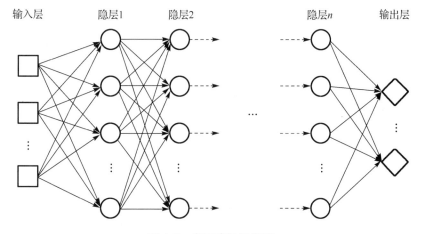

图 1-7　多层感知机模型

虽然层数的增加为神经网络提供了更大的灵活性，但参数的训练算法一直是制约多层

神经网络发展的重要瓶颈。直到 1986 年，Rumelhart 等在 *Nature* 杂志上发表论文 *Learning representations by back-propagating errors*，第一次系统、简洁地阐述了 BP 算法在神经网络模型上的应用，结束了 MLP 无训练算法的历史。尽管 BP 算法的理论依据坚实，推导过程严谨，但也存在一些问题，如优化过程非常缓慢、容易收敛到局部极值点、算法不够稳定等。近年来，随着基于深层神经网络模型的深度学习的巨大成功，ANN 的研究和应用也得到了长足发展。

1.4.3 深度学习

深度学习是机器学习领域中的子领域，也是近 10 年机器学习领域发展最快的一个分支，被《麻省理工学院技术评论》评为 2013 年十大突破性技术之首。一般认为，深度学习通过分层结构的分段信息处理来探索无监督的特征学习和模式识别与分类，其研究动机在于建立、模拟人脑进行分析学习的神经网络，通过模仿人脑的工作机制来解释图像、声音、文本等数据，现已在语音识别、人脸识别、自然语言处理等领域取得了突破性进展。

1. 深度学习产生的背景

对于传统的机器学习技术来说，良好的特征表达对于算法的性能至关重要。为此，许多学者致力于特征工程（feature engineering）方面的研究，提出了大量人工设计的特征，如颜色矩、Harris 角点、梯度方向直方图（Histogram of Oriented Gradients，HOG）、局部二值模式（Local Binary Pattern，LBP）、SIFT（Scale Invariant Feature Transform）等。然而人工设计特征不仅费时费力，还存在许多不足，包括：人工设计特征一般是基于图像的低层特征信息，这些低层特征信息并不能很好地表达图像的高层语义信息，具有较弱的判别性能；人工设计特征通常是针对特定领域的具体应用而设计的，具有较弱的泛化性能。数据采集和计算能力的不断增强，不但积累了海量的数据，而且其中的绝大部分数据是非结构化的，这就给传统的机器学习技术带来了巨大的挑战。

研究发现，大脑的视觉皮层具有分层结构。以认知图像为例，首先感知的是图像颜色和亮度信息，然后是边缘、角点、直线等局部特征，接下来是纹理、几何形状等更加复杂的结构信息，最后才形成物体的整体概念。人类感知系统这种明确的层次结构，不仅极大降低了视觉系统处理的数据量，还显著提高了认知效率和鲁棒性。

2. 深度学习的提出

受视觉认知机理的启发，2006 年，Hinton 等人在 *Science* 杂志上发表论文 *Reducing the dimensionality of data with neural networks*，革命性地提出了一种称为深度置信网络（Deep Belief Network，DBN）的深度学习模型，采用非监督贪心逐层预训练（unsupervised layer-wise pre-training）算法来克服深层网络结构在训练上的困难，有效解决了 BP 网络存在的因隐层增加而产生的误差传播控制问题，并且包含多个隐层的深度神经网络具有的优秀的特征学习能力，通过组合低层特征形成高层抽象来实现对数据更本质的刻画，从而有利于数据的可视化或分类。自此，深度学习在学术界持续升温，很多学者对深度学习的作用机理和应用领域进行了广泛而深入的探究。

3．深度学习与浅层学习的主要区别

深度学习与支持向量机、决策树、贝叶斯分类器等浅层学习算法相比，主要区别在于：在模型结构深度方面，通过深度学习学得的模型中非线性操作的层级数变得更多，通常可以达到 5～10 层甚至成百上千层；在特征学习方面，浅层学习主要依靠人工经验来抽取样本特征，而深度学习则通过对原始信号逐层进行特征变换，将样本在原空间的特征表示变换到新的特征空间，自动学习，得到层次化的特征表示，能够更好地刻画数据的丰富内在信息。与浅层学习相比，深度学习不仅避免了繁杂的特征提取环节，而且能够更好地实现复杂的函数逼近。

4．深度学习模型

对于不同类型的数据和问题，人们研究了多种不同的深度神经网络结构模型，主要包括深度自编码器（Deep Auto-Encoders，DAE）、深度置信网络、卷积神经网络（Convolutional Neural Network，CNN）、循环神经网络（Recurrent Neural Network，RNN）等。

自编码器（Auto-Encoder，AE）是 Rumelhart 等于 1986 年提出的一种无监督学习方法，主要由编码器和解译器两部分组成。其中，编码器的作用是将输入的信号压缩表示传递给下一层网络；而解译器的作用是解译编码器压缩重建的数据信号，传递输出信号。2006 年，Hinton 等提出了深度自编码器，相比于单层自编码器它不仅加深了模型层数，而且给出了具体的预训练及参数调优的方法；2007 年，Bengio 等提出了堆叠自编码器（Stacked Auto Encoders，SAE），它是由深度置信网络与自编码器重组后生成的模型；2013 年，Jiang 等提出了堆叠稀疏自编码器（Stacked Sparse Auto Encoders，SSAE）。

受限玻尔兹曼机（Restricted Boltzmann Machine，RBM）是 Solensky 等在玻尔兹曼机的基础上提出的，由显性单元和隐性单元组成，其中只有显性单元和隐性单元之间存在映射关系。随着研究的深入，出现了一系列改进算法模型，如稀疏组受限玻尔兹曼机（Sparse Group RBM，SGRBM）、分类受限玻尔兹曼机（Classification RBM，ClassRBM）等。在深度学习的应用中，自编码器与受限玻尔兹曼机常常用于参数的预训练。例如，可以将自编码器和受限玻尔兹曼机堆叠起来，从而构成深度置信网络，这样既可以采用逐层贪婪无监督学习的方式进行训练，也可以在最后一层网络结构上加上 Softmax 分类器进行有监督训练。

卷积神经网络是一种特殊的深层前馈型神经网络，常用于图像领域的有监督学习问题，如图像去噪、超分辨率重建、图像分割、图像修复等。卷积神经网络通过局部感知、共享权值及池化等操作来充分利用数据本身包含的局部特性，以优化网络结构，保证一定程度上的位移和变形的不变性。共享权值是指在提取特征时多个神经元之间共享一套权值，使用同一个卷积核对图像做卷积运算；局部感知是指每个神经元只处理特定的图像特征，无须感知全部图像。共享权值和局部感知的存在使得卷积神经网络的参数大大减少，网络结构更加清晰。

循环神经网络是一类用于处理序列数据的网络，主要用于语音识别、语言翻译、自然语言理解等场合，这类数据的共同特点是在推断过程中需要保留序列上下文的信息。在循环神经网络中，隐含节点存在反馈环，即当前时刻的隐含节点值不仅与当前节点的输入有关，还与前一时刻的隐含节点值有关。循环神经网络通过隐层上的回路连接起来，上一个

时刻的数据可以传递给当前时刻，当前时刻的数据也可以传递给下一个时刻。常见的循环神经网络模型主要有长短时记忆网络（Long Short-Term Memory，LSTM）和门控循环单元（Gated Recurrent Unit, GRU）。其中，长短时记忆网络采用输入门（input gate）、遗忘门（forget gate）和输出门（output gate）结构，克服了循环神经网络无法处理的长期依赖、梯度消失等问题；门控循环单元是长短时记忆网络的一个变种，只包含更新门（update gate）和复位门（reset gate）两个结构，并且将长短时记忆网络中的输入门和遗忘门合并为更新门，由于简化了网络结构，因此训练速度更快。

1.5 本 章 小 结

本章首先简要介绍了机器学习的基本概念、主要任务、发展简史及典型应用，然后介绍了机器学习的4种典型策略，即有监督学习、无监督学习、半监督学习和强化学习。由于在现实任务中，往往有多种机器学习算法可供选择，因此本章还阐述了机器学习的模型评估与选择问题，包括归纳偏好、数据集划分、常见的性能度量指标及过拟合和欠拟合现象。最后，介绍了神经网络的发展历史及深度学习产生的背景与典型模型。

第 2 章　卷积神经网络基本原理

卷积神经网络是一种深度神经网络，因其网络大量采用卷积运算而得名。卷积神经网络由一系列部件组成，这些部件功能相对独立，分别完成特征提取、非线性运算、下采样等功能，通过连接组合各部件，共同实现了卷积神经网络强大的映射能力和特征表达能力。本章主要介绍卷积神经网络的发展、组成及工作原理。

2.1　卷积神经网络概述

2.1.1　卷积神经网络的发展

卷积神经网络作为重要的深度学习模型之一，由于其具有良好的特征提取能力和泛化能力，在图像处理、目标检测与跟踪、场景分类、人脸识别等领域获得了巨大成功。卷积神经网络的发展经历了三个阶段，即理论提出阶段、模型实现阶段及广泛研究阶段。

1. 理论提出阶段

卷积神经网络的发展最早可追溯到 20 世纪 60 年代，神经生理学家 Hubel 和 Wiesel 发现，在猫的视觉皮层中存在一系列复杂构造的细胞，这些细胞对视觉输入空间的局部区域很敏感，称其为感受野（receptive field）。感受野以某种方式覆盖整个视觉域，在输入空间中起局部作用。这些细胞可以进一步区分为简单细胞和复杂细胞两种类型。其中，简单细胞会在自身的感受野内最大限度地对图像中类似于边缘模式的刺激做出响应，而复杂细胞则可以对产生刺激的模式进行空间定位。根据 Hubel-Wiesel 层级模型，在视觉皮层中的神经网络有一个层级结构：外侧膝状体→简单细胞→复杂细胞→低阶超复杂细胞→高阶超复杂细胞。低阶超复杂细胞与高阶超复杂细胞之间的神经网络结构类似于简单细胞与复杂细胞之间的神经网络结构，并且处于较高阶段的细胞通常会选择性地响应刺激模式更复杂的特征；同时，还具有更大的感受野，对刺激模式位置的变化更加不敏感。

1980 年，日本科学家福岛邦彦（Kunihiko Fukushima）根据视觉信号的传递方式提出了一种自组织模型，称其为神经认知机（Neocognitron），如图 2-1 所示。该模型是一个多层神经网络模型，由简单细胞层（S-layer，S 层）和复杂细胞层（C-layer，C 层）交替组成。其中，S 层与 Hubel-Wiesel 层级模型中的简单细胞或者低阶超复杂细胞相对应，能最大程度地响应感受野内的特定边缘刺激，提取其输入层的局部特征；C 层对应于复杂细胞或者高阶超复杂细胞，对来自确切位置的刺激具有局部不敏感性。在此阶段，局部感受野的发现与应用为卷积神经网络的提出奠定了理论基础。

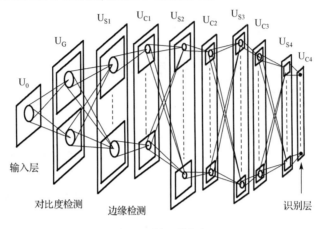

图 2-1　神经认知机

2．模型实现阶段

在神经认知机的基础上，1989 年，LeCun 等提出了最初的卷积神经网络模型，该模型在传统神经网络模型中加入了局部感受野、共享权值及池化（pooling）等结构。1998 年，LeCun 等进一步提出了 LeNet-5 模型，该模型中卷积层和池化层交替设置，可将输入图像通过多次非线性变换抽象为一组特征图，再利用全连接的神经网络对特征进行分类，完成图像识别，开启了利用卷积层堆叠进行特征提取的先河；并且采用 BP 算法对卷积神经网络进行有监督的训练，这就是当代卷积神经网络的雏形。

3．广泛研究阶段

2012 年，Hinton 与 Krizhevsky 等提出了卷积神经网络的 AlexNet 模型，在 ImageNet 图像识别与分类竞赛中以绝对优势夺冠，使卷积神经网络成为学术界和工业界讨论的热点。之后，研究者相继提出层次更多、规模更大的卷积神经网络，如英国牛津大学提出了 VGGNet 模型，Google 提出了 GoogLeNet 模型，微软亚洲研究院提出了 ResNet、R-CNN、Faster R-CNN、Mask R-CNN 等模型。随着卷积神经网络模型变得越来越复杂，其中很多结构都很难仅凭直觉来进行解释和设计，在此背景下，Google 提出了自动神经架构学习方法 NASNet（Neural Architecture Search Network），它可以自动找出给定参数下的最优网络结构。目前，卷积神经网络已经广泛应用于目标检测、视频分类、人脸识别、行人验证、行为识别、姿态估计、语义分割、人群密度估计、图像质量评价等领域。

2.1.2　卷积神经网络的基本原理与组成

卷积神经网络的本质是映射。例如，一个用于图像分类的网络，实现了从图像到类别的映射；一个用于目标检测的网络，实现了从图像到类别和空间位置信息的映射；一个用于风格迁移（style transfer）的网络，实现了从图像到艺术风格化的映射，如图 2-2所示。

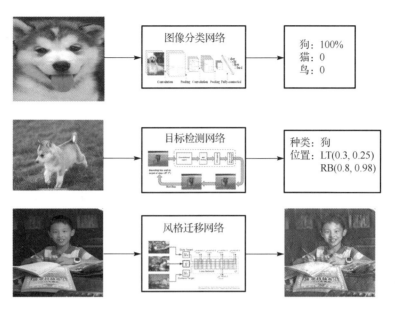

图 2-2　卷积神经网络的多种映射

与其他映射方法相比，卷积神经网络对输入的图像数据提取了大量的空间视觉特征，并以此为中间变量实现从输入到输出的映射。为此，卷积神经网络对输入图像展开了一系列处理，这些处理一般包含多种不同功能的单元，并按照一定的规则进行堆叠，形成一个深层的网络结构。这些基本的功能单元包括提取空间视觉特征的卷积层、实现非线性映射的激活层、进行下采样的池化层、完成从二维到一维转换的全连接层，以及计算输出值与真值之间偏差的目标函数等。

2.2　卷　积　层

卷积神经网络之所以在机器视觉和视频图像处理领域展现出强大的实力，与它非凡的特征提取能力密不可分，而实现对图像特征提取的核心部分是卷积层（convolutional layer）。卷积层对输入数据进行卷积运算，是卷积神经网络区别于其他类型网络的关键所在。

2.2.1　基本卷积运算

1. 信号的卷积

卷积（convolution）是信号分析与处理中一种重要的运算，表征函数 f 与 g 经过翻转和平移的重叠部分函数值乘积对重叠长度的积分。其定义为

$$(f * g)(n) = \int_{-\infty}^{\infty} f(\tau)g(n-\tau)\mathrm{d}\tau \tag{2-1}$$

式中，符号"*"代表卷积运算。其离散形式为

$$(f * g)(n) = \sum_{\tau=-\infty}^{\infty} f(\tau)g(n-\tau) \tag{2-2}$$

2．图像的卷积

在图像处理中，参与卷积的两个信号中，一个称为输入图像，另一个称为卷积核（又称滤波器，filter）。一般来说，卷积核是人为构建的，以便实现对输入图像的某种变换或特征的提取。此外，与一般信号卷积相比，图像的卷积有两点不同：一是运算时并不对信号进行翻转（因此实际上是一种互相关运算）；二是只对卷积核与输入图像完全重叠的部分进行运算。

为便于理解，先介绍一维图像的卷积。设一维离散输入图像 I 及卷积核 K 的值如图 2-3 所示。

图 2-3　一维图像卷积的输入图像与卷积核

为了计算 $I*K$，用 K 在 I 上进行遍历与积分求和运算。具体步骤如下。

① 如图 2-4 所示，将卷积核第一个像素与输入图像第一个像素对齐，对重叠区域求点积，作为输出图像的第一个像素值。

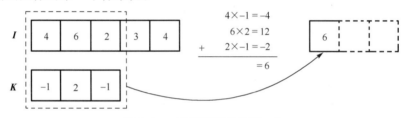

图 2-4　一维图像卷积的第一步

② 在输入图像上逐像素顺序移动卷积核，计算输出图像的第二个像素值，如图 2-5 所示。

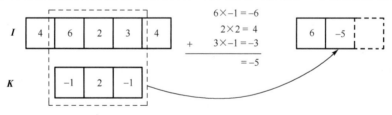

图 2-5　一维图像卷积的第二步

③ 在输入图像上移动卷积核遍历所有相交区域，得到完整的输出图像，如图 2-6 所示。

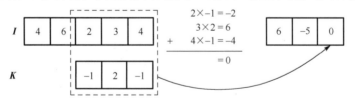

图 2-6　一维图像卷积的结果

在一维图像卷积的过程中，需要注意的是，由于运算时要求卷积核与输入图像完全重叠，因此输出图像一般小于输入图像。二维图像卷积与一维图像卷积类似，区别在于数据和移动都是在二维空间进行的。假设输入图像为二维矩阵 I，卷积核为二维矩阵 K，同样在输入图像上逐像素顺序移动卷积核并求点积，以此作为输出图像的值。图 2-7 所示为一个二维图像卷积的运算实例。

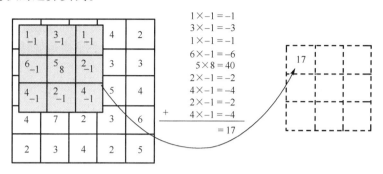

图 2-7   二维图像卷积

2.2.2   卷积神经网络中的卷积运算

卷积神经网络中的卷积运算类似于图像的卷积，但有所不同，如增加了偏置，还引入了神经网络中的相关概念。

1. 单通道卷积运算

设输入图像为二维矩阵 I，卷积核 K 的尺寸为 $m \times n$，则对于 I 中任意一点 (i, j)，其卷积结果 $S(i, j)$ 为

$$S(i, j) = (I * K)(i, j) = \sum_m \sum_n I(i+m, j+n) K(m,n) + b \qquad (2\text{-}3)$$

其中，输出图像 $S(i, j)$ 称为特征图（feature map）；卷积核 K 中的元素称为权值（weight），b 称为偏置（bias）。另外，卷积核每次在输入图像上移动的像素数 s 称为步长（stride）。

卷积层的前向传播过程可以用多层感知机模型来描述。假设输入图像为 3×3 单通道数据，卷积核尺寸为 2×2；经过卷积运算后，输出的特征图尺寸为 2×2。将输入数据、卷积核及输出的特征图全部展平至一维，其中每个像素代表一个网络节点，则卷积过程可以转化为图 2-8 所示的多层感知机网络，这里不同灰度的连线代表了卷积核中不同的权值。

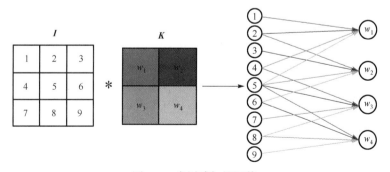

图 2-8   多层感知机网络

从图 2-8 可以看出，相对于一般神经网络，卷积层有两个特点：卷积层实现的是局部的不完全连接；每组连接的权值是相同的，或者称为权值共享（weight sharing）。上述特点使得卷积神经网络可以大幅度减少网络的参数，从而提高网络效率。

2．多通道卷积运算

当输入有多个通道时（如彩色图像包含 R、G、B 三个通道），卷积核需要拥有相同的通道数。假设输入数据有 c 个通道，首先将卷积核的每个通道分别与相应的输入数据通道进行卷积，然后将得到的特征图对应元素相加，最终输出一个单通道的特征图，如图 2-9 所示，其数学表达式为

$$S(i,j) = \sum_c (\boldsymbol{I}_c * \boldsymbol{K}_c)(i,j) \tag{2-4}$$

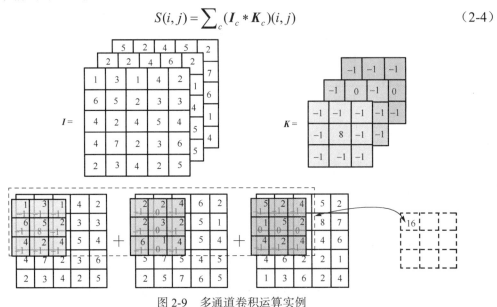

图 2-9　多通道卷积运算实例

3．填充操作

在以上实例中，由于卷积核必须与输入数据完全重叠，因此卷积核中心无法移动到输入数据的边缘，导致输出的特征图尺寸小于输入图像。若网络层级较深，会导致输出图像尺寸越来越小，信息丢失严重。为了解决这个问题，需要对输入图像进行填充（padding）操作，又称为补全操作。

填充操作一般通过在图像的外围填充一部分人为构建的像素，使得卷积核中心可以到达原始输入图像上的每一个坐标，从而输出完整的特征图。填充时，分别沿 x 轴和 y 轴正负方向进行对称填充，填充宽度 p 由具体应用决定。根据填充数据的选择，可以将填充操作分为以下几种：

① 零填充，即用于填充的数据均为 0；
② 重复填充，即填充数据为距离当前位置最近的像素的原始数据；
③ 常数填充，即直接指定填充的数据值。

如图 2-10 所示，4×4 的图像在边缘填充 1 个像素后，用 3×3 的卷积核进行卷积运算，得到的特征图尺寸依然保持 4×4 不变。

2.2.3　卷积的作用

在数字图像处理中，卷积运算不仅可以用于图像去噪、增强等问题，还可以用于提取图像的边缘、角点、线段等几何特征。在卷积神经网络中，卷积层主要用来对图像的某些二维视觉特征产生响应。卷积核的权值决定了网络对什么样的特征进行响应。

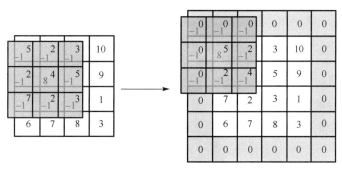

图 2-10 填充操作

以图 2-11(a)为例,输入图像为单通道二维图像,其中包含了正方形、长方形、三角形等视觉特征。卷积核为 5×5 矩阵,其权值可视化结果类似一个正方形。根据式（2-3）可以求出图示的卷积结果。对结果进行可视化后不难发现,特征图在原始输入图像中类似正方形的区域产生了较强的响应,说明卷积结果体现了原始输入图像中各部分与卷积核之间的相似程度。而且,一个二维特征经过卷积后,其强弱与位置在特征图中转变为一个点,实现了特征的压缩与稀疏表示,这也为深层网络利用有限尺寸的卷积核来构建和描述更为复杂的特征提供了可能。从图 2-11(b)可以进一步看出,利用 3×3 的卷积核与图像进行卷积,能够有效提取其中的边缘等特征。

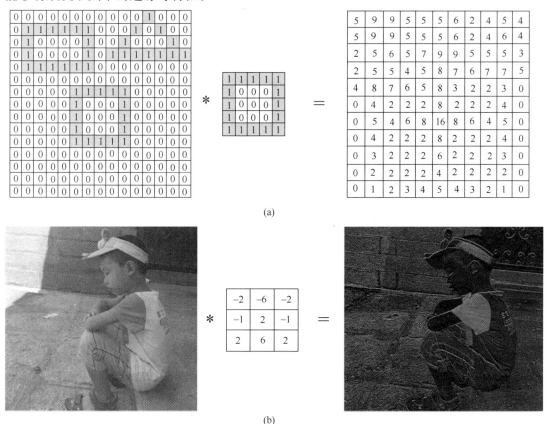

图 2-11 卷积核对图像特征的提取

在卷积神经网络中，卷积核的权值与偏置是待学习的参数。通过在数据集上的训练，卷积神经网络最终能够学习出最适合表达图像特征的一组卷积核。图 2-11 所示的只是一个简单的例子。实际上，卷积神经网络能够提取的特征要复杂得多。而且，利用多层网络在不同层次的组合，可以描述出复杂的纹理、几何形状、颜色及空间分布等特征。

图 2-12 所示为某卷积神经网络特征图的可视化结果。不难看出，卷积神经网络所学习到的特征具有明显的分层特性。在第 1、2 层中，网络学习到的是图像中角点、边缘与颜色等简单信息；在第 3 层中，网络关注的是由简单特征构成的纹理，并且已经开始呈现出语义特征；在第 4 层中，已经体现出更加显著的变化，并且类别更加具体；在第 5 层中，则显示了具有显著姿态变化的整体对象。通过这个实例可以看出，卷积神经网络对特征的学习与人的视觉系统具有相似性，都是从简单局部视觉特征开始的，逐渐构建复杂特征。因此，网络的层数，也称为"深度"，对卷积神经网络提取复杂特征十分重要。实际上，如何有效拓展网络的深度，一直是一个重要的研究方向。

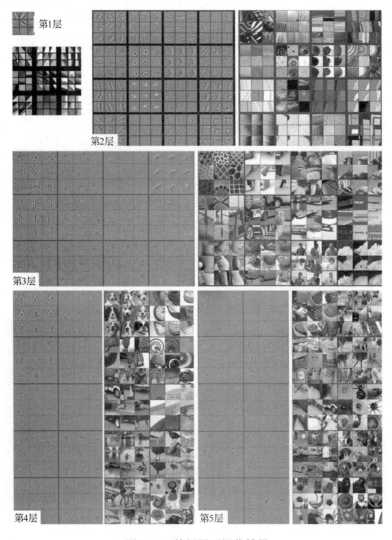

图 2-12　特征图可视化结果

2.2.4　卷积层及参数

在卷积神经网络中，对输入数据实现卷积运算的单元称为卷积层。卷积层包含一个或数个尺寸相等的卷积核，并利用这些卷积核分别对输入数据进行卷积，得到多个特征图。

由于一张图像或者一个目标可能会包含大量的特征，因此想利用单个或少量的卷积核去提取和描述目标特征是不现实的。在实际应用中，网络一般包含多个卷积层，而且每个卷积层也包含多个甚至大量卷积核，以便提取目标不同的特征。图 2-13 所示为具有多个卷积核的卷积层运算过程。

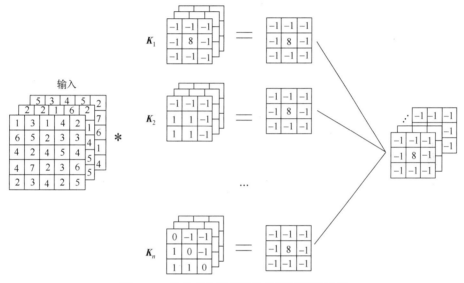

图 2-13　具有多个卷积核的卷积层运算过程

一个完整的卷积神经网络可能包含数十个、数百个甚至上万个卷积核，这些卷积核分别描述了图像的不同特征，再通过不同层次的组合，实现对图像中复杂特征的充分描述。实际上，卷积层的卷积核权值与偏置是待学习的参数，是最终通过网络训练来学习出最优的参数。卷积层的关键参数如下。

1．卷积核的通道数

卷积核的通道数一般等于输入数据的通道数（早期的卷积神经网络中，也有卷积核通道数小于输入数据通道数，且只与输入数据部分通道进行卷积运算的做法）。卷积核各通道只与输入数据的对应通道进行卷积运算。卷积核各通道的权值是独立的，可以各不相同。注意，尽管卷积核可以是多通道的，但每个卷积核只有一个偏置参数。

2．卷积核的尺寸

卷积核 K 的尺寸决定了参与运算的权值数量和感受野的大小。卷积核的尺寸越大，权值数量越多，对应的感受野也越大，在前向和反向传播中需要的计算量就越大。实际上，通过池化操作，尺寸较小的卷积核也可以通过参数积累来获得更大的感受野，这也是目前普遍采用的方式。

3．卷积核的个数

一个卷积核对应输入图像上某一个特征，理论上卷积核数量越多，能够提取的特征越丰富。但在特定尺度下图像的主要特征毕竟是有限的，而且卷积核数量越多，计算量也越大。目前，单一卷积层中包含的卷积核数量从数个到数百个不等。

4．步长

在进行卷积运算时，卷积核在输入数据上移动的步长 s 会影响特征图的尺寸。步长 s 既不能太小也不能太大，虽然 s 越小提取的特征越多，但是计算量也会随之增加；s 也不能太大，否则可能会漏掉图像上的有用信息。

5．填充参数

是否采用填充操作及采取何种填充操作，也会影响特征图的尺寸。

假设输入图像的尺寸是 $I_W \times I_H$，卷积核 $\boldsymbol{K}$ 尺寸为 $k_W \times k_H$，步长为 s，填充操作的填充宽度为 p，则卷积结果即特征图的宽度和高度分别为

$$\begin{cases} W_{\text{output}} = \text{floor}\left(\dfrac{I_W + 2p - k_W}{s} + 1 \right) \\ H_{\text{output}} = \text{floor}\left(\dfrac{I_H + 2p - k_H}{s} + 1 \right) \end{cases} \tag{2-5}$$

其中，floor(·)表示向下取整。

【例2-1】假设某卷积神经网络卷积层C1的输入图像尺寸为32×32，卷积核尺寸为5×5，步长为1，不填充，那么C1层输出的特征图尺寸为

$$W_{\text{output}} = \text{floor}\left(\frac{32-5}{1} + 1 \right) = 28, \quad H_{\text{output}} = \text{floor}\left(\frac{32-5}{1} + 1 \right) = 28$$

2.2.5 特殊卷积

1．1×1卷积

顾名思义，1×1卷积的卷积核尺寸为1×1像素。这种特殊的卷积核并不能提取空间几何特征。1×1卷积输出的特征图尺寸与输入图像保持一致，但是可以通过控制卷积核的数量来改变特征图的通道数。从运算过程看，1×1卷积对输入图像各通道对应像素间进行计算，从而实现了跨通道的交互和信息的融合。从实际使用效果看，1×1卷积除了可以改变图像的维度，还可以提高泛化能力，减小过拟合，且1×1卷积核的权值数量少，不会过度增加计算量。当然，由于1×1卷积并不能提取空间视觉特征，因此在卷积神经网络中只能部分使用，更不能替代二维卷积核。图2-14所示为1×1卷积的示意图。

2．全局卷积

如果将卷积核尺寸设置为与输入数据尺寸相同，则卷积得到的结果为一个1×1的标量。这种卷积称为全局卷积。利用多个全局卷积核，可以将二维或三维数据转换为一维特征图。全局卷积常用在全卷积神经网络中，用以替代全连接层之前的展平操作，示意图如图2-15所示。

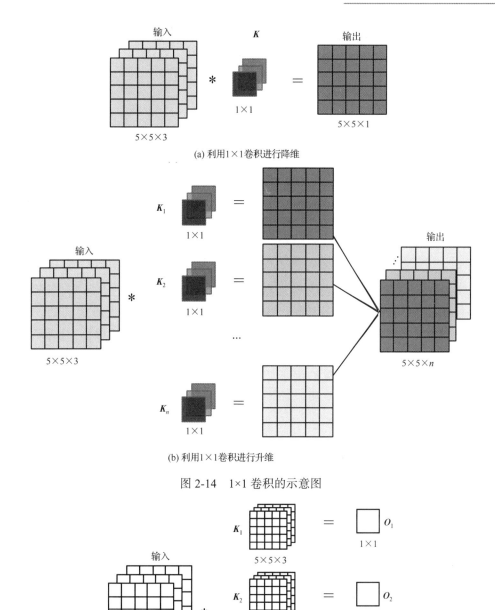

(a) 利用1×1卷积进行降维

(b) 利用1×1卷积进行升维

图 2-14　1×1 卷积的示意图

图 2-15　全局卷积的示意图

3．空洞卷积

空洞卷积（dilated convolution）是指在卷积核各权值之间插入不参与运算的"空洞"。直观上，空洞卷积通过在卷积核的部分元素之间插入"空洞"，从而让卷积核"膨胀"，使得在不增加参数数量的情况下扩大卷积核的感受野。空洞率 L 表明想要将卷积核放宽到多大。图 2-16 所示为 L=1、2、3 时的卷积核尺寸。

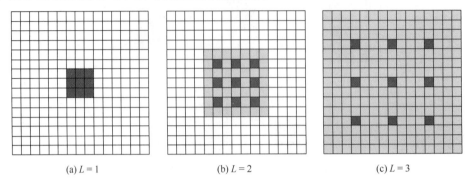

(a) $L = 1$ (b) $L = 2$ (c) $L = 3$

图 2-16 空洞卷积

在图 2-16 中，3×3 的权值表明经过卷积后的输出图像的像素是 3×3。虽然 3 次空洞卷积都得出了相同维度的输出图像，但模型观察到的感受野是大不相同的。L=1 时，感受野为 3×3；L=2 时，感受野是 7×7；L=3 时，感受野增大至 15×15。有趣的是，伴随这些操作的参数数量本质上是相同的，不需要增加参数运算成本就能够观察大的感受野。正因为如此，空洞卷积常被用于低成本地增加输出单元上的感受野，同时还不需要增加卷积核尺寸，当多个空洞卷积一个接一个地堆叠在一起时，这种方式是非常有效的。

4. 反卷积

输入图像通过卷积神经网络提取特征，输出的特征图尺寸往往会变小，然而在实际应用中有时需要将图像恢复到原来的尺寸。例如，在图像分割中，需要将最终的特征图放大到原始输入图像的尺寸，以便形成目标区域的"遮罩"，这种增大图像尺寸的操作称为上采样（upsample）。反卷积（transposed convolution）也称为转置卷积，是上采样的方法之一。反卷积并不是正向卷积的数学意义上的逆过程，而是一种特殊的正向卷积。在进行反卷积时，先按照一定的比例通过补 0 来扩大输入图像的尺寸，处理方式与空洞卷积相似，再旋转卷积核，最后进行正向卷积，如图 2-17 所示。

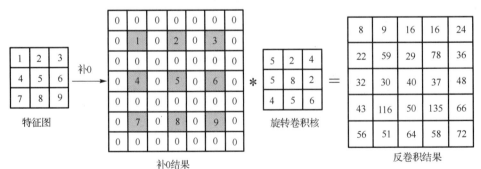

图 2-17 反卷积

2.3　激　活　层

卷积层的运算是线性运算，线性运算的堆叠仍然是线性映射。因此，如果网络只有卷积层，那么不管其规模如何庞大，最终都只能实现线性映射。而卷积神经网络需要解决的问题，往往无法用简单的线性关系来描述，需要拟合更复杂的非线性映射。激活层（activation layer）又称非线性映射层，用来实现网络的非线性表达，从而增强网络的映射能力。

激活层中实现非线性映射的函数称为激活函数（activation function）。激活函数一定是非线性函数，但不是所有的非线性函数都适合作为激活函数。考虑到神经网络的反向传播过程，必须对激活函数的可导性提出要求，同时也要考虑潜在的梯度爆炸/消失风险。在卷积神经网络中，激活层一般位于卷积层后，其输入一般是二维或多维矩阵。激活层针对输入矩阵中的每个元素进行独立计算，并不改变输入数据的维度。

2.3.1　激活函数简述

1. 梯度爆炸/消失问题

卷积神经网络是利用反向传播算法来实现参数更新的，其原理是根据复合函数求导的链式法则来实现梯度的传递。下面以图 2-18 所示的多层神经网络反向传播为例来分析梯度的传递过程。

图 2-18　多层神经网络反向传播

假设每层均只有一个神经元，并且对于每一层都可以用式（2-6）来表示：

$$y_i = \sigma(z_i) = \sigma(w_i x_i + b_i)，\ x_i = y_{i-1} \tag{2-6}$$

其中，σ 为激活函数，w_i 是神经元 i 的连接权值，b_i 是偏置。

如图 2-18 所示，若 C 表示目标函数，那么根据式（2-6）可以推得：

$$
\begin{aligned}
\frac{\partial C}{\partial b_1} &= \frac{\partial C}{\partial y_4}\frac{\partial y_4}{\partial z_4}\frac{\partial z_4}{\partial x_4}\frac{\partial x_4}{\partial z_3}\frac{\partial z_3}{\partial x_3}\frac{\partial x_3}{\partial z_2}\frac{\partial z_2}{\partial x_2}\frac{\partial x_2}{\partial z_1}\frac{\partial z_1}{\partial b_1} \\
&= \frac{\partial C}{\partial y_4}\sigma'(z_4)w_4\sigma'(z_3)w_3\sigma'(z_2)w_2\sigma'(z_1)
\end{aligned}
\tag{2-7}
$$

可以看出，梯度从网络末端传递到前端，经历了激活函数导数及各层网络参数的连乘。网络越深，传递链路越长。根据网络参数和激活函数导数的特性的不同，网络的梯度传递可能出现以下两种潜在的问题：

- 如果 $\sigma'(z)w<1$，那么经过层层传递，梯度会急剧下降，直至计算机无法有效表示，这种情况称为梯度消失（gradient vanishing）问题；
- 如果 $\sigma'(z)w>1$，那么经过层层连乘，梯度值可能变得非常大，甚至导致计算机无法有效表示，这种情况称为梯度爆炸（gradient exploding）问题。

梯度消失和梯度爆炸都会导致网络无法有效进行学习，因此在设计神经网络时必须考虑参数的分布及激活函数导数的特性，从而避免上述问题的出现。对于网络参数的设置将在第 7 章中进行详细阐述，下面主要介绍激活函数在梯度消失/爆炸问题上的特性。

2．激活函数的饱和性

假设 $h(x)$ 是一个激活函数，则：

（1）当 x 趋近于正无穷，激活函数 $h(x)$ 的导数趋近于 0，即 $\lim_{x \to +\infty} h'(x) = 0$ 时，称为右饱和；当 x 趋近于负无穷，激活函数 $h(x)$ 的导数趋近于 0，亦即 $\lim_{x \to -\infty} h'(x) = 0$ 时，称为左饱和；当一个函数既满足左饱和又满足右饱和时，称为饱和函数。

（2）对于任意的 x，如果存在常数 $C \in \mathbb{R}$，当 $x > C$ 时，恒有 $h'(x) = 0$，则称为右硬饱和；对于任意的 x，如果存在常数 $C \in \mathbb{R}$，当 $x < C$ 时，恒有 $h'(x) = 0$，则称为左硬饱和；若一个函数既满足左硬饱和又满足右硬饱和，则称为硬饱和。

（3）对于任意的 x，如果存在常数 C，当 $x > C$ 时，恒有 $h'(x)$ 趋近于 0，则称为右软饱和；对于任意的 x，如果存在常数 C，当 $x < C$ 时，恒有 $h'(x)$ 趋近于 0，则称为左软饱和；若一个函数既满足左软饱和又满足右软饱和，则称为软饱和。

3．激活函数的一般要求

- 非线性：导数不是常数，保证了多层神经网络不会退化成单层线性网络。
- 良好的可导性：神经网络需要依赖链式法则来实现梯度的传递，从而完成反向传播，因此激活函数必须几乎处处可微。
- 计算简单：激活函数在神经网络前向传播时的计算次数与神经元的个数成正比，因此简单的非线性函数自然更适合作为激活函数。
- 非饱和性：饱和会使激活函数在某些区间梯度趋近于 0（即梯度消失），使得参数无法继续更新，因此激活函数应该尽量实现非饱和性，从而避免梯度消失的问题。
- 单调性：保证了导数方向的明确性及网络的可收敛性。
- 合理的输出范围：激活函数的输出将作为后续网络的输入数据，因此其输出应能够符合网络对数据的一般要求，如尽可能是零均值（zero-centered）。

2.3.2 典型的激活函数

1．Sigmoid 函数

Sigmoid 函数又称 Logistic 函数，它的数学表达式为

$$\sigma(x) = \frac{1}{1 + \exp(-x)} \tag{2-8}$$

Sigmoid 函数的输出值域为 $(0, 1)$，函数图形如图 2-19 所示。Sigmoid 函数在一定程度上模拟了生物神经元对信号的响应：当输入值 x 低于某个阈值时，函数的输出值趋近于 0，类似于生物神经元的"抑制状态"；当输入值 x 高于某个阈值时，函数的输出值趋近于 1，类似于生物神经元的"兴奋状态"。这种相似性是早期人工神经网络研究者将其作为激活函数的动机之一。当然，其连续可导的数学特性是其能够作为激活函数的基本保证。

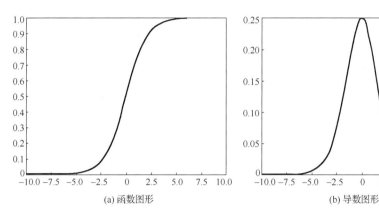

(a) 函数图形　　　　　　　　　　　　(b) 导数图形

图 2-19　Sigmoid 函数

虽然 Sigmoid 函数在早期的人工神经网络研究中得到了广泛使用，但是将 Sigmoid 函数作为激活函数仍然存在以下几个问题：

- 容易产生梯度消失问题。在图 2-19(b)所示的 Sigmoid 函数的导数图形中可以看出，Sigmoid 导数取值范围是$(0, 0.25]$，数值相对较小；并且当输入数值小于 -5 或大于 5 时，函数的梯度非常接近于 0。如果网络较深，会导致在反向传播中的梯度消失问题，从而使得网络无法有效进行学习。因此，将 Sigmoid 函数作为激活函数会限制网络的规模。
- 计算量较大。Sigmoid 函数包含幂运算，在前向传播和后向传播中都会消耗较多的计算时间。这一点对于大规模的网络和数据集来说体现得更加明显。
- 输出不是零均值。由于后一层的神经元是把其前一层输出的非零均值的信号作为输入信号的，因此随着网络规模的加深，可能会改变数据的原始分布。

2. Tanh 函数

Tanh 函数称为双曲正切函数。Tanh 函数和 Sigmoid 函数非常相似，但是输出值域由$(0, 1)$变为了$(-1, 1)$，而且导数的范围也扩大到了$(0, 1)$。Tanh 函数的数学表达式为

$$\text{Tanh}(x) = \frac{e^x - e^{-x}}{e^x + e^{-x}} \tag{2-9}$$

Tanh 函数图形及导数图形如图 2-20 所示。可以看出，相对于 Sigmoid 函数，Tanh 函数解决了输出零均值的问题。此外，Tanh 函数的输出区间为$(-1, 1)$，其导数范围为$(0, 1]$，相比 Sigmoid 函数的$(0, 0.25]$增大了不少；但是当输入数据的绝对值较大的时候，其导数仍然会快速趋近于 0，因此梯度消失问题仍然存在。此外，Tanh 函数依然存在计算量较大的缺点。

3. ReLU 函数

ReLU（Rectified Linear Unit）函数称为修正线性单元或线性整流函数，是一个分段函数，其数学表达式为

$$\text{rectifier}(x) = \begin{cases} x, & x \geqslant 0 \\ 0, & \text{其他} \end{cases} \tag{2-10}$$

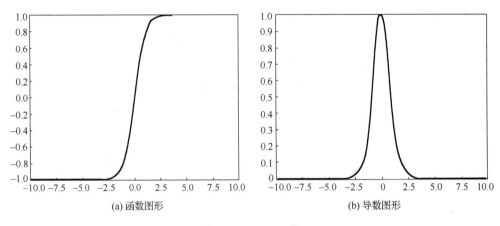

图 2-20　Tanh 函数

从式（2-10）可以直观地看出，对于输入数据 $x \geqslant 0$ 的情况，ReLU 函数不做任何处理；而当输入数据 $x<0$ 时，ReLU 函数将其抑制为 0 并输出。从信息处理的角度看，ReLU 函数实现的是对输入数据的稀疏表示。通过这种方式，促使网络在学习过程中抑制噪声信号或非感兴趣信息，其函数图形与导数图形如图 2-21 所示。

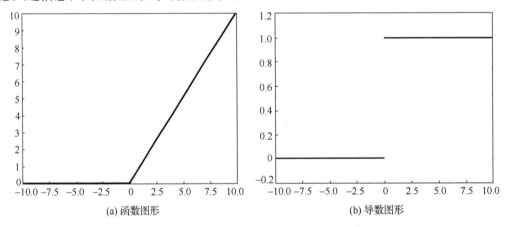

图 2-21　ReLU 函数

相较于 Sigmoid 函数和 Tanh 函数，ReLU 函数存在以下优点：

- ReLU 函数的梯度当 $x \geqslant 0$ 时为 1，当 $x<0$ 时为 0，因此在 $x \geqslant 0$ 克服了 Sigmoid 函数和 Tanh 函数的梯度消失问题；
- ReLU 函数的计算简单，极大地节省了运算时间。

注意，ReLU 函数存在神经元"坏死"问题，也称为"ReLU 死区"问题（Dying ReLU problem），即当输入为负的时候，ReLU 的梯度为 0，在反向传播时，无法将误差传递到该神经元上，导致神经元永远不会被激活，产生的主要原因是不合适的权值初始化和过大的学习率。此外，ReLU 并不是零均值的。

4．ReLU-Like 函数

尽管 ReLU 函数的激活功能并不完美，但与其带来的收益相比仍然是可以接受的，因此 ReLU 作为激活函数被广泛使用。针对 ReLU 函数存在的神经元"坏死"问题，研究人员提出了很多改进方法，这些方法主要集中于将 $x<0$ 的部分进行特殊处理。

（1）Leaky ReLU 函数

Leaky ReLU（带泄露修正线性单元）函数对于 $x<0$ 部分并不直接置零，而是设置为一个斜率较小的线性函数，数学表达式为

$$f(x) = \max(\alpha x, x) \tag{2-11}$$

其中 α 为常数。这样，在 $x<0$ 时，该函数的梯度就不再是 0，从而避免出现神经元"坏死"现象。但是，当 α 设置得太小时，该函数就接近 ReLU 函数，起不到作用；当 α 设置得较大时，又失去了对输入数据稀疏化的能力，且削弱了函数的非线性。

（2）PReLU 函数

为了更好选择 α，提出了 PReLU（Parametric ReLU，参数化修正线性单元）函数。该函数将 α 作为一个可学习的参数，会在训练的过程中进行更新，从而学习出最适合数据和网络的 α。

（3）RReLU 函数

RReLU（Randomized Leaky ReLU，带泄露随机修正线性单元）函数是 Leaky ReLU 函数的一个变体。该函数在网络训练过程中，针对每一个激活函数，独立地从高斯分布中随机产生一个 α，并在测试中固定下来。

（4）ELU 函数

以上三种变体函数都没有解决输出零均值的问题，于是又出现了 ELU（Exponential Linear Unit，指数线性单元）函数，其数学表达式为

$$f(x) = \begin{cases} x, & x \geq 0 \\ \alpha(e^x - 1), & \text{其他} \end{cases} \tag{2-12}$$

不难看出，ELU 函数在 $x<0$ 时采用了非线性表达，具有软饱和性，且 ELU 函数的输出均值接近于 0，因此收敛速度更快。

图 2-22 所示为上述几种 ReLU-Like 函数的图形。实际上，ReLU 函数及其变体都是非饱和激活函数，这类非饱和激活函数的优势在于：能解决梯度消失问题，能加快收敛速度。

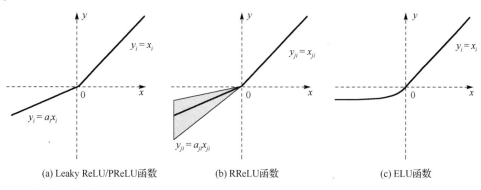

（a）Leaky ReLU/PReLU函数　　（b）RReLU函数　　（c）ELU函数

图 2-22　ReLU-Like 函数图形

2.4 池化层

2.4.1 池化操作

池化层（pooling layer）的作用是对输入的数据进行池化操作，缩减数据的尺寸，同时尽可能地保留数据信息。池化的本质是数据压缩，一方面抑制响应较低的信号，降低噪声；另一方面减少需要学习的参数，降低网络规模，在空间上也实现了感受野的增大，有利于使用较小的卷积核实现更大尺度上的特征学习。

池化操作涉及的主要参数有池化核与池化步长。通常，池化核为方形，以便实现两个维度上的等比采样。假设输入图像的尺寸为 $I_W \times I_H$，池化核尺寸为 $k \times k$，池化步长为 s，那么经过池化操作后输出图像的宽度和高度分别为

$$\begin{cases} W_{\text{output}} = \text{floor}\left(\dfrac{I_W - k}{s} + 1\right) \\ H_{\text{output}} = \text{floor}\left(\dfrac{I_H - k}{s} + 1\right) \end{cases} \tag{2-13}$$

池化层参数为超参数，由人工选取，并不参与学习。目前最常见的池化核尺寸和池化步长都为 2，为非重叠池化（no-overlapping pooling）。根据池化核运算规则的不同，常见的池化方法主要有最大池化和平均池化两种类型。

1. 最大池化

最大池化（max pooling）过程类似于卷积过程，具体操作过程如图 2-23 所示。图 2-23 中，对一个 4×4 邻域内的值，用一个 2×2 的核、步长为 2 进行"扫描"，并选择池化核覆盖范围内的最大值输出到下一层，称为最大池化。如果是多通道数据，则在各通道中分别进行池化。经池化操作后，特征图高度、宽度分别减半，但是通道数保持不变。

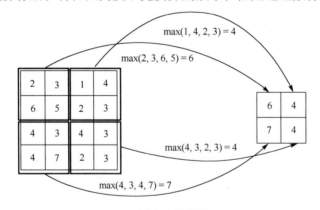

图 2-23　最大池化操作过程

2. 平均池化

平均池化（average pooling）将最大池化中取最大值的操作改为求区域的平均值，具体操作过程如图 2-24 所示。

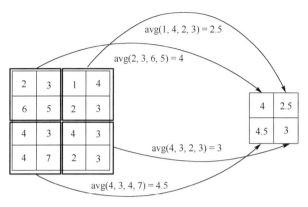

图 2-24　平均池化操作过程

上述两种池化方法的主要区别是：最大池化抑制了局部区域的非最大响应，只保留最大响应；而平均池化则部分保留了局部区域的非最大响应信息。

2.4.2　感受野

感受野原指听觉、视觉等神经系统中一些神经元的特性，即神经元只接收其所支配的刺激区域内的信号。在视觉神经系统中，视觉皮层中神经细胞的输出依赖于视网膜上的光感受器。当光感受器受刺激处于兴奋状态时，会将神经冲动信号传导至视觉皮层。

在卷积神经网络中，感受野是网络中每一层输出的特征图上的像素在输入图像上映射的区域大小。通俗解释为，特征图上的一个点对应于输入图像上的一块区域，如图 2-25 所示。图 2-25 中所示的卷积神经网络共有 3 层，第一层的输入图像为原始图像，卷积核中的每个像素对应于原始图像上的一个像素，能够覆盖 3×3 的区域，因此感受野为 3×3；经池化后，第二层网络的输入图像中每一个像素对应的是原始图像中 2×2 的区域，若用 3×3 的卷积核在原始图像 2×2 的区域上进行卷积，则所覆盖的尺寸为 7×7，因此第二层网络中卷积核的感受野为 7×7。由此可见，池化层增大了后续网络中卷积核的感受野。这些卷积核学习到的特征不但在空间上更大，而且所学习的特征是之前多个卷积核在不同尺度特征基础上的高级特征。

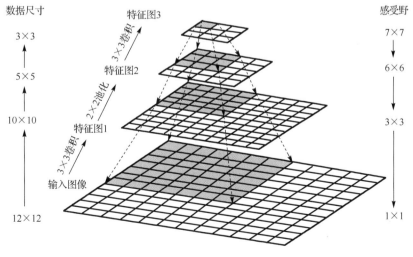

图 2-25　感受野

2.5　全　连　接　层

在实际应用中，很多时候样本的真值标签往往是一维数据。假设一个分类网络包含 5 类目标$\{T_1, T_2, T_3, T_4, T_5\}$，那么对于数据集中的任意一个样本 S，其真值表示了该样本属于各类目标的概率：若样本 S 属于 T_2，则采用独热编码（one-hot encoding）方式，其真值标签为(0,1,0,0,0)。为实现网络输出与一维标签进行比较，在早期的卷积神经网络应用中采用全连接层（fully connected layer）来解决这个问题。

全连接层一般在网络的最后部分，其作用是将二维的特征信息转化为一维的分类信息。全连接层有 m 个输入和 n 个输出，每个输出都和所有的输入相连，相连的权值 w_{mn} 都是不一样的，同时每个输出还有一个偏置。网络可以有一个或者多个全连接层，如图 2-26 所示。

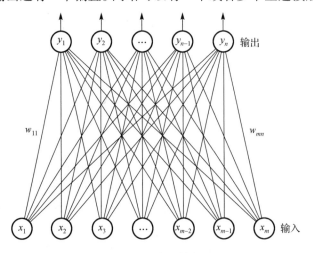

图 2-26　全连接层

在图 2-8 中，可以将卷积展开为类似于多层感知机的网络结构形式，这表明卷积操作是局部的、参数共享的。相对于卷积操作，二维数据想要和全连接层连接，需要先将数据按照坐标顺序展平，如图 2-27 所示。

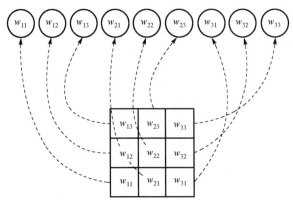

图 2-27　二维数据的展平

注意，全连接层的参数规模太大，远远超过参数共享的卷积层，因此通常采用全局卷积和 1×1 卷积的形式来替代全连接层，其中全局卷积可以实现输入数据的展平，1×1 卷积可以实现一维到一维的映射，如图 2-28 所示。

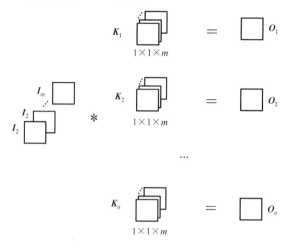

图 2-28　利用 1×1 卷积实现全连接层操作

全连接层按照特定的像素顺序展平特征图，展平后的节点部分保留了各特征在二维空间中的位置及相互顺序信息，这样有利于更好地描述目标，增强对对抗样本的抵御能力。而利用全局卷积实现的展平则丢掉了这些信息，因此一些研究也表明，具有全连接层的卷积神经网络在某些场合中具备更好的鲁棒性和正确率。

2.6　目　标　函　数

几乎所有的机器学习算法最后都归结为求解最优化问题，以达到人们期望让算法达到的目标。为此，首先需要构造出一个目标函数（objective function），然后让该函数取极大值或极小值，得到机器学习算法的模型参数 θ。由此可见，构造出合理的目标函数是建立机器学习算法的关键，一旦目标函数确定，接下来就是求解最优化问题。

以有监督学习为例，为了衡量学得模型的参数的好坏，可以用一个函数来度量模型预测值与真实值之间的差异，称之为损失函数（loss function）或者代价函数（cost function）。需要说明的是，损失函数与误差函数具有一定的关系（如损失函数是误差函数的上界），但具有更好的数学性质，如连续、可导、凸性等，以便进行优化。

如图 2-29 所示的一组数据（图中记为×），机器学习算法的目的就是要学习出一个函数来拟合数据分布。损失函数值越小，代表模型拟合效果越好，但是，损失函数值是不是越小越好呢？图 2-29 中给出了学习出的 3 种函数，尽管图 2-29(c)所示的函数对训练数据拟合得最好，但学习出的函数过于复杂，导致出现过拟合现象。

为了避免出现这种情况，往往还要引入一个度量模型复杂度的函数。在学习的过程中，既希望损失函数越小，也希望模型的复杂度不会太高，这种用于度量模型复杂度的函数称为正则化项。由此可见，机器学习的目标函数 J 通常是由损失函数 L 和正则化项 Ω 两部分

共同组成的，即

$$J(\boldsymbol{\theta}; \boldsymbol{x}, y) = L(f(\boldsymbol{\theta}; \boldsymbol{x}), y) + \lambda\Omega(\boldsymbol{\theta}) \tag{2-14}$$

其中，$f(\boldsymbol{\theta}; \boldsymbol{x})$是算法模型的预测值，$y$是真实值，$\lambda \in [0, \infty)$是平衡正则化项 Ω 与损失函数 L 之间相对贡献的超参数。λ越大，对应正则化项惩罚越大，将较大程度地约束模型复杂度。

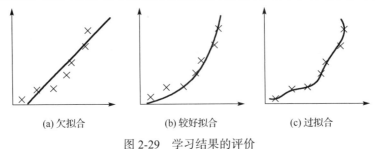

(a) 欠拟合　　　　　　　(b) 较好拟合　　　　　　　(c) 过拟合

图 2-29　学习结果的评价

2.6.1　常用的损失函数

1. 交叉熵损失函数

在分类任务中，考虑数据集 D 中共有 N 个类别，记为 $C_1, C_2, \cdots, C_N$。网络最终输出的特征向量 $\boldsymbol{x}$ 的分量个数一般设置为样本的类别数 N。经过训练，通常希望对于第 i 个样本 $S_i(i=1, 2, \cdots, m)$，网络输出的特征向量 $\boldsymbol{x}_i$ 中的第 j 个分量 x_i^j $(j=1, 2, \cdots, N)$ 代表了样本 S_i 属于类别 C_j 的可能性的度量，而 S_i 对应的真实标签记为 $\boldsymbol{y}_i$，其分量个数也等于样本类别数 N，y_i^j 代表了样本 S_i 属于 C_j 的真实概率。那么分类任务的损失函数不仅要能够评价 $\boldsymbol{x}_i$ 相对于 $\boldsymbol{y}_i$ 的误差，而且需要评价在所有这 m 个样本上，模型预测结果与真实值之间的整体误差。

目前最常用的分类任务损失函数是交叉熵（cross entropy）损失函数。交叉熵是信息论中的一个概念，主要用于度量两个概率分布之间的差异性。交叉熵损失函数又称 Softmax 损失函数，其数学表达式为

$$L_{\text{CrossEntropy}} = -\frac{1}{m}\sum_{i=1}^{m}\sum_{j=1}^{N} y_i^j \log_{10} \frac{x_i^j}{\sum_{j=1}^{N} x_i^j} \tag{2-15}$$

交叉熵损失函数首先将特征向量 $\boldsymbol{x}_i$ 中的各个分量映射到 $(0, 1]$ 上的实数，并且归一化保证所有分量之和为 1，即通过指数化变换使网络输出的特征向量 $\boldsymbol{x}_i$ 转换为概率形式；然后计算 $\boldsymbol{x}_i$ 和真实标签 $\boldsymbol{y}_i$ 的交叉熵，作为评判依据；最后，求出该批量（batch）中所有 m 个样本的预测结果与真实标签的交叉熵的平均值，将其作为模型的损失。

【例 2-2】假设数据集 D 中共有 3 种类型的目标：飞机、舰船、坦克。对于某一样本，其真实标签与预测值如表 2-1 所示，计算针对此样本的交叉熵损失值。

表 2-1　某一样本的真实标签与预测值

	飞　机	舰　船	坦　克
真实标签	0	1	0
预测值	50	100	50

$$L_{\text{CrossEntropy}} = -\left(0 \times \log_{10}\left(\frac{50}{50+100+50} \right) + 1 \times \log_{10}\left(\frac{100}{50+100+50} \right) + 0 \times \log_{10}\left(\frac{50}{50+100+50} \right) \right)$$

$$= -\log_{10}(0.5) \approx 0.301$$

2．均方误差损失函数

在回归任务中，假设给定训练样例集 $D=\{(x_1, y_1), (x_2, y_2), \cdots, (x_m, y_m)\}$，为了评估网络模型 f 的性能，直观的做法是把网络模型的预测结果 $f(\theta; x)$ 和真实值 y 进行比较，即采用均方误差（Mean Squared Error, MSE）损失函数。均方误差损失也称为 L_2 损失，反映的是样本真实值和模型预测值之差的平方的期望值，其数学表达式为

$$L_{\text{MSE}} = \frac{1}{m} \sum_{i=1}^{m} (f(\theta; x_i) - y_i)^2 \tag{2-16}$$

L_{MSE} 的值越小，说明模型的预测值具有越好的精确度。均方误差损失函数通过平方误差来惩罚模型所犯的大错误，这是因为把一个比较大的数经平方运算后会变得更大。但需要注意的是，这个属性使均方误差损失函数对异常值的鲁棒性降低。

3．平均绝对误差损失函数

平均绝对误差（Mean Absolute Error，MAE）损失函数也称为 L_1 损失函数，计算的是绝对误差的平均值，每个训练样本的绝对误差就是模型预测值和真实值之差的绝对值，能够较好地反映预测值误差的实际情况，主要用于回归任务，其数学表达式为

$$L_{\text{MAE}} = \frac{1}{m} \sum_{i=1}^{m} |f(\theta; x_i) - y_i| \tag{2-17}$$

2.6.2　正则化项

正则化是对学习算法的约束，目的是减少泛化误差而非训练误差。在神经网络模型中，参数包括每一层仿射变换的权值和偏置，通常只对权值进行正则化约束。

1．L_1 正则化

L_1 正则化是机器学习中一种常见的正则化方式，又称为 LASSO 回归。假设待正则化的网络层模型参数为 w，那么 L_1 正则化被定义为各个参数的绝对值之和，即

$$\Omega(\theta) = \|w\|_1 = \sum_i |w_i| \tag{2-18}$$

L_1 正则化能够使参数更加稀疏（sparse），即优化后的部分参数为 0，而非零实值的那部分参数则可以起到选择重要参数或特征维度的作用，同时还具有抑制噪声的效果。

2．L_2 正则化

L_2 正则化又称为岭回归（ridge regression）或 Tikhonov 正则化，其正则化形式为

$$\Omega(\theta) = \frac{1}{2} \|w\|_2^2 = \frac{1}{2} \sum_i w_i^2 \tag{2-19}$$

L_2 正则化得到的解尽管不是稀疏的，但同样能够保证解中接近于 0 的维度比较多，从

而降低了模型的复杂度。在深度学习中常常称 L_2 正则化为权值衰减（weight decay）。

3. L_1/L_2 混合正则化

在深度学习模型中，既可以单独利用 L1 或 L2 正则化对操作层（如卷积层、全连接层）进行正则化，以此来约束模型的复杂度，也可混合使用它们，其形式也称为 Elastic 正则化，即

$$\Omega(\boldsymbol{\theta}) = \lambda_1 \frac{1}{2} \|\boldsymbol{w}\|_2^2 + \lambda_2 \|\boldsymbol{w}\|_1 \tag{2-20}$$

4. 中心损失正则化

中心损失正则化一般用在分类任务中，其定义为

$$\Omega_{\text{CenterLoss}} = \frac{1}{2m} \sum_{i=1}^{m} \|\boldsymbol{x}_i - \boldsymbol{c}\|_2^2 \tag{2-21}$$

其中，$\boldsymbol{x}_i$ 表示全连接层之前的特征向量，$\boldsymbol{c}$ 为所有 m 个样本所属类别 y_i 的特征中心。直观上，式（2-21）迫使所有隶属于 y_i 类别的样本与其中心不要距离过远。

2.7 卷积神经网络的反向传播

卷积神经网络的反向传播与一般的深度神经网络的反向传播，二者数学原理一致，但具体形式有所区别。下面分别针对卷积神经网络中的各个单元具体分析反向传播过程。

2.7.1 全连接层的反向传播

多个全连接层相连可以看成一个多层感知机，这里对符号约定如下：
① l 代表网络的第 l 层，$l=L$ 代表网络的最后一层；
② $\boldsymbol{W}^l$、$\boldsymbol{b}^l$ 分别表示第 l 层的权值矩阵与偏置向量；
③ $\sigma(\cdot)$ 表示激活函数；
④ $\boldsymbol{y}^l = \sigma(\boldsymbol{u}^l)$ 表示第 l 层的输出向量（列向量），其中 $\boldsymbol{u}^l = \boldsymbol{W}^l \boldsymbol{y}^{l-1} + \boldsymbol{b}^l$；
⑤ J 表示目标函数，其输出为标量，用于度量网络输出结果与真实值之间的偏差。

反向传播的目的就是要计算出 J 对于各层 $\boldsymbol{W}^l$、$\boldsymbol{b}^l$ 的偏导数 $\partial J / \partial \boldsymbol{W}^l$ 和 $\partial J / \partial \boldsymbol{b}^l$，进而更新网络参数 $\boldsymbol{W}^l$、$\boldsymbol{b}^l$，使得模型的预测值更加接近真实值。由于卷积神经网络的激活函数 σ 和目标函数 J 是事先给定的，因此网络的预测值和真实值之间的偏差实际上是由 $\boldsymbol{u}^l$ 决定的。在反向传播过程中，一般需要先获得 $\partial J / \partial \boldsymbol{u}^l$，再进一步计算该层的 $\partial J / \partial \boldsymbol{W}^l$ 和 $\partial J / \partial \boldsymbol{b}^l$。

根据复合函数求导的链式法则，有

$$\frac{\partial J}{\partial \boldsymbol{W}^l} = \frac{\partial J}{\partial \boldsymbol{u}^l} \frac{\partial \boldsymbol{u}^l}{\partial \boldsymbol{W}^l} \tag{2-22}$$

$$\frac{\partial J}{\partial \boldsymbol{b}^l} = \frac{\partial J}{\partial \boldsymbol{u}^l} \frac{\partial \boldsymbol{u}^l}{\partial \boldsymbol{b}^l} \tag{2-23}$$

若将 $\partial J / \partial \boldsymbol{u}^l$ 记为 $\boldsymbol{\delta}^l$，而 $\boldsymbol{u}^l = \boldsymbol{W}^l \boldsymbol{y}^{l-1} + \boldsymbol{b}^l$，根据矩阵与向量求导规则，有 $\partial \boldsymbol{u}^l / \partial \boldsymbol{W}^l = (\boldsymbol{y}^{l-1})^{\mathrm{T}}$，又由 $\partial \boldsymbol{u}^l / \partial \boldsymbol{b}^l = 1$，可得

$$\frac{\partial J}{\partial \boldsymbol{W}^l} = \boldsymbol{\delta}^l (\boldsymbol{y}^{l-1})^{\mathrm{T}} \qquad (2\text{-}24)$$

$$\frac{\partial J}{\partial \boldsymbol{b}^l} = \boldsymbol{\delta}^l \qquad (2\text{-}25)$$

因为 J 的输出值是标量，而 $\boldsymbol{u}^l$ 是向量，根据标量对向量求导规则及链式法则，可得

$$\boldsymbol{\delta}^l = \frac{\partial J}{\partial \boldsymbol{u}^{l+1}} \frac{\partial \boldsymbol{u}^{l+1}}{\partial \boldsymbol{u}^l} = \left(\frac{\partial \boldsymbol{u}^{l+1}}{\partial \boldsymbol{u}^l} \right)^{\mathrm{T}} \boldsymbol{\delta}^{l+1} \qquad (2\text{-}26)$$

由于 $\boldsymbol{u}^{l+1} = \boldsymbol{W}^{l+1} \boldsymbol{y}^l + \boldsymbol{b}^{l+1} = \boldsymbol{W}^{l+1} \sigma(\boldsymbol{u}^l) + \boldsymbol{b}^{l+1}$，根据求导规则及链式法则，可得

$$\frac{\partial \boldsymbol{u}^{l+1}}{\partial \boldsymbol{u}^l} = \frac{\partial \boldsymbol{u}^{l+1}}{\partial \sigma(\boldsymbol{u}^l)} \frac{\sigma(\boldsymbol{u}^l)}{\partial \boldsymbol{u}^l} = \boldsymbol{W}^{l+1} \mathrm{diag}(\sigma'(\boldsymbol{u}^l)) \qquad (2\text{-}27)$$

其中，σ' 表示激活函数的导数。将式（2-27）代入式（2-26）后可得

$$\boldsymbol{\delta}^l = \mathrm{diag}(\sigma'(\boldsymbol{u}^l))(\boldsymbol{W}^{l+1})^{\mathrm{T}} \boldsymbol{\delta}^{l+1} = (\boldsymbol{W}^{l+1})^{\mathrm{T}} \boldsymbol{\delta}^{l+1} \odot \sigma'(\boldsymbol{u}^l) \qquad (2\text{-}28)$$

其中，$\odot$ 称为 Hadamard 乘积，表示按元素相乘。例如：

$$\begin{bmatrix} 1 \\ 2 \end{bmatrix} \odot \begin{bmatrix} 3 \\ 4 \end{bmatrix} = \begin{bmatrix} 1 \times 3 \\ 2 \times 4 \end{bmatrix} = \begin{bmatrix} 3 \\ 8 \end{bmatrix}$$

式（2-28）表明了 $\boldsymbol{\delta}^l$ 和 $\boldsymbol{\delta}^{l+1}$ 之间存在递推关系。因此，只要获得网络最后一层（第 L 层）的 $\boldsymbol{\delta}^L$ 就可以递推得到第 l 层的 $\boldsymbol{\delta}^l$，进而求得 $\partial J / \partial \boldsymbol{W}^l$ 和 $\partial J / \partial \boldsymbol{b}^l$。$\boldsymbol{\delta}^L$ 可由下式获得：

$$\boldsymbol{\delta}^L = \frac{\partial J}{\partial \boldsymbol{u}^L} = \frac{\partial J}{\partial \boldsymbol{y}^L} \frac{\partial \boldsymbol{y}^L}{\partial \boldsymbol{u}^L} = J'(\boldsymbol{y}^L) \odot \sigma'(\boldsymbol{u}^L) \qquad (2\text{-}29)$$

其中，J' 代表目标函数的导数。

2.7.2　池化层的反向传播

由于池化层并没有可学习的参数，因此不需要进行参数更新。池化层在反向传播过程中，只需要将下一层传递过来的梯度按照一定的规则传递给上一层即可。对于不同的池化方法，其梯度传递方式也不相同。

1. 平均池化的反向传播

平均池化的前向传播是把一个局部区域中的值求取平均；那么反向传播就是把某个元素的梯度等分为若干份并分配给前一层，这样就保证池化前后的梯度之和保持不变，其过程如图 2-30 所示。

2. 最大池化的反向传播

最大池化也要满足梯度之和不变的原则。最大池化的前向传播是把局部区域中最大的值传递给后一层，而其他像素的值直接被舍弃；那么反向传播就是把梯度直接传给前一层某一个像素，而其他像素不接收梯度，即为 0。因此最大池化操作和平均池化操作的不同点在于需要记录池化操作时到底哪个像素的值最大，其过程如图 2-31 所示。

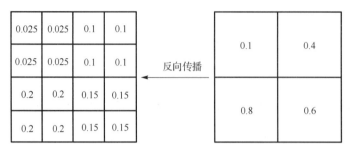

图 2-30　平均池化的反向传播过程

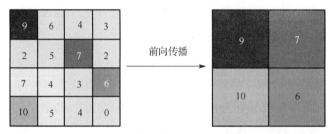

(a) 最大池化的前向传播

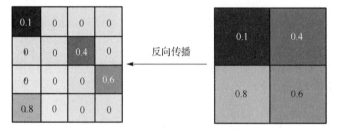

(b) 最大池化的反向传播

图 2-31　最大池化的传播过程

2.7.3　卷积层的反向传播

根据图 2-8，卷积层可以看成一种特殊的多层感知机模型，因此其反向传播过程与前面讨论的全连接层类似。这里用 $\boldsymbol{Y}^l = \sigma(\boldsymbol{U}^l)$ 表示第 l 层的输出，其中 $\boldsymbol{U}^l = \boldsymbol{Y}^{l-1} * \boldsymbol{W}_c^l + b_c^l$，$*$ 表示卷积运算，$\boldsymbol{W}_c^l$ 和 b_c^l 表示第 l 层的卷积核与偏置，$\boldsymbol{W}_c^l$ 为矩阵，而 b_c^l 为标量。根据卷积的求导规则，参考式（2-26），有

$$\boldsymbol{\delta}^l = \left(\frac{\partial \boldsymbol{U}^{l+1}}{\partial \boldsymbol{U}^l}\right)^{\mathrm{T}} \boldsymbol{\delta}^{l+1} = \boldsymbol{\delta}^{l+1} * \boldsymbol{W}_c^{l+1} \odot \sigma'(\boldsymbol{U}^l) \tag{2-30}$$

而

$$\frac{\partial J}{\partial \boldsymbol{W}_c^l} = \boldsymbol{Y}^{l-1} * \boldsymbol{\delta}^l \tag{2-31}$$

$\partial J / \partial b_c^l$ 为 $\boldsymbol{\delta}^l$ 中各标量元素的和，即

$$\frac{\partial J}{\partial b_c^l} = \sum_{u,v} \delta_{u,v}^l \tag{2-32}$$

其中，$\delta_{u,v}^l$ 为 $\boldsymbol{\delta}^l$ 中的各标量元素。

2.7.4　反向传播实例

为了说明反向传播算法的工作流程，构建如图 2-32 所示的卷积神经网络，包含 1 个卷积层 Conv、1 个平均池化层 Pool、1 个全连接层 Fc 和 1 个输出层 O。网络输入为 6×6 像素单通道图像；Conv 层卷积核尺寸为 3×3，步长为 1，初始权值记为 W_{conv}，偏置 $b_{conv}=1$，激活函数为 ReLU 函数；Pool 层池化核尺寸为 2×2，步长为 2；Fc 层的输入为 Pool 层池化输出的展平，初始权值记为 W_{fc}，偏置 $b_{fc}=[1\ 1]^T$，激活函数为 Sigmoid 函数。网络输入数据记为 x，真值为 $Gt=[1\ \ 0]^T$，损失函数选择 MSE 损失函数。

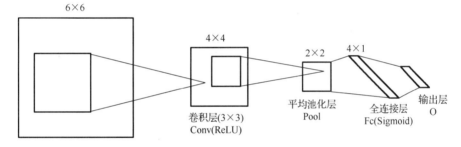

$$W_{conv} = \begin{bmatrix} 0.5 & 0.2 & 0.6 \\ 0.4 & 0.2 & 0.5 \\ 0.3 & 0.2 & 0.5 \end{bmatrix}, \quad W_{fc} = \begin{bmatrix} 0.1 & 0.2 & 0.3 & 0.4 \\ 0.1 & 0.2 & 0.3 & 0.4 \end{bmatrix}, \quad x = \begin{bmatrix} 1 & 1 & 1 & 1 & 1 & 1 \\ 1 & 1 & 0 & 0 & 1 & 1 \\ 1 & 1 & 0 & 0 & 1 & 1 \\ 1 & 1 & 0 & 0 & 1 & 1 \\ 1 & 1 & 1 & 1 & 1 & 1 \\ 1 & 1 & 1 & 1 & 1 & 1 \end{bmatrix}$$

图 2-32　卷积神经网络反向传播实例

1. 前向传播过程

第 1 步，对于 Conv 层，卷积结果为

$$\mathbf{Out}_{conv} = W_{conv} x + b_{conv} = \begin{bmatrix} 3.4 & 3.0 & 3.3 & 3.7 \\ 2.8 & 2.2 & 2.6 & 3.2 \\ 3.3 & 2.9 & 3.1 & 3.5 \\ 3.8 & 3.6 & 3.7 & 3.9 \end{bmatrix}$$

第 2 步，经过 ReLU 函数，结果为

$$\mathbf{Out}_{ReLU} = \text{ReLU}(\mathbf{Out}_{conv}) = \begin{bmatrix} 3.4 & 3.0 & 3.3 & 3.7 \\ 2.8 & 2.2 & 2.6 & 3.2 \\ 3.3 & 2.9 & 3.1 & 3.5 \\ 3.8 & 3.6 & 3.7 & 3.9 \end{bmatrix}$$

第 3 步，经 Pool 层后，结果为

$$\mathbf{Out}_{pool} = \begin{bmatrix} 2.85 & 3.20 \\ 3.40 & 3.55 \end{bmatrix}$$

展开后为

$$\mathbf{In}_{fc} = [2.85\ 3.20\ 3.40\ 3.55]^T$$

第4步，经过全连接层后，结果为

$$\mathbf{Out}_{fc} = \mathbf{W}_{fc}\mathbf{In}_{fc} + \boldsymbol{b}_{fc} = [4.3650\quad 4.3650]^T$$

第5步，经过 Sigmoid 函数后

$$\mathbf{Out}_{sigmoid} = [0.9874\quad 0.9874]^T$$

最后可求得损失函数值为 0.4876。

2. 反向传播过程

第1步，首先求得

$$\frac{\partial \mathbf{Loss}}{\partial \mathbf{Out}_{sigmoid}} = \mathbf{Out}_{sigmoid} - \mathbf{Gt} = \begin{bmatrix} -0.0126 \\ 0.9874 \end{bmatrix}$$

第2步，计算

$$\frac{\partial \mathbf{Loss}}{\partial \mathbf{Out}_{fc}} = \frac{\partial \mathbf{Loss}}{\partial \mathbf{Out}_{sigmoid}} \odot \frac{\partial \mathbf{Out}_{sigmoid}}{\partial \mathbf{Out}_{fc}} \begin{bmatrix} -0.0126 \\ 0.9874 \end{bmatrix} \odot \begin{bmatrix} 0.0124 \\ 0.0124 \end{bmatrix} = \begin{bmatrix} -0.00015 \\ 0.01224 \end{bmatrix}$$

第3步，根据式（2-24）、式（2-25）可得

$$\frac{\partial \mathbf{Loss}}{\partial \boldsymbol{b}_{fc}} = \frac{\partial \mathbf{Loss}}{\partial \mathbf{Out}_{fc}} = \begin{bmatrix} -0.00015 \\ 0.01224 \end{bmatrix}$$

$$\frac{\partial \mathbf{Loss}}{\partial \mathbf{W}_{fc}} = \frac{\partial \mathbf{Loss}}{\partial \mathbf{Out}_{fc}} \mathbf{In}_{fc}^T = \begin{bmatrix} -0.00015 \\ 0.01224 \end{bmatrix} [2.85\ 3.20\ 3.40\ 3.55]$$

$$= \begin{bmatrix} -0.0004 & -0.0005 & -0.0005 & -0.0006 \\ 0.0349 & 0.0392 & 0.0416 & 0.0435 \end{bmatrix}$$

第4步，根据式（2-26）可得

$$\frac{\partial \mathbf{Loss}}{\partial \mathbf{In}_{fc}} = \left(\frac{\partial \mathbf{Out}_{fc}}{\partial \mathbf{In}_{fc}}\right)^T \frac{\partial \mathbf{Loss}}{\partial \mathbf{Out}_{fc}} = \begin{bmatrix} 0.1 & 0.2 & 0.3 & 0.4 \\ 0.1 & 0.2 & 0.3 & 0.4 \end{bmatrix}^T \begin{bmatrix} -0.00015 \\ 0.01224 \end{bmatrix}$$

$$= [0.0012\quad 0.0024\quad 0.0036\quad 0.0048]$$

第5步，计算可得

$$\frac{\partial \mathbf{Loss}}{\partial \mathbf{Out}_{pool}} = \begin{bmatrix} 0.0012 & 0.0024 \\ 0.0036 & 0.0048 \end{bmatrix}$$

$$\frac{\partial \mathbf{Loss}}{\partial \mathbf{Out}_{conv}} = \frac{\partial \mathbf{Loss}}{\partial \mathbf{Out}_{ReLU}} = \begin{bmatrix} 0.0003 & 0.0003 & 0.0006 & 0.0006 \\ 0.0003 & 0.0003 & 0.0006 & 0.0006 \\ 0.0009 & 0.0009 & 0.0012 & 0.0012 \\ 0.0009 & 0.0009 & 0.0012 & 0.0012 \end{bmatrix}$$

第6步，根据式（2-31）、式（2-32）可得

$$\frac{\partial \mathbf{Loss}}{\partial \mathbf{W}_{\mathrm{conv}}} = \mathbf{x} * \frac{\partial \mathbf{Loss}}{\partial \mathbf{Out}_{\mathrm{conv}}} = \begin{bmatrix} 0.0060 & 0.0069 & 0.0079 \\ 0.0073 & 0.0082 & 0.0091 \\ 0.0097 & 0.0103 & 0.0109 \end{bmatrix}$$

$$\frac{\partial \mathbf{Loss}}{\partial b_{\mathrm{conv}}} = \mathrm{sum}\left(\frac{\partial \mathbf{Loss}}{\partial \mathbf{Out}_{\mathrm{conv}}}\right) = 0.0120$$

以上完成了网络的反向传播,根据所求出的 $\partial \mathbf{Loss} / \partial b_{\mathrm{conv}}$、$\partial \mathbf{Loss} / \partial \mathbf{W}_{\mathrm{conv}}$、$\partial \mathbf{Loss} / \partial \mathbf{b}_{\mathrm{fc}}$ 和 $\partial \mathbf{Loss} / \partial \mathbf{W}_{\mathrm{fc}}$ 可以对网络参数进行更新。

2.8　本 章 小 结

本章介绍了组成卷积神经网络的基本部件,包括卷积层、激活层、池化层、全连接层和目标函数。在介绍的过程中,穿插学习了相关的梯度爆炸/消失、感受野等概念。随着研究的不断深入,新的网络部件层出不穷,但是这些基本部件体现了卷积神经网络最基本的组成和最核心的思想,因此仍然是最值得学习的知识,也为后续学习卷积神经网络的构建打下基础。

第 3 章 典型卷积神经网络结构

本章介绍几种典型的卷积神经网络结构，这些网络结构的出现都在不同方面和不同程度上推动了卷积神经网络不断向前发展。每种网络都具有自己独到的特点，这些特点不仅体现了卷积神经网络在发展过程中的不断进步的思想与前进方向，同时也是理解和掌握卷积神经网络的宝贵资料和重要参考。

3.1 LeNet

1989 年，LeCun 等设计了用于识别手写邮政编码的卷积神经网络，并使用反向传播算法训练卷积神经网络，将其应用于美国邮政服务，这就是后来广为人知的 LeNet 的卷积神经网络的雏形。LeNet 性能优异，在邮政编码数字数据集上的测试结果显示，该网络的错误率仅为 1%。但由于当时计算机硬件能力的限制，卷积神经网络规模无法进一步增大，制约了其在更复杂任务及更大数据集上的表现，因此 LeNet 在某些特定领域的成功并没有引起学术界和工业界更广泛的关注。不过今天看来，这丝毫不能掩盖 LeNet 在卷积神经网络发展历史上的重要作用。虽然目前主流的卷积神经网络结构已经与 LeNet 大相径庭，但其主要结构及基本思想仍然是学习卷积神经网络的优秀范本。

3.1.1 LeNet 网络结构

LeNet 有多个版本，最为人们熟知的是 1998 年出现的改进版本 LeNet-5。为了简便，在本书后续中用 LeNet 指代 LeNet-5。LeNet 网络结构并不复杂，层数较少，但它包含卷积层、池化层及全连接层等深度神经网络的基本模块，因此可以作为学习其他深度网络模型的基础。LeNet 网络结构如图 3-1 所示。

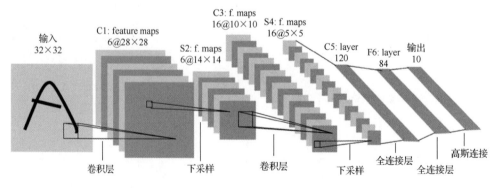

图 3-1 LeNet 网络结构

LeNet 的输入为 32×32 像素的二值化单通道图像。实际上，输入图像原始大小为 28×28 像素，其中的字符大小不超过 20×20 像素，此处将输入图像补全至 32×32 像素，以确保经过卷积层后，图像中位于边缘的信息不会丢失。除输入层外，LeNet 共有 7 层，包含 2 个卷积层、2 个池化层和 3 个全连接层，下面介绍各层参数和功能。

1. C1 层（卷积层）

C1 层是卷积层，共有 6 个尺寸为 5×5、步长为 1 的卷积核，根据式（2-5）不难算出，floor((32–5)/1+1)=28，即输出为 6 通道 28×28 的特征图。该层需要学习的参数量 C_{param} 为

$$\begin{aligned} C_{param} &= (C_{weight} + C_{bias}) \times C_{channel} \times C_{kernel\_num} \\ &= (5 \times 5 + 1) \times 1 \times 6 \\ &= 156 \end{aligned}$$

其中，C_{weight} 代表卷积核每个通道中权值的个数，等于卷积核的高度乘宽度，即 5×5；C_{bias} 代表卷积核每个通道中偏置的个数，这里等于 1；$C_{channel}$ 是卷积核的通道数，等于输入数据的通道数，LeNet 网络的输入图像为单通道灰度图像，因此等于 1；C_{kernel_num} 是卷积层拥有的卷积核个数，在 C1 层中有 6 个卷积核。

2. S2 层（池化层）

LeNet 所采用的 S2 层采样方式较为特殊，包含可学习的参数。从形式上看更类似于卷积核尺寸为 2×2、步长为 2 的不重叠卷积。不同的是，其输出为

$$y = \text{Sigmoid}\left(w \cdot \sum_{i=0}^{3} x_i + b\right) \tag{3-1}$$

对于 2×2 内的 4 个输入数据 x_i，首先求和，然后乘一个可训练参数 w，再加上一个可训练偏置 b，得到的结果通过 Sigmoid 函数进行激活。floor((28–2)/2+1)=14，即输出的特征图尺寸为 14×14。由于输入为 6 通道数据，因此 S2 层也有 6 个可学习的运算核，共 12 个可学习的参数。并且，S2 层实质上包含了激活层，采用的激活函数为 Sigmoid 函数。

3. C3 层（卷积层）

C3 层的输入数据维度为 14×14×6，但是其对数据的处理方式与一般的卷积层存在很大的不同，如下所述。

- 卷积核的通道数并不等于输入数据的通道数，而是人为设定了 3 通道、4 通道和 6 通道 3 种不同的卷积核。C3 层采用了 16 个尺寸为 5×5 的卷积核，包含 6 个 5×5×3 的卷积核、9 个 5×5×4 的卷积核及 1 个 5×5×6 的卷积核，步长均为 1。
- 由于卷积核的通道数小于输入数据的通道数，因此每个卷积核只与输入数据中人为指定的部分通道进行卷积运算。每个卷积核对应的输入数据通道如表 3-1 所示。

表 3-1 中纵轴表示编号为 0～5 的输入数据各个通道，每个通道均为 14×14×1 的二维数据；横轴表示编号为 0～15 共计 16 个卷积核。

例如，0 号卷积核的维度为 5×5×3，只对输入数据中 0、1、2 这 3 个通道组成的 14×14×3 数据进行卷积，floor((14–5)/1+1)=10，即输出的是 10×10×1 的特征图。再如，14 号卷积核

的维度为 5×5×4，只对输入数据中 0、2、3、5 四个通道组成的 14×14×4 数据进行卷积，输出的是 10×10×1 的特征图。也就是说，每个卷积核对应输入数据中部分通道的数据，并各自输出 10×10×1 的特征图，最终 C3 层输出维度为 10×10×16 的特征图。

表 3-1　卷积核对应的输入数据通道

	0	1	2	3	4	5	6	7	8	9	10	11	12	13	14	15
0	√			√	√	√				√	√	√	√		√	√
1	√	√			√	√	√			√	√	√	√			√
2	√	√	√			√	√	√		√		√		√	√	√
3		√	√	√			√	√	√	√		√		√		√
4			√	√	√			√	√	√	√		√	√		√
5				√	√	√			√	√	√	√		√	√	√

这种人为分配输入的方式是为了用尽可能小的计算量，实现从不同的输入特征组合中提取尽可能丰富和全面的特征。随着硬件计算能力的逐步提升，目前这种方式已经很少使用，而是倾向于让卷积核覆盖所有的输入数据通道，以保证能够获取更为全面的特征信息，从而增大获取最优解的可能性。

4．S4 层（池化层）

与 S2 层功能相同，floor((10–2)/2+1)=5，输出为 5×5×16 的特征图。

5．C5 层（卷积层）

C5 层的卷积核尺寸为 5×5×16、步长为 1，共 120 个，且不采用填充，由于 floor((5–5)/1+1)=1，因此 C5 层输出的是维度为 1×1×120 的特征图，实际上实现了二维数据的展平。

6．F6 层（全连接层）

F6 层是全连接层，输出节点数为 84。之所以选择 84，是因为想将特征图映射到 7×12=84 大小的 ASCII 码比特图像中，如图 3-2 所示。每个图像中，–1 表示白色，1 表示黑色，这样每个符号的比特图的黑白色就对应于一个编码。

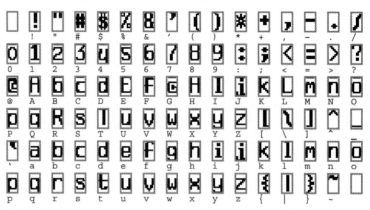

图 3-2　ASCII 码比特图像

7. Output 层（全连接层）

Output 层也是全连接层，共有 10 个节点，分别代表数字 0～9；并且如果节点 i 的值为 0，则网络识别的结果是数字 0；采用的是径向基函数（Radial Basis Function，RBF）的网络连接方式。假设 x 是上一层的输入，y 是 RBF 的输出，则 RBF 输出为

$$y_i = \sum_j (x_j - w_{ij})^2 \tag{3-2}$$

式（3-2）中 w_{ij} 的值由 i 的比特图编码确定，i 取值范围为 0～9，j 取值范围为 0～7×12−1。RBF 输出的值越接近于 0，则说明网络的输出越接近于 i 对应的 ASCII 编码图，表示当前网络输入的识别结果是字符 i 对应的值。Output 层有 84×10=840 个参数和连接。

3.1.2 LeNet 主要特点

LeNet 是早期卷积神经网络的代表之作，其采用的结构、部件至今仍被广泛使用。可以说，LeNet 就是学习卷积神经网络的"Hello World"，是学习其他网络结构的基础。当然，当时采取的一些方法，如包含可学习参数的池化层、人为指定通道的卷积层等现在已经不再采用，但是由较小的组合件（如"卷积层-池化层-激活函数"）堆叠从而形成较深的网络的方法目前仍然十分流行。

3.2　AlexNet

在 2012 年 ImageNet 大规模视觉识别挑战赛（ImageNet Large-Scale Visual Recognition Challenge，ILSVRC）中，神经网络领域的领军人物 Hinton 和学生 Alex Krizhevsky 设计的神经网络 AlexNet，以远超传统机器学习方法的成绩取得了分类赛冠军，震撼了学术界和工业界。AlexNet 的获胜，除了得益于其比 LeNet 更深的网络结构及在抑制过拟合问题上的优秀表现，还得益于计算机硬件的飞速发展。AlexNet 的成功，标志着卷积神经网络正式被学术界和工业界认可，自此深度学习被广泛关注和发展，掀起了一股热潮。

3.2.1 AlexNet 网络结构

AlexNet 网络结构与 LeNet 类似，但规模更大，一般包括 5 个卷积层和 3 个全连接层，共有大约 6000 万个参数。除规模外，AlexNet 在解决过拟合问题上进行了大量工作，使其在大规模数据集上拥有优秀的表现。AlexNet 网络输入为 224×224 像素的 RGB 彩色图像，其网络主要结构如表 3-2 所示，网络模型示意图如图 3-3 所示。

表 3-2　AlexNet 网络主要结构

层　名　称	层　类　型	核尺寸/步长	填　充　参　数	输　出　尺　寸
C1	convolution	11×11/4		55×55×96
P1	max pooling	3×3/2		27×27×96
C2	convolution	5×5/1	2	27×27×256
P2	max pooling	3×3/2		13×13×256
C3	convolution	3×3/1	1	13×13×384

续表

层　名　称	层　类　型	核尺寸/步长	填 充 参 数	输 出 尺 寸
C4	convolution	3×3/1	1	13×13×384
C5	convolution	3×3/1	1	13×13×256
P3	max pooling	3×3/2		6×6×256
F1	linear			1×4096
F2	linear			1×4096
S1	Softmax			1×1000

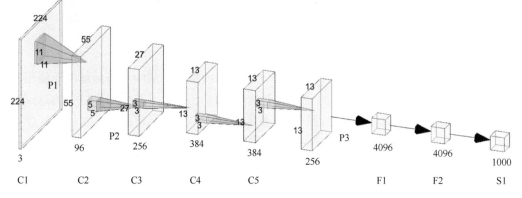

图 3-3　AlexNet 网络模型示意图

网络第 1 个卷积层 C1 的卷积核尺寸为 11×11、步长为 4，共有 96 个卷积核。经 ReLU 函数激活后，输出为 96 通道的尺寸 55×55 的特征图。

注意，根据式（2-5），卷积层 C1 输出的特征图尺寸应为 54×54，可能是 Alex 采用了边缘零填充操作，或者实际图像尺寸为 227×227。

在经过第 1 个卷积层后，AlexNet 并没有像 LeNet 一样接入池化层，而是增加了一个称为局部响应归一化（Local Response Normalization，LRN）的新层，记为 LRN1，用来对卷积层的输出进行规范化。其作用是促进网络收敛，增强泛化能力。

局部响应归一化层后是池化层 P1。AlexNet 的池化层与 LeNet 的池化层不同，采用的是无可学习参数的重叠池化操作。池化层 P1 的核尺寸为 3×3，池化步长为 2，由于 floor((55−3)/2+1)=27，因此输出为 96 通道的尺寸 27×27 的特征图。

第 2 个卷积层 C2 的卷积核尺寸为 5×5、步长为 1，共有 256 个卷积核。C2 层还对输入数据进行了半径为 2 个像素的填充操作。由于 floor((27+2×2−5)/1+1)=27，因此经 ReLU 函数激活后，其输出为 256 通道的尺寸 27×27 的特征图。

C2 层后同样接入了局部响应归一化层 LRN2 及重叠池化层 P2，结构与参数和 LRN1 层及 P1 层相同。输出为 256 通道的尺寸 13×13 的特征图。

第 3 个卷积层 C3 的卷积核尺寸为 3×3、步长为 1，共有 384 个卷积核。C3 层对输入数据进行了半径为 1 的填充操作。由于 floor((13+2×1−3)/1+1)=13，因此其输出为 384 通道的尺寸 13×13 的特征图。C3 层并未连接局部响应归一化层及重叠池化层，而是经过 ReLU 函数激活后直接与第 4 个卷积层 C4 相连。

C4 层参数与 C3 层完全一致，因此其输出仍然为 384 通道的尺寸 13×13 的特征图。C4 层经 ReLU 函数激活后直接与第 5 个卷积层 C5 相连。C5 层的卷积核尺寸为 3×3、步长为 1，共有 256 个卷积核。C5 层对输入数据进行了半径为 1 的填充操作。由于 floor((13+2×1−3)/1+1)=13，因此经过 ReLU 函数激活后，其输出为 256 通道的尺寸 13×13 的特征图。

C5 层后接入重叠池化层 P3，输出为 256 通道的尺寸 6×6 的特征图。再利用全局卷积，输出 4096 个 1×1 特征图，形成全连接层 F1。F2 是第 2 个有 4096 个节点的全连接层，并最终通过有 1000 个节点的全连接层 S1 传递给 Softmax 函数进行输出。这 1000 个输出值就是模型预测的输入图像对应 1000 个类别的可能性。

3.2.2　AlexNet 主要特点

AlexNet 在网络结构中采用了很多新的神经网络学习技术或技巧，其中一些已经成了目前卷积神经网络的标准方法。

1．ReLU 函数

在 AlexNet 出现之前，卷积神经网络大多采用 Tanh 函数或 Sigmoid 函数作为激活函数。AlexNet 在网络中采用 ReLU 函数作为激活函数，取得了比前两类函数更好的效果。Alex 等还利用一个 4 层结构的卷积神经网络，在 CIFAR-10 数据集上测试了 ReLU 与 Tanh 激活函数的性能，结果发现：当采用 ReLU 函数作为激活函数时，在数个训练周期（epoch）内错误率降到了 25%；而在同样的网络上采用 Tanh 函数作为激活函数，达到同样错误率的时间则增加了 5 倍左右。自此以后，ReLU 函数及其变种成了卷积神经网络激活函数的通用标准。

2．局部响应归一化

局部响应归一化是指在某一层得到了多通道的特征图后，对图上某一位置和邻近通道的响应值按照下式进行归一化处理：

$$b_{x,y}^i = a_{x,y}^i \left(k + \alpha \sum_{j=\max(0,i-n/2)}^{\min(N-1,i+n/2)} (a_{x,y}^j)^2 \right)^{-\beta} \tag{3-3}$$

其中，$b_{x,y}^i$ 表示局部响应归一化的输出，$a_{x,y}^i$ 是特征图第 i 个通道上坐标为 (x,y) 的 ReLU 函数激活值，N 为通道总数量，n 为局部通道的数量，α、β、k、n 均为超参数。

3．重叠池化操作

普通池化操作的步长与核的尺寸一致，因此任意两步计算的区域并无重叠。重叠池化操作是指在池化的过程中会存在重叠的部分，即池化步长小于池化核的尺寸。在 AlexNet 中，池化层采用了步长为 2、尺寸为 3×3 的最大池化操作。与传统尺寸为 2×2、步长为 2 的池化操作相比，Top1 和 Top5 的错误率分别降低了 0.4% 和 0.3%，显示出了一定的优势。

4．数据增广

数据增广（data augmentation）是指通过对现有数据进行处理而获得新的样本，并增大数据集容量的方法。数据增广可以丰富样本的多样性，通过裁剪、位移、缩放、翻转、颜色与亮度的调整等方法，增强网络对以上各种变化的鲁棒性。AlexNet 将大小为 256×256 像素的图像裁剪成多个 224×224 像素的图像，并且裁剪的位置是随机的。除此之外，AlexNet 还对图像进行水平翻转，以便产生新的图像。通过随机裁剪和水平翻转，大大增加了训练样本的数量。此外，AlexNet 还通过改变样本 RGB 三个通道中像素的值来产生新的样本，进一步增大了训练数据集，增强了模型对颜色和亮度变化的鲁棒性。实验证明，这有助于克服过拟合的问题。目前，数据增广已经成为卷积神经网络应用过程中标准的步骤。

5. 随机失活

AlexNet 的另一个重要技术贡献是随机失活（dropout）。由于 AlexNet 是一个具有大量参数的神经网络，如果不进行合适的正则化，网络很容易陷入严重的过拟合。随机失活是一种避免特征映射协同适应（coadatpion）的方法，也就是在每个训练周期中，随机选择一定比例的神经元并令其输出强制为 0，使得这些神经元不再参与前向传播和反向传播。由于神经元随机地关闭或开启，这些神经元不再协同适应，而独立于其他神经元来学习特征。因此从某种意义上说，每一个训练周期都是一个全新的网络结构，从而大大增强了网络的适应性。此外，由于任何一个神经元都有可能失活，因此网络倾向于不依赖任一部分的神经元，导致学习出更加鲁棒、更加普适的特征，从而可以增强网络的泛化性能。

6. 多 GPU 训练

ImageNet 是一个拥有超过 22000 个类别、1500 万张图像的大规模数据集，ILSVRC 采用了其中大约 1000 类不同目标、超过 100 万张高清图像。ImageNet 类别非常复杂，甚至连人类有时也很难进行完美区分。为了能够在如此庞大的数据集上开展训练，AlexNet 选择了拥有更多并行计算单元、更适合进行深度学习的图形处理器（Graphics Processing Units，GPU）来进行模型的训练。但是由于 AlexNet 网络规模庞大，即使采用当时较为先进的 GPU，所配置的存储单元容量也无法满足要求。为此，Alex Krizhevsky 通过编写特殊的并行计算程序，使得 AlexNet 可以部署在两个 GPU 上，以分别承担网络的部分模型和计算任务，从而解决了大规模卷积神经网络在大规模数据集上的高效训练问题。

AlexNet 通过 2 块拥有 3GB 存储器的 NVIDIA GTX580 型 GPU 进行网络的训练，如图 3-4 所示，整个网络上下一分为二，各用 1 块 GPU 训练，每个 GPU 放一半的神经元，网络中第 3 个卷积层和 3 个全连接层跨 GPU 连接。与使用单个 GPU 和一半神经元的网络相比，此方案的 Top1 和 Top5 错误率分别降低了 1.7%和 1.2%。

AlexNet 利用多 GPU 实现卷积神经网络的训练，大大提高了效率，使得更深、更大的网络能够实现。目前，利用多 GPU 甚至 GPU 集群进行训练已经是实现超大规模神经网络的基本途径。总体来说，与 LeNet 相比，AlexNet 在结构上更加复杂，并且各模块的功能更接近现在的神经网络。AlexNet 提出了 ReLU 函数、数据增广、随机失活等具有深远影响的网络构建模式与方法，并通过多 GPU 学习的方式，使得超大型神经网络模型成为现实。AlexNet 在 ILSVRC-2012 中的优异表现，首次让世人真正意识到深度学习所蕴含的强大能量，直接导致深度神经网络研究热潮的爆发。因此，无论是从学术价值还是从社会影响力上看，AlexNet 都可以被视为卷积神经网络发展历史中具有里程碑意义的成就。

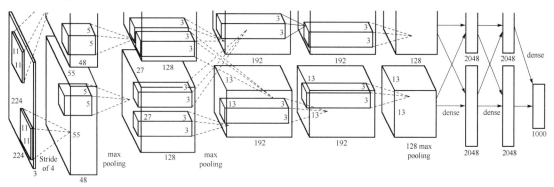

图 3-4　AlexNet 网络的多 GPU 实现

3.3　VGGNet

VGGNet 是由英国牛津大学的视觉几何组（Oxford Visual Geometry Group）和 Google 旗下的子公司 DeepMind 研究人员共同研发的一种深度卷积神经网络。它探索了卷积神经网络的深度与性能之间的关系，通过反复堆叠 3×3 的小型卷积核和 2×2 的池化层，构建了 16～19 层深的卷积神经网络。在 2014 年举办的 ILSVRC 中，VGGNet 获得了定位任务第 1 名和分类任务第 2 名的优异成绩。到目前为止，VGGNet 依然被广泛用来提取图像的特征。

3.3.1　VGGNet 网络结构

从配置结构来看，VGGNet 网络结构一共有 6 个不同的版本，如表 3-3 所示。从整体上看，VGGNet 采用了 5 组卷积层（Conv），并且每一组卷积层后面都衔接一个最大池化层（MaxPool），然后是连续的 3 个全连接层（FC），最后采用 1 个 Softmax 层做分类，网络的深度从 11 层到 19 层不等。

表 3-3　VGGNet 主要网络结构

A	A-LRN	B	C	D	E
11 个权值层	11 个权值层	13 个权值层	16 个权值层	16 个权值层	19 个权值层
输入(224×224 RGB)					
Conv3-64	Conv3-64 **LRN**	Conv3-64 **Conv3-64**	Conv3-64 Conv3-64	Conv3-64 Conv3-64	Conv3-64 Conv3-64
MaxPool					
Conv3-128	Conv3-128	Conv3-128 **Conv3-128**	Conv3-128 Conv3-128	Conv3-128 Conv3-128	Conv3-128 Conv3-128
MaxPool					
Conv3-256 Conv3-256	Conv3-256 Conv3-256	Conv3-256 Conv3-256	Conv3-256 Conv3-256 **Conv3-256**	Conv3-256 Conv3-256 **Conv3-256**	Conv3-256 Conv3-256 Conv3-256 **Conv3-256**

续表

A	A-LRN	B	C	D	E
11 个权值层	11 个权值层	13 个权值层	16 个权值层	16 个权值层	19 个权值层
MaxPool					
Conv3-512 Conv3-512	Conv3-512 Conv3-512	Conv3-512 Conv3-512	Conv3-512 Conv3-512 **Conv3-512**	Conv3-512 Conv3-512 **Conv3-512**	Conv3-512 Conv3-512 Conv3-512 **Conv3-512**
MaxPool					
Conv3-512 Conv3-512	Conv3-512 Conv3-512	Conv3-512 Conv3-512	Conv3-512 Conv3-512 **Conv3-512**	Conv3-512 Conv3-512 **Conv3-512**	Conv3-512 Conv3-512 Conv3-512 **Conv3-512**
MaxPool					
FC-4096					
FC-4096					
FC-1000					
Softmax					

可以看出，VGGNet 大部分网络结构的卷积层数量和特征图数量都远远大于 LeNet 和 AlexNet，尤其 E 型网络包含了 19 个权值层，深度和宽度都达到了一个新的高度。而其全连接层部分与 AlexNet 保持一致。另外，A-LRN 型网络还包含了局部响应归一化操作。

表 3-4 所示为 VGGNet 各型网络在分类任务中的性能比较。可以看出，随着网络规模的增大，网络性能也逐步提升，证明了网络规模与性能之间具有一定的关联性。

表 3-4　VGGNet 各型网络在分类任务中的性能比较

配置	图像最小边尺寸		Top1 误差(%)	Top5 误差(%)
	训练集(S)	测试集(Q)		
A	256	256	29.6	10.4
A-LRN	256	256	29.7	10.5
B	256	256	28.7	9.9
C	256	256	28.1	9.4
	384	384	28.1	9.3
	[256;512]	384	27.3	8.8
D	256	256	27.0	8.8
	384	384	26.8	8.7
	[256;512]	384	25.6	8.1
E	256	256	27.3	9.0
	384	384	26.9	8.7
	[256;512]	384	25.5	8.0

3.3.2　VGGNet 主要特点

1．使用多层小卷积核替代较大的卷积核

与 AlexNet 相比，VGGNet 一个明显的改进是采用多层 3×3 卷积核代替 AlexNet 中的较大卷积核（5×5、11×11）。这种改进具有以下几点优势。

- 减少了计算量。例如，3 个步长为 1 的 3×3 卷积核可以实现大小为 7×7 的感受野，其参数总量为 $3×9C^2$（C 为通道数），但是如果直接使用 7×7 卷积核，则其参数总量为 $49C^2$。
- 多层小尺寸卷积核的非线性要优于单层大尺寸卷积，从而增加了网络的表征能力。
- 小尺寸卷积核更有利于提取图像的微小视觉特征。

2．可堆叠的块状网络结构

VGGNet 多次重复使用同一尺寸的卷积核，以便提取更为复杂和更具有表达性的图像特征。这种通过重复使用简单的基础模块（blocks/modules）来构建深度神经网络模型的思路，在 VGGNet 之后被广泛采用。

VGGNet 简单灵活，拓展性很强，并且迁移到其他数据集上的泛化性能也比较好，因此，时至今日仍然有很多深度学习算法采用 VGGNet 的网络结构，目前常用的是 VGGNet-16 和 VGGNet-19。虽然 VGGNet 的网络规模远远超过了之前的 LeNet 和 AlexNet，但也带来了明显的问题，如网络参数规模急剧增加导致网络训练更加复杂、运算速度较慢等。

3.4　GoogLeNet

GoogLeNet 是 Google 的研究成果之一，在 2014 年的 ILSVRC 中，击败 VGGNet 从而获得了分类任务的冠军。与 VGGNet 不同，GoogLeNet 不但尝试更深的网络结构，还尝试通过更复杂细致的网络结构来削减网络参数数量，压缩网络连接，从而减少计算资源消耗。

对于 VGGNet 等网络来说，假设第 n 层的输入图像 I^{n-1} 包含 C 个通道，则输出的特征图 I^n 是上一层输入图像中所有通道图像的函数：

$$I^n = f(I_0^{n-1}, I_1^{n-1}, \cdots, I_{C-1}^{n-1}) \tag{3-4}$$

对于式（3-4）来说，显然这是一种密集连接结构，但 GoogLeNet 认为：在深度神经网络的响应中，不仅存在很多响应值接近 0 的值，而且存在大量与其他响应高度相关的冗余值，这些响应并不能带来有价值的信息，因此一个高效的网络在输入与输出之间的连接应是稀疏的。也就是说，I^n 并不需要与 I^{n-1} 中的每一个通道都进行关联，而可以通过一些手段来压缩输入图像的通道数量，使其冗余值与无效值减少，从而减少网络连接数量。例如，如果能将图 3-5 中左边的稀疏矩阵和 2×2 的卷积运算转换成右边 2 个子矩阵与该卷积核做卷积的方式，则会大大降低计算量。

根据上述想法，GoogLeNet 设计了一种称为 Inception 的单元模块，这个模块使用密集结构来近似一个稀疏的卷积神经网络。Inception 模块的主要特点是，在同一层中用不同尺寸的卷积核从多个感受野上对输入图像进行卷积，与此同时，通过 1×1 卷积来大幅压缩输

入图像的通道数量，以此来减少网络冗余，控制网络参数数量。GoogLeNet 经历了数次改进，一般用 Inception v1 至 Inception v4 进行指代。

$$\begin{bmatrix} 0 & 0 & 0 & 0 & 0 & 0 & 0 & 0 & 0 \\ 0 & 1 & 2 & 0 & 0 & 0 & 0 & 0 & 0 \\ 0 & 3 & 5 & 0 & 0 & 0 & 0 & 0 & 0 \\ 0 & 0 & 0 & 0 & 0 & 0 & 0 & 0 & 0 \\ 0 & 0 & 0 & 0 & 0 & 0 & 2 & 4 & 0 \\ 0 & 0 & 0 & 0 & 0 & 0 & 6 & 1 & 0 \\ 0 & 0 & 0 & 0 & 0 & 0 & 0 & 0 & 0 \end{bmatrix} * \begin{bmatrix} 2 & 1 \\ 1 & 3 \end{bmatrix} \Leftrightarrow \begin{matrix} \begin{bmatrix} 1 & 2 \\ 3 & 5 \end{bmatrix} * \begin{bmatrix} 2 & 1 \\ 1 & 3 \end{bmatrix} \\ \begin{bmatrix} 2 & 4 \\ 6 & 1 \end{bmatrix} * \begin{bmatrix} 2 & 1 \\ 1 & 3 \end{bmatrix} \end{matrix}$$

图 3-5　矩阵转换示意图

3.4.1　Inception v1 与 Inception v2

GoogLeNet Inception v1 中的 Inception 基本网络结构如图 3-6 所示。该结构在一层中将多个尺寸的卷积（1×1，3×3，5×5）和池化操作（3×3）堆叠在一起（卷积、池化后的特征图进行通道堆叠）。这样的结构实质是通过增加网络的宽度，增强了网络对不同尺度特征的提取能力，但是这明显增加了计算量，并且输出的特征图通道数量巨大。为此，GoogLeNet 在 Inception v1 的 3×3、5×5 卷积前又增加了 1×1 的卷积层，来压缩输入图像的通道数量；同时在池化层后也加上了 1×1 的卷积层，压缩其输出图像的通道数量，从而可以大幅减少计算量，并灵活控制整个模块的输出特征图的数量。

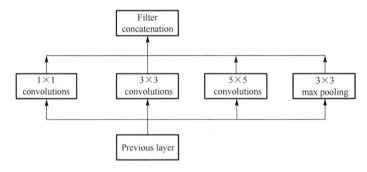

图 3-6　Inception 基本网络结构

更新后的 Inception v1 的网络结构如图 3-7 所示。在 GoogLeNet 中，这种用来压缩和扩展数据通道的 1×1 卷积层称为瓶颈层（BottleNeck Layer）。通过压缩通道数量，GoogLeNet 可以将网络结构做得很深，而计算量却更少；并且与 VGGNet 相比，其多个尺寸的卷积核增加了网络宽度，增强了对图像特征的提取能力，取得了更好的网络性能。

在 Inception v1 的基础上，随后又出现了多个 Inception 版本。其中，Inception v2 与 Incetption v1 相比最大的贡献是引入了批量规一化（Batch Normalization，BN）层；同时，还利用两个级联的 3×3 卷积代替 Inception v1 版本中的 5×5 卷积，这样不仅减少了卷积参数量，而且极大提升了网络的收敛性能，批量规一化方法将在第 7 章进行阐述。

基于 Inception 模块构建了 GoogLeNet Inception v1 的网络结构，如表 3-5 所示，其中"#3×3 reduce"和"#5×5 reduce"分别表示在 3×3 与 5×5 卷积操作前使用的 1×1 卷积的数量。图 3-8 所示为 GoogLeNet Inception v1 网络结构示意图。

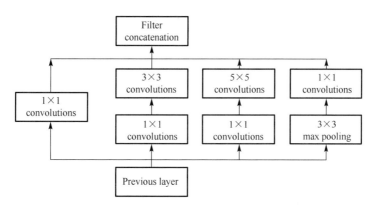

图 3-7　更新后的 Inception v1 网络结构

表 3-5　GoogLeNet Inception v1 网络结构

层类型	核尺寸/步长	输出尺寸	深度	#1×1	#3×3 reduce	#3×3	#5×5 reduce	#5×5	pool proj
convolution	7×7/2	112×112×64	1						
max pooling	3×3/2	56×56×64	0						
convolution	3×3/1	56×56×192	2		64	192			
max pooling	3×3/2	28×28×192	0						
inception(3a)		28×28×256	2	64	96	128	16	32	32
inception(3b)		28×28×480	2	128	128	192	32	96	64
max pooling	3×3/2	14×14×480	0						
inception(4a)		14×14×512	2	192	96	208	16	48	64
inception(4b)		14×14×512	2	160	112	224	24	64	64
inception(4c)		14×14×512	2	128	128	256	24	64	64
inception(4d)		14×14×528	2	112	144	288	32	64	64
inception(4e)		14×14×832	2	256	160	320	32	128	128
max pooling	3×3/2	7×7×832	0						
inception(5a)		7×7×832	2	256	160	320	32	128	128
inception(5b)		7×7×1024	2	384	192	384	48	128	128
avgpooling	7×7/1	1×1×1024	0						
dropout(40%)		1×1×1024	0						
linear		1×1×1000	1						
Softmax		1×1×1000	0						

除了增加网络宽度及采用瓶颈层，GoogLeNet 还具有如下特点：

● GoogLeNet 采用了模块化的 Inception 结构，可以较为灵活地选择和配置网络；

● 受 NIN（Network in Network）的启发，GoogLeNet 用平均池化代替全连接层，这样可以进一步减少计算量，同时实验证明这样的操作还可以提升网络任务性能；

● GoogLeNet 仍然采用了随机失活来增强网络的泛化能力。

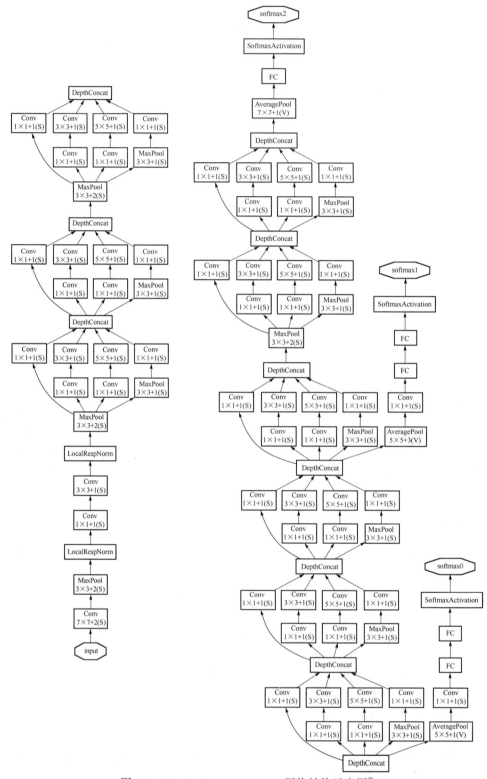

图 3-8　GoogLeNet Inception v1 网络结构示意图[注]

注：限于篇幅，图中英文采用简写形式。

3.4.2　Inception v3

在 Inception v1 的基础上，Inception v3 主要从以下两个方面进行了优化，使得 GoogLeNet 的运行效率进一步得到了提升。

1．卷积分解

通过前面的介绍可知，大尺寸的卷积核虽然可以带来更大的感受野，但也意味着会产生更多的参数。为此，可以通过多层的较小的卷积核实现大卷积核的感受野，同时减少网络参数数量和计算量。在此基础上，Inception v3 对网络中的卷积操作进行了进一步的细化，引入了卷积分解（factorizing convolutions）操作，即将 $n \times n$ 的卷积核分解为 $n \times 1$ 或 $1 \times n$ 的卷积核，以便进一步减少网络参数数量，提高网络运算效率，如图 3-9 所示。GoogLeNet 团队通过试验指出，在网络的前部使用这种分解效果并不好，而在中度尺寸（经验数据为 12 到 20 之间）的特征图上使用效果更好。

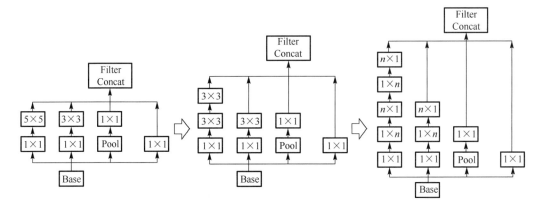

图 3-9　Inception v3 卷积分解示意图

2．降低特征图尺寸

如果想要降低特征图的尺寸，可以采用如图 3-10 所示的两种方式：先池化再 Inception 卷积（左图），或者先 Inception 卷积再池化（右图）。

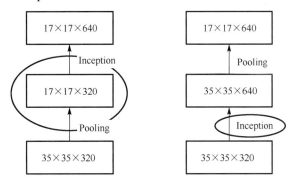

图 3-10　降低特征图尺寸的方式

注意，先池化会导致特征缺失，先 Inception 卷积再池化则计算量较大。为了同时保持特征表示且降低计算量，可以将网络结构改为图 3-11 所示的并行结构，通过使用两个并行化的模块来降低计算量。

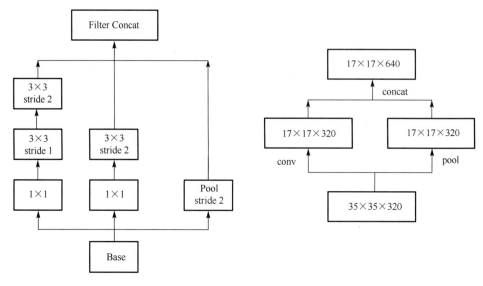

图 3-11　GoogLeNet 并行结构

3.4.3　Inception v4

Inception v4 主要将 Inception 的思想与残差网络进行结合，即利用残差连接（residual connection）来改进 Inception v3 结构，将残差模块与 Inception 单元模块相结合，形成了如图 3-12 所示的网络结构，可以显著提升网络的训练速度与模型正确率。

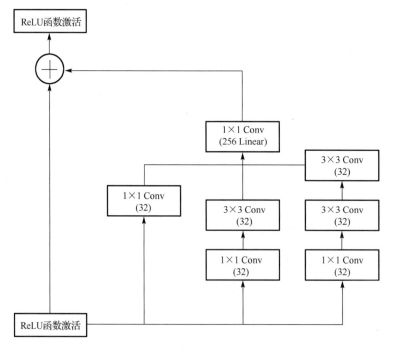

图 3-12　Inception v4 网络结构示意图

3.5　ResNet

3.5.1　残差网络的动机

从 LeNet 到 AlexNet，再到 VGGNet 和 GoogLeNet，网络层级越来越深，性能越来越好。从经验上来看，更深的网络可以提取更加复杂的图像特征，能够更好、更全面地描述目标。但是在实践中人们发现，当网络深度达到一定程度后，随着深度不断增加，网络性能不再提升，反而出现了下降。

以图 3-13 为例，与 20 层的网络相比，56 层的网络在 CIFAR-10 数据集上的性能大幅退化。当然，越深的网络，面临梯度爆炸或梯度消失的风险也越大，而且在人们利用批量规一化等方法控制梯度爆炸/消失的风险后，这种性能退化并没有好转。

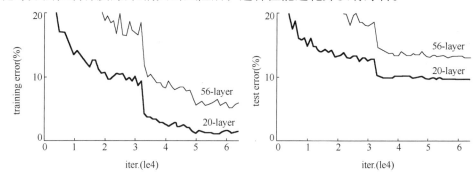

图 3-13　20 层与 56 层网络在 CIFAR-10 数据集上的误差

深度网络为什么会出现这种退化呢？一种观点认为，这是由于信息在深度网络传递过程中会产生失真，网络越深，失真越严重，类似于系统的积累误差。为了消除这种积累误差，何恺明等设计了一种包含恒等映射（identity mapping）的网络模块，称为残差学习单元，结构如图 3-14 所示。

残差学习单元接收输入数据后，首先对数据进行备份，然后进行学习，最终将学习结果与备份数据相加后，输出给下一个学习单元。通过这种结构，使得深层网络总能够获得前层网络的完整信息，并在此基础上学习新的知识。这就相当于每一层在学习的过程中，都可以"复习"或"查阅"之前的学习成果。那么，即使不能有效地学习出新的知识，单靠将前层的学习结果恒等向后传递，深度网络的性能也不会比浅层网络更差。对于每一层而言，前层恒等映射而来的

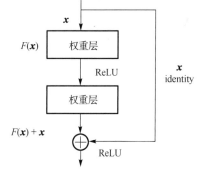

图 3-14　残差学习单元结构

信息可认为是已经学习到的模型，每一层只需要学习现有知识和理想模型之间尚缺的部分，或者称为"残差"部分，因此，这种网络称为残差网络。恒等映射有点类似于电路中的短路，也称为短路连接（shortcut connection）。

直观上看，残差学习单元似乎采用的是一种"消极"传递信息的方式；但从结果看，残

差网络能够有效解决深层网络的退化问题,使得"更深的网络能够取得更好的性能"这一直觉认识变为现实。一种观点认为,这是因为相对于之前的学习方式,残差学习更容易。当残差为0时,学习单元仅仅做了恒等映射,至少保证了网络性能不会下降;而实际上,一般学习单元的残差不会为0,这就保证了网络总能够学习到新的知识,从而拥有更好的性能。

从梯度传播的角度分析,也可以解释残差网络在信息传递方面的优势。残差单元可以表示为

$$y_l = h(\boldsymbol{x}_l) + F(\boldsymbol{x}_l, \boldsymbol{W}_l) \tag{3-5}$$

$$\boldsymbol{x}_{l+1} = f(\boldsymbol{y}_l) \tag{3-6}$$

其中,$\boldsymbol{x}_l$ 和 $\boldsymbol{x}_{l+1}$ 分别表示第 l 个残差单元的输入和输出。每个残差单元一般包含多层结构; F 是残差函数,表示学习到的残差;而 $h(\boldsymbol{x}_l)=\boldsymbol{x}_l$ 表示恒等映射,f 是 ReLU 函数。

基于上式,求得从浅层 l 到深层 L 的学习特征为

$$\boldsymbol{x}_L = \boldsymbol{x}_l + \sum_{i=l}^{L-1} F(\boldsymbol{x}_i, \boldsymbol{W}_i) \tag{3-7}$$

利用链式法则,可以求得反向传播过程的梯度为

$$\frac{\partial \text{Loss}}{\partial \boldsymbol{x}_l} = \frac{\partial \text{Loss}}{\partial \boldsymbol{x}_L} \cdot \frac{\partial \boldsymbol{x}_L}{\partial \boldsymbol{x}_l} = \frac{\partial \text{Loss}}{\partial \boldsymbol{x}_L} \cdot \left(1 + \frac{\partial}{\partial \boldsymbol{x}_l} \sum_{i=l}^{L-1} F(\boldsymbol{x}_i, \boldsymbol{W}_i) \right) \tag{3-8}$$

式子的第一个因子 $\partial \text{Loss}/\partial \boldsymbol{x}_L$ 表示损失函数到达第 L 层的梯度,括号中的 **1** 表明短路机制可以无损地传播梯度,不会导致梯度消失,因此残差学习会更容易。

3.5.2 ResNet 网络结构

ResNet 使用两种残差单元,如图 3-15 所示,其中,左侧对应的是浅层单元,右侧对应的是深层单元。而对于短路连接来说,当原始输入和输出维度一致时,可以直接相加作为残差单元的输出。但是当维度不一致时(一般输出维度高于原始输入的维度),就不能直接相加,此时可以有两种策略:采用零填充增加维度;采用投影短路(projection shortcut)将原始输入映射到高维度。投影短路一般采用 1×1 卷积进行维度扩充。投影短路破坏了原始输入,无法构成恒等映射,因此在网络中,投影短路是无法起到预防网络退化的作用的。

ResNet 网络结构如图 3-16 所示。图中左侧是 VGGNet 网络结构,中间是未加短路连接的 34 层网络结构,右侧是包含短路连接的 34 层 ResNet 网络结构。设计上,ResNet 网络所采用的基本部件参考了 VGGNet 网络,也大量采用了 3×3 的小尺寸卷积核,只不过在网络堆叠过程中通过短路机制加入了残差单元,整个 ResNet 除最后用于分类的全连接层外都是全卷积的,大大提升了计算速度。图中虚线表示与原始输入相比,特征图数量发生了改变,采用了填充或投影短路。ResNet 的一个重要设计原则是:当输出的特征图尺寸降低一半时,将特征图的数量增加一倍,从而保持网络的复杂度。实际上,利用残差模块,

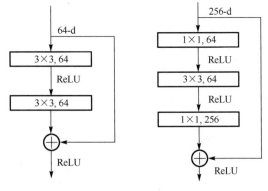

图 3-15 ResNet 不同的残差单元

何恺明等成功地将网络深度增加到了 50 层、101 层、152 层甚至上千层，同时很好地控制了网络的退化。在 2015 年的 ILSVRC 分类比赛中，152 层的 ResNet 以突出的性能获得了冠军。

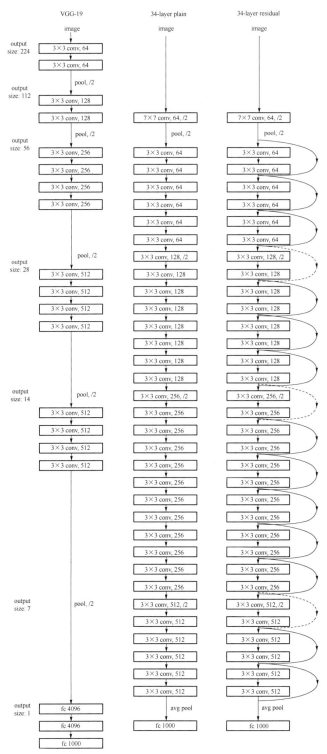

图 3-16　ResNet 网络结构

3.6 其他网络结构

3.6.1 DenseNet

DenseNet 是在 ResNet 基础上提出的一种更加彻底、更加激进的跨层连接网络，其基本网络结构如图 3-17 所示。可以看出，DenseNet 将前层网络连接到了所有的后续网络模块中。

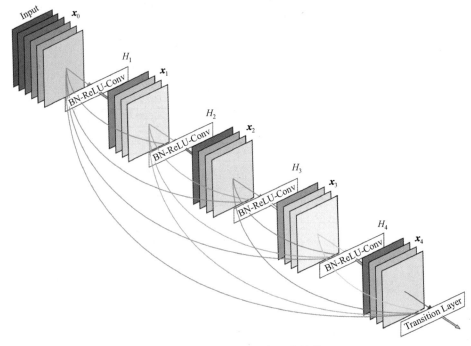

图 3-17　DenseNet 基本网络结构

DenseNet 的基本模块称为 Dense Block，每个 Dense Block 都会接收前面所有 Dense Block 的特征图作为输入，以此缓解梯度消失的问题。连接到同一个 Dense Block 的多个输入采用维度层叠（Concatnate）的方式进行合并，而不是求和。这也是 DenseNet 和 ResNet 的一个显著差异。

DenseNet 的优点包括：不需要重新学习冗余特征图，DenseNet 在保持稠密连接的同时，并没有大幅增加网络参数数量；如同 ResNet，DenseNet 改进了网络的梯度传导，使网络更加易于训练，大大缓解了梯度消失的问题；密集连接具有正则化效果，避免了过拟合现象，在较小的数据集上也取得了很好的成绩。

DenseNet 的不足在于数据需要被多次复制和保存，因此对运算器件如 GPU 的内存储容量要求较高。与 ResNet 相比，DenseNet 是一种更加特殊的网络，而前者则相对一般，因此从实际影响上看，ResNet 的应用范围更为广泛。

3.6.2 SPPNet

以上介绍的各类网络中，输入图像的尺寸是固定的。例如，LeNet 只能接收大小为 32×32

像素的图像，而 AlexNet 的输入图像为 224×224 像素的 RGB 彩色图像。这是因为虽然卷积网络不需要固定的输入维度，但是全连接层需要固定的尺寸输入。因此，当网络各层参数确定后，输入与输出维度也随之确定。图像在输入网络前，必须经过裁剪或者缩放变形，然而这些操作不但会带来信息输入的误差，也增加了数据集构建的工作量。

为了使网络能够接收不同尺寸的输入且保证性能不受影响，何恺明等提出了空间金字塔池化（Spatial Pyramid Pooling，SPP），可以将任意输入转化为固定尺寸的输出，而不必关心输入图像的尺寸或比例。实际使用中，将 SPP 层放在最后一个卷积层之后，SPP 层对特征进行池化，并产生固定长度的输出提供给全连接层。图 3-18 所示为引入 SPP 层前后的网络结构变化，这种新型的网络结构称为 SPPNet。

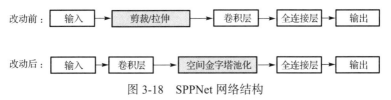

图 3-18　SPPNet 网络结构

空间金字塔池化利用不同尺度的空间块（bin）对图像进行采样，形成多层金字塔样式的空间划分，如图 3-19 所示。对于一张 $m×n$ 的图像，用一个 3 层的空间金字塔对其进行划分：第 1 层为低分辨率层，将整张图像作为一个空间块，即空间块对应的图像尺寸为 $m×n$；第 2 层分辨率略高，将整张图像均匀划分为 2×2 共 4 个空间块，每个空间块对应图中 $\frac{m}{2}×\frac{n}{2}$ 大小区域；第 3 层分辨率最高，将整张图像均匀划分为 4×4 共 16 个空间块，每个空间块对应图中 $\frac{m}{4}×\frac{n}{4}$ 大小区域。也就是说，这个 3 层的空间金字塔将图像划分为 21 个不同分辨率、不同空间位置的空间块。如果输入图像尺寸发生改变，则每个空间块对应的空间尺寸也会发生变化，而总块数不会改变。如果把每个空间块看成一个池化运算核，并对图像进行池化，就能够获得固定数量的多分辨率上的池化结果。这就是空间金字塔池化的实现过程。

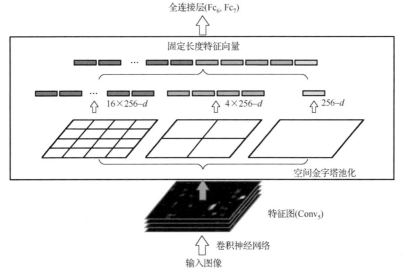

图 3-19　空间金字塔池化的实现过程

金字塔每一层池化的结果，可以先按照空间顺序进行一维展开，然后将各层的一维展开按照从高分辨率层到低分辨率层的顺序（反之亦可）进行连接，就可以将任意尺寸的输入数据池化为固定长度的一维表达。这个固定长度的一维池化结果可以作为网络中全连接层的输入，从而使得网络可以接收任意尺寸的输入数据。相对于传统卷积层与池化层，空间金字塔池化具有几个突出的优点：能够在输入尺寸任意的情况下产生固定尺寸的输出；由于使用了多级别的空间特征，因此对于物体的几何形变更加鲁棒；鉴于其对输入的灵活性，可以池化从各种尺度抽取出来的特征。

3.6.3 SENet

Momenta 提出的 SENet 获得了 2017 年的 ILSVRC 分类任务的第 1 名，其主要创新点在于关注特征图中各通道之间的关系，希望模型可以自动学习到不同通道特征的重要程度。为此，SENet 提出了 Squeeze-and-Excitation（SE）模块，如图 3-20 所示。

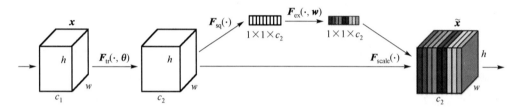

图 3-20　SE 模块

SE 模块首先对卷积运算得到的特征图进行挤压（squeeze）操作，得到通道级的全局特征，然后对全局特征进行激励（excitation）操作，得到不同通道特征的权值，并以此为依据加权各通道特征图，获得最终的特征图。SE 模块可以方便地嵌入现有的神经网络结构中，以此提高现有网络的性能。

3.6.4 MobileNet

MobileNet 是 Google 提出的一种轻量化卷积神经网络，目的是希望为计算能力受限的移动和嵌入式设备如手机等提供一种高效的、与传统网络性能接近的神经网络架构。截至 2020 年 1 月，Google 共提出了以下三个版本的 MobileNet。

1. MobileNet v1

2017 年，Howard 等提出 MobileNet 的第一个版本。为了提高效率及减少计算量，MobileNet v1 使用深度可分离卷积来构建轻量级深度神经网络。

假设输入图像 F 为 $D_F \times D_F \times M$，输出图像 G 为 $D_G \times D_G \times N$，其中 D_F 是输入图像的高度和宽度，M 是输入图像的通道数量，D_G 是输出图像的高度和宽度，N 是输出图像的通道数量。如果采用传统的卷积运算，卷积核为 $D_K \times D_K \times M \times N$ 的张量，其中 D_K 为卷积核的高度和宽度，M 为卷积核的通道数量，N 为卷积核的数量，假设步长为 1，那么传统卷积的计算成本为 $D_K \times D_K \times M \times N \times D_F \times D_F$。在深度可分离卷积中，上述卷积过程被分解为深度卷积（depthwise convolution）和逐点卷积（pointwise convolution）两个步骤，先采用卷积核尺寸为 $D_K \times D_K \times M$ 的深度卷积，分别作用于输入图像的每个通道上，这一过程计算成本为

$D_K×D_K×M×D_F×D_F$，输出图像为 $D_G×D_G×M$；然后采用逐点卷积，用 N 个尺寸为 $1×1×M$ 的卷积核作用在深度卷积的输出图像上，这一步的计算成本为 $D_G×D_G×M×N$，最后得到的图像为 $D_G×D_G×N$。以通常所使用的 3×3 卷积核为参考，参数数量下降到原来的 $1/8～1/9$。传统卷积和深度可分离卷积结构如图 3-21 所示。

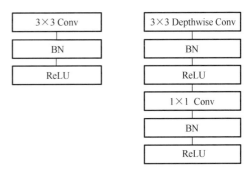

图 3-21　传统卷积和深度可分离卷积结构

MobileNet v1 还引入了两个控制模型大小的参数：宽度因子 $α∈(0,1]$，用于控制输入和输出的通道数量，即输入通道由 M 调整为 $αM$，输出通道由 N 调整为 $αN$，宽度因子将计算量和参数数量都降低约 $α^2$ 倍；分辨率因子 $ρ∈(0,1]$，用于控制输入图像的尺寸，可以将计算量和参数数量都降低约 $ρ^2$ 倍。

2．MobileNet v2

MobileNet v2 的主要特性是引入了残差模块。不同于 ResNet 的残差，MobileNet v2 采用的是一种翻转残差（inverted residuals）模块。通常的残差模块先通过 1×1 卷积核压缩通道数量，经过 3×3 卷积后，再通过一个 1×1 卷积核扩张通道数量，也就是"压缩-卷积-扩张"的过程。而在 MobileNet v2 中，由于可分离卷积的特点，输入的特征图通道数量已经较少，再进一步压缩则严重影响特征提取性能，因此，其采用了"扩张-卷积-压缩"的残差过程，正好和一般的残差模块相反，因此称之为翻转残差模块。此外，MobileNet v2 还取消了残差模块中汇总层之前的 ReLU 函数，使原本瓶颈模块变为线性瓶颈（linear bottlenecks）模块，其目的是避免过多的 ReLU 函数造成的特征损失。

3．MobileNet v3

MobileNet v3 采用了神经网络架构搜索（NAS）来确定网络结构，还引入了 Squeeze-and-Excitation（SE）模块和 h-swish 激活函数来进一步提升网络性能。

3.7　本章小结

本章主要介绍了 LeNet、AlexNet、VGGNet、GoogLeNet 和 ResNet 等 5 种典型的卷积神经网络，以及 DenseNet、SPPNet、SENet、MobileNet 等常见网络。每种网络都有着自己独特的特点，这些特点体现了结构背后研究者的观点和思考，通过学习这些经典网络结构，有助于从整体上认识、思考卷积神经网络的理论基础和实现方法，为搭建、修改乃至创建新的卷积神经网络提供参考。

第 **4** 章 Python 编程基础

纸上得来终觉浅，绝知此事要躬行。要想真正理解并掌握人工智能与机器学习的典型算法，就离不开对算法的编程实践。常见的编程语言主要有 C#、C++、R、Java、JavaScript、Swift、Go、Julia、Python 等。其中，Python 语言不仅可以无缝地与数据结构和机器学习算法一起使用，而且免费开源、易于上手，已经成为人工智能与机器学习领域最受欢迎的编程语言之一。

4.1 Python 语言简介

Python 是一种面向对象、解释型、动态数据类型的脚本语言，是由荷兰软件工程师 Guido van Rossum 于 1989 年发明的。由于 Python 语言简捷、易读且可扩展，因此在国外用 Python 做科学计算的研究机构日益增多，许多国内高校也纷纷开设 Python 程序设计课程。

4.1.1 Python 的发展简史

自 1991 年公开发布第一个版本至今已有近三十年，Python 先后发布了多个版本：
- Python 2.0 于 2000 年 10 月发布，增加了垃圾回收、支持 Unicode 等功能；
- Python 3.0 于 2008 年 12 月发布，此版本不完全兼容 Python 2.0，导致 Python 2.x 与 Python 3.x 版本不兼容；
- Python 3.6 于 2016 年 12 月发布；
- Python 3.7 于 2018 年 6 月发布；
- Python 3.8 于 2019 年 7 月发布；
- Python 2.7.17 于 2019 年 10 月发布；
- Python 3.7.7 于 2020 年 3 月发布；
- Python 3.8.5 于 2020 年 7 月发布。

经过近三十年的发展，Python 已经成为最受欢迎的程序设计语言之一。例如，在 IEEE Spectrum 发布的 2019 年度编程语言排行榜中，IEEE Spectrum 对 52 种语言进行排行，其排序结果综合了 8 个重要线上数据源的 11 个指标，Python 高居榜首，并且已经连续四年夺魁。

4.1.2 Python 的主要特点

Python 是一种解释型脚本语言，常常被称为胶水语言，换句话说，它能够把用其他语言制作的各种模块（尤其是 C/C++）轻松地联结在一起，既可以用于快速开发程序脚本，也可以用于开发大规模的软件，特别适合完成各种高层任务。归纳起来，Python 主要特点如下。

- 易学易用：Python 语法结构简捷而清晰，相对于其他常用程序设计语言，可以用更少的代码实现相同的功能，使编程人员更多关注数据处理逻辑，而非语法细节。
- 类库丰富：Python 拥有丰富、强大的标准库和第三方库，如科学计算基础库 NumPy、科学计算库 SciPy、数据可视化库 Matplotlib 等；并且众多开源的科学计算软件包都提供了 Python 的调用接口，如计算机视觉库 OpenCV、三维可视化库 VTK、医学图像处理库 ITK 及深度学习框架 Theano、PyTorch 等。
- 移植性好：程序无须修改便可在 Windows、Linux、Unix、Mac 等操作系统上使用。

当然，任何一门编程语言都有其固有的不足，Python 的缺点如下。

- 运行速度较慢。
- 代码不能加密，因而难以保护知识产权。
- 采用缩进方式来区分语句关系的方式有时会给初学者带来困惑。

4.1.3　Python 的主要应用领域

因为 Python 具有简捷、优雅、开发效率高等特点，所以常常被用于 Web 与 Internet 开发、科学计算与数据可视化、人工智能与机器学习等领域。

1．Web 与 Internet 开发

许多网站就是用 Python 开发的，如 YouTube 的视频分享服务、P2P 文件分享系统 Bittorrent 及国内的豆瓣、知乎、果壳等网站。Intel、Cisco、Seagate、IBM 等公司使用 Python 进行硬件测试，美国 NASA 和 JPL 大量使用 Python 实现科学计算任务。另外，Python 还对 Socket 接口进行了二次封装，提供了 urllib、cookielib、httplib 等模块对网页内容进行读取和处理，因此可以用来快速开发网页爬虫之类的应用程序。

2．科学计算与数据可视化

Python 中用于科学计算与数据可视化的模块很多，如 NumPy、SciPy、SymPy、Matplotlib，涉及数值计算、符号计算、二维图表、三维数据可视化与动画演示等，如图 4-1 所示。

3．人工智能与机器学习

Python 拥有丰富强大的机器学习软件包，可以说是学习和实践机器学习算法的优先选择。Python 应用于人工智能和机器学习的软件包如下。

- Scikit-learn：采用 Python 语言编程的开源机器学习算法库，始于 2007 年的 Google Summer of Code 项目，可以实现数据预处理、分类、回归、降维、模型选择等算法。
- PyTorch：Facebook 发布的一款用 Python 语言开发的深度学习框架，不仅能够实现 GPU 加速，还支持动态神经网络。
- TensorFlow：最初是由 Google Brain 团队开发出来的，主要用于机器学习和深度神经网络方面的研究，支持的语言包括 Python、Java、C++等。

- Metaflow：Netflix 开发的一种用在数据科学领域的 Python 库，主要用于优化广告投递、视频编码等方面的机器学习任务，于 2019 年 12 月正式对外开源。Metaflow 通过有向图中的一系列步骤来构建处理流水线，让整个模型开发、部署、更新流程更加系统化，提高了部署速度，不仅可以很容易地将本地流水线搬移到云资源上运行，而且可以与 PyTorch、TensorFlow 等其他机器学习或数据科学库一起使用。

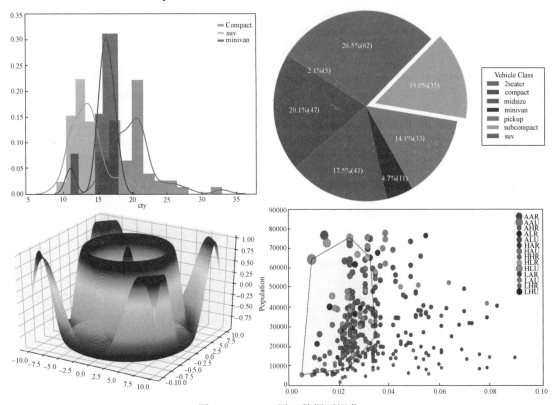

图 4-1　Python 用于数据可视化

4.2　Python 编程环境搭建

Python 是一种跨平台的编程语言，有 Python 2.x 和 Python 3.x 多个版本。其中，Python 3.x 具有许多 Python 2.x 所没有的特性，如改进的 Unicode 编码支持及迭代器、字典处理、文件处理等更完善的编程功能改进和类库支持等。下面以 Python 3.x 为基础进行介绍。

4.2.1　Windows 下的安装

1．Python 的下载和安装

在 Windows 下，最直接的方式是从 Python 官方网站（ https://www.python.org/downloads/ ）下载 Python 安装包进行安装。安装后，打开 Windows 的 cmd 命令提示符程序，输入命令"python"并回车，如果能够正常进入 Python 的交互式命令界面，就表示安装成功。

2．Anaconda 的下载和安装

最方便的方式是安装第三方发行版 Anaconda。开源的 Anaconda 发行版是在 Linux、Windows 和 macOS 上执行 Python/R 数据科学和机器学习的最简单方法。Anaconda 把 Python 中有关数据计算与分析所需的包都集成在了一起，其中附带了 Conda、Python 和 150 多个科学包及其依赖项。使用 Anaconda，无须花费大量时间安装众多的第三方 Python 包，便可以立即开始处理数据。安装 Anaconda，就相当于安装了 Python、IPython、集成开发环境 Spyder 及一些常用的科学计算包。

打开 Anaconda 官方网站下载页面（网址为 https://www.anaconda.com/download/），找到并下载 Python 3.x 对应的软件安装包。下载完毕后，以管理员身份运行 Anaconda 安装程序即可。

注意，如果 Windows 操作系统是 64 位的，就下载 64-Bit Graphical Installer 安装包，32 位则下载 32-Bit Graphical Installer 安装包。

Anaconda 在 Windows 操作系统中安装了多个应用程序，如 IPython、Jupyter Notebook、Conda 和 Spyder 等。限于篇幅，下面介绍其中的两个——IPython 和 Jupyter Notebook。

IPython 是一个基于 Python Shell 的交互式解释器，比默认 Shell 增加了强大的编辑和交互功能。

为了调用 IPython，依次执行 Windows 菜单命令"开始|所有应用|Anaconda3(64-bit)|Anaconda Prompt"，打开 Anaconda 命令行窗口，然后输入命令"ipython"并回车，打开 IPython 命令行交互界面；也可以直接输入命令"jupyter qtconsole"，进入 IPython 图形交互界面，如图 4-2 所示。

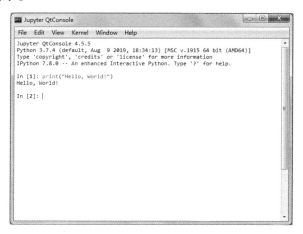

图 4-2　IPython 图形交互界面

Jupyter Notebook 是一个交互式笔记本，支持包括 Python、R 在内的 40 多种编程语言。Jupyter Notebook 的本质是一个 Web 应用程序，用户不仅可以使用它来编写代码、公式、解释性文本和绘图，还可以分享创建好的文档。在 Windows 的 cmd 命令提示符程序中输入命令"jupyter notebook"并回车，就可以启动并进入 Jupyter Notebook 的初始界面，如图 4-3 所示。

图 4-3　Jupyter Notebook 初始界面

4.2.2　Linux 下的安装

由于 Linux 的版本很多，这里只介绍在 Ubuntu 下的安装。尽管 Ubuntun 有预装的 Python，但版本比较陈旧（如 Ubuntu 16.04 LTS 自带的 Python 版本为 2.7），因此推荐安装较新版本的 Python 3.x。需要注意的是，Ubuntu 很多底层采用 Python 2.x，因此在安装 Python 3.x 时建议保留 Python 2.x。安装步骤如下。

① 打开终端，首先使用 wget 命令到 Python 官网下载 3.8.1 版本的源码安装包，命令如下：

```
wget http://www.python.org/ftp/python/3.8.1/Python-3.8.1.tgz
```

② 然后，使用 tar 命令对压缩包解压，命令如下：

```
tar -xzvf Python-3.8.1.tgz
```

③ 解压完成后，会在当前目录下产生目录 Python-3.8.1，使用 cd 命令切换到该目录下，编译安装，依次输入以下命令：

```
cd Python-3.8.1
./configure –with-ssl
make
sudo make install
```

④ 接下来，需要安装 Python 编译外部模块文件使用的 Python-dev，输入以下命令：

```
sudo apt-get install python-dev
```

⑤ 最后，安装包管理 PIP，输入以下命令：

```
sudo apt-get install python-pip
sudo pip3 install –upgrade pip
```

此时，要运行新安装的 Python 3.8.1，只需要在终端输入命令“python 3”并回车即可。

也可以直接安装 Anaconda 来更新 Python。以安装“Anaconda 2020.02 for Linux Installer”为例，下载 Anaconda 后，使用以下命令进行安装：

```
sh Anaconda3-2020.02-Linux-x86_64.sh
```

4.3　Python 程序设计

4.3.1　编程规范

1．标识符

在 Python 中，文件名、类名、模块名、变量名及函数名等标识符均由字母、数字和下画线组成，并且第一个字符必须是字母或下画线。一些特殊的名称，如 if、for、list、tuple 等保留关键字，不能作为标识符。此外，标识符还对大小写字母敏感，如 ABC 和 abc 视为不同的名称。

标识符的命名通常遵循以下习惯：

- 变量名和函数名中的英文字母一般用小写，以增加程序的可读性；
- 变量名应较好表达变量值的含义，一般选用相应英文单词或拼音缩写的形式，尽量不使用简单符号来命名；
- 尽量不使用容易混淆的单个字符作为标识符，如数字 0 和字母 o、数字 1 和字母 l；
- 应避免开头和结尾都使用下画线的情况，因为 Python 中大量采用这种名字定义各种特殊方法和变量。

2．缩进

Python 依靠代码块的缩进来体现代码之间的逻辑关系。一般以 4 个空格或制表符（Tab 键）为基本缩进单位，缩进量相同的一组语句称为一个语句块或程序段。

注意，空格缩进方式与制表符缩进方式不能混用。

3．注释

Python 中的注释有两种类型。一是单行注释，以#和一个空格开头。若语句与注释在同一行，则注释语句符与语句之间至少要用两个空格分开。二是多行注释，用三引号或双引号将注释括起来作为开始和结束，其中的内容都是注释，可以包含多行内容，也可以只包含一行内容。

【例 4-1】>>>print('Hello, World!')　# 输出显示语句

4.3.2　变量与数据类型

Python 定义了 6 组标准数据类型：number（数字）、string（字符串）、list（列表）、tuple（元组）、set（集合）及 dictionary（字典）。

1．数字

Python 中的数字类型用于存储数值，包括整型、浮点型、复数及布尔型。

整型（int）：正整数或负整数。在 Python 中，整型有 4 种表示方式，分别是十进制、二进制（以 0b 或 0B 为前缀）、八进制（以 0o 或 0O 为前缀）和十六进制（以 0x 或 0X 为前缀）。

浮点型（float）：由整数部分与小数部分组成，也可以用科学计数法来表示。

复数（complex）：由实数部和虚部构成，可以用 a+bj 或者 complex(a,b)表示，虚部以字母 j 或 J 结尾，如 1+2j。

布尔型（bool）：只有 True 和 False 两个取值。

```
【例 4-2】>>>0O45+0XF7
        284
        >>>3.1E2+12.3
        322.3
```

2．字符串

Python 使用引号来表示字符串。其中，单引号或双引号括起来的字符串只能书写在一行中，三引号括起来的字符串可以书写在多行中。单引号括起来的字符串中可以出现双引号，双引号括起来的字符串中可以出现单引号，三引号括起来的字符串中可以出现单引号和双引号。

```
【例 4-3】>>>a = '安徽省'
        >>>b = "合肥市"
        >>>c = '''黄山路 451 号'''
        >>>print(a+b+c)
        安徽省合肥市黄山路 451 号
```

注意，在 Python 中，通过 input()函数输入的内容都当成字符串，如果要当成数值处理，需要先进行相应的数据类型转换；可以通过调用函数 str()让非字符串值表示为字符串。

```
【例 4-4】>>>x = input("x=")
        x=123
        >>>y = input("y=")
        y=456
        >>>print(x+y)
        123456
        >>>print(int(x)+int(y))
        579
        >>>age = 18
        >>>message = "Happy "+str(age)+ "th Birthday!"
        >>>print(message)
        Happy 18th Birthday!
```

3．列表

列表（list）类似于数组，是由一系列按照特定顺序排列的元素组成的，但数据项可以不相同。

列表创建方式一：列表名=[值 1，值 2，值 3,…，值 n]。创建方式二：通过 list()函数创建列表。此外，还可以定义多维列表，可以将多维列表视为列表的嵌套，即多维列表的元素值也是一个列表。

```
【例 4-5】>>>list1 = ['red', 'green', 'blue']    # 定义 3 个字符串的列表
        >>>list2 = list((1,2,3,4))            # 等价于 list2=[1,2,3,4]
```

```
>>>list2
[1, 2, 3, 4]
```

列表是序列类型，其中的元素按所在的位置顺序都有一个唯一的索引值（序号）。系统为列表元素设置了正向索引和逆向索引两种方式。列表中的元素索引采用"列表名[下标]"；用"列表名[起始下标:结束下标+1]"表示列表的片段。在 Python 中，第一个列表元素的索引为 0，而不是 1。

【例 4-6】
```
>>>list3 = ['周小壮', '男', 17, '计算机科学与技术']
>>>list3[0]
'周小壮'
>>>list3[-4]
'周小壮'
```

与列表相关的函数有：

① 用 del 语句或 remove()方法删除指定的元素；

② 用 pop()方法删除指定位置的元素；

③ 用 append()函数在列表末尾添加元素；

④ 用 insert()函数将元素插入指定位置。

【例 4-7】
```
>>>list1 = ['中国', '美国', 1997, 2000]
>>>list1.append(2020)
>>>print (list1)
['中国', '美国', 1997, 2000, 2020]
>>>list1.insert(2, '日本')
>>>print (list1)
['中国', '美国', '日本', 1997, 2000, 2020]
>>>del list1[1]
>>>print (list1)
['中国', '日本', 1997, 2000, 2020]
>>>year = list1.pop(2)
>>>year
1997
>>>print (list1)
['中国', '日本', 2000, 2020]
```

4．元组

元组（tuple）与列表类似，不同之处在于元组中的元素不能修改，而列表中的元素可以在程序运行期间随时修改。元组为不可变的列表，并且元组使用小括号()而不是方括号[ ]来标识。

元组创建方式一：元组名=(值 1,值 2,值 3,…,值 n)。创建方式二：通过 tuple()函数创建元组。元组中的元素值是不允许修改的，但可以对元组进行连接组合。

【例 4-8】
```
>>>tup1 = (12, 34, 56)
>>>tup1[1]
>>>34
```

```
>>>tup2 = (78, 90)
>>>tup3 = tup1 + tup2    # 连接元组，创建一个新的元组
>>>print(tup3)
(12, 34, 56, 78, 90)
```

元组与列表都是序列型数据，对列表的各个操作符和函数也都能在元组上进行类似操作（更新操作除外）。对于可变的批量数据，应使用列表存储和处理；而对于不可变的批量数据，可以使用元组存储和处理。元组中的元素值是不允许删除的，但可以使用 del 语句来删除整个元组。元组也可以进行切片操作，方法与列表类似。对元组切片可以得到一个新元组。

【例 4-9】
```
>>>nums = [1, 3, 5, 7, 9, 11, 13]
>>>tup4=tuple(nums)       # 将列表转换为元组
>>>print(tup4)
(1, 3, 5, 7, 9, 11, 13)
>>>tup5 = tup4[1: 5]
>>>print(tup5)
(3, 5, 7, 9)
>>>del tup5
>>>print(tup5)
NameError: name 'tup5' is not defined
```

5．字典

字典（dictionary）又称为关联数组或哈希表，是 Python 中的一种可变容器模型。字典由若干个元素组成，每个元素都是一个键-值对的形式，键-值对之间用逗号分开，与键相关联的值可以是任意类型对象，如字符串、数字、元组、列表甚至字典，整个字典都括在花括号{}中。

字典创建的语法格式为：字典名={键 1:值 1，键 2:值 2，键 3:值 3，…，键 n:值 n}，键和值之间用冒号分隔，而键-值对之间用逗号分隔。访问字典中的值时把相应的键放入方括号中，语法格式为：字典名[键]。字典是一种动态结构，可随时在其中添加键-值对，且数量不限。对于字典中不再需要的信息，可以使用 del 语句将对应的键-值对彻底删除。

【例 4-10】
```
>>>dict = {'Name': '周小壮', 'Age': 17, 'Class': 'ACM 班'}
>>>print("dict['Name']: ", dict['Name'])
dict['Name']:   周小壮
>>>dict['Age']=18
>>>dict
{'Name': '周小壮', 'Age': 18, 'Class': 'ACM 班'}
>>>dict['Gender']= 'Male'
>>>dict
{'Name': '周小壮', 'Age': 18, 'Class': 'ACM 班', 'Gender': 'Male'}
>>>del dict['Age']
>>>dict
{'Name': '周小壮', 'Class': 'ACM 班', 'Gender': 'Male'}
```

6. 集合

集合（set）是一个无序且元素不重复的序列，基本功能是进行成员关系测试和删除重复元素。

集合创建方式一是使用花括号{}，语法格式为：集合名={元素 1, 元素 2, 元素 3, …, 元素 *n*}。创建方式二是使用 set 函数，语法格式为：集合名=set(列表或元组)。另外，还可以使用"-""|""&"运算符进行集合的差集、并集、交集运算。

```
【例 4-11】>>>set1={1,2,3,4,5}
        >>>print(set1)
        {1,2,3,4,5}
        >>>num = {1, 2, 3, 2, 1}
        >>>print(num)                        # 输出集合，重复的元素被自动删除
        {1, 2, 3}
        >>>a = set('abcd')
        >>>b = set('cdef')
        >>>print("a 和 b 的交集: ", a & b)      # a 和 b 的交集
        a 和 b 的交集:  {'d', 'c'}
        >>>print(a-b)
        {'a', 'b'}
```

7. 常量与变量

常量是指在程序运行过程中其值不能被改变的量，如圆周率 π 就是一个常量。在 Python 中，常量不需要类型说明，常量的类型是由常量值本身决定的，主要包括数值型常量和字符型常量，通常用全部大写的变量名表示常量。变量是指在程序运行过程中其值可以被改变的量。

在 Python 中，利用赋值语句可以把任意数据类型赋值给变量，同一个变量可以反复赋值且可以是不同类型的变量，这种变量本身类型不固定的语言称为动态语言。

```
【例 4-12】>>>a = 123      # a 是整数
        >>>a = 'ABC'      # a 变为字符串
```

注意，Python 并没有任何机制来保证常量不会被改变，因此采用全部大写的变量名来表示常量仅仅是一种习惯的用法。

4.3.3　运算符与表达式

Python 语言支持的运算符主要有算术运算符、赋值运算符、关系（即比较）运算符、逻辑运算符、位运算符、成员操作符等。

1. 算术运算符

算术运算符主要包括+（加）、-（减）、*（乘）、/（除）、//（整除）、%（模运算）和**（幂运算）。

```
【例 4-13】>>>7%3
        1
```

```
>>>2**10    # 两个乘号表示幂运算
1024
>>>9//2
4
```

2．赋值运算符

赋值表达式的格式为：变量名=表达式。此外，Python 还提供了 12 种复合赋值运算符：+=、–=、*=、/=、%=、//=、**=、|=、&=、^=、<<=、>>=。

【例 4-14】
```
>>>a=10
>>>a+=3          # 等价于 a=a+3
>>>a
13
>>>b=2
>>>c=10
>>>c*=b–5*a      # 等价于 c=c*(b–5*a)
>>>c
–630
```

3．关系运算符

关系运算符用于两个值进行比较，运算结果为 True（真）或 False（假）。Python 中关系运算符主要包括：==（等于）、!=（不等于）、>（大于）、<（小于）、>=（大于等于）、<=（小于等于）。

【例 4-15】
```
>>>a=5
>>>b=10
>>>a==b
False
```

4．逻辑运算符

Python 中提供了三种逻辑运算符：and（逻辑与）、or（逻辑或）、not（逻辑非）。

【例 4-16】
```
>>>a=10
>>>b=20
>>>(a==b) and (a!=b)
False
>>>not(a>=b)
True
```

5．位运算符

位运算符是指对其操作数按其二进制形式逐位进行运算。Python 中位运算符包括：&（按位与）、|（按位或）、^（按位异或）、～（按位求反）、<<（左移）、>>（右移）。

【例 4-17】
```
>>>a=0b00111100
>>>b=0b00001101
>>>a&b
12
```

```
>>>bin(a|b)    # 转换为二进制
'0b111101'
```

6. 成员操作符

成员操作符判断序列中是否有某个成员，包括 in、not in 两种，返回值为 True 或 False。

【例 4-18】
```
>>>3 in [1,2,3]
True
>>>3 not in [1,2,3,4]
False
```

4.3.4　结构化程序设计

在 Python 中，结构化程序分为顺序结构、选择结构和循环结构 3 种基本结构。

1. 顺序结构

在顺序结构程序中，程序是按照语句出现的先后次序顺序执行的，且每条语句都会执行。

2. 选择结构

在 Python 中，选择结构可以采用 if 语句、if-else 语句和 if-elif-else 语句。

（1）if 语句

语法格式如下：

```
if 表达式:
    语句块
```

功能说明：先计算表达式的值，若值为 True，则执行 if 子句，然后执行 if 结构后面的语句；否则，跳过 if 子句，直接执行 if 结构后面的语句。

（2）if-else 语句

语法格式如下：

```
if 表达式:
    语句块 1
else:
    语句块 2
```

功能说明：先计算表达式的值，若值为 True，则执行语句块 1；否则，执行语句块 2。

（3）if-elif-else 语句

语法格式如下：

```
if 表达式 1:
    语句块 1
elif 表达式 2:
    语句块 2
...
elif 表达式 n:
    语句块 n
```

```
else:
    语句块 n+1
```

功能说明：依次计算各表达式的值，若表达式 1 的值为 True，执行语句块 1；否则，若表达式 2 的值为 True，执行语句块 2；以此类推，若表达式 n 的值为 True，执行语句块 n；若前面所有 n 个表达式的取值都不为 True，则执行 else 对应的语句块 n+1。

【例 4-19】输入学生的成绩 score，按分数输出其等级：score≥90 为优秀，90>score≥70 为良好，70>score≥60 为及格，score<60 为不及格。

```
score=int(input("请输入成绩: "))
if score >= 90:
    print("优秀")
elif score >= 70:
    print("良好")
elif score >= 60:
    print("及格")
else:
    print("不及格")
```

请输入成绩：85

程序输出结果：良好

3. 循环结构

在 Python 中，循环结构主要采用 for 循环语句和 while 循环语句。

（1）for 循环语句

语法格式如下：

```
for 循环变量 in 遍历结构:
    语句块
```

功能说明：循环变量依次取遍历结构中的值，参与循环体语句块的执行，直至遍历结构中的所有数据都取完为止。另外，在 for 循环语句中还会经常调用 range()函数，其语法格式为 range(start, end, step)，该函数的功能是生成若干个整数值，其中初值为 start，结束值为 end-1，步长为 step。

【例 4-20】计算 1~100 的整数之和。

```
sum = 0
for x in range(1,101):
    sum += x
print(sum)
```

最终输出结果：5050

（2）while 循环语句

语法格式如下：

```
while 表达式:
    语句块
```

功能说明：若表达式的值为 True，则执行语句块，直至表达式的值变为 False，结束循环。另外，还允许在一个循环体中嵌入另一个循环，如在 while 循环语句中可以嵌入 for 循环语句，也可以在 for 循环语句中嵌入 while 循环语句。

注意，为了保证程序的可读性，建议嵌套层次一般不超过 3 层。

为了退出循环，可以采用 break 或 continue 语句。其中，break 语句一般放在 if 选择结构中，一旦 break 语句被执行，整个循环就提前结束。continue 语句的作用是终止当前循环，并忽略 continue 之后的语句，提前进入下一次循环。

【例 4-21】统计 1～n 的所有素数的个数（$n \leqslant 1000$）。

```python
i = 2
cnt = 0
n=int(input("请输入一个不大于 1000 的正整数: "))
while(n<1 or n>1000):
    n=int(input("输入无效，请重新输入:"))
while i <= n:
    j = 2
    flag = True
    while j < i:
        if i % j ==0:
            flag = False
            break
        j+=1
    if flag:
        cnt+=1
    i+=1
print("1～n 的素数个数: ", cnt)
```

请输入一个不大于 1000 的正整数：50
程序运行结果：1～n 的素数个数：15

4.3.5　函数与模块

在 Python 中，可以将完成某一特定功能并经常使用的代码段编写成函数（function），并将其放在函数库（模块）中，在需要使用时直接调用。函数是一组实现某一特定功能的语句集合，是可以被重复调用、功能相对独立完整的程序代码段。使用函数不仅可以使程序结构更加清晰，增加了程序的可读性，而且减少了重复编码的工作量，缩短了程序设计周期，提高了编程和调试效率。

1. 函数的定义与调用

函数定义使用关键字 def，此时函数名后面括号中的变量称为形式参数（简称形参）。
语法格式如下：

```
def 函数名(形参表):
    函数体
return 返回值
```

函数只有被其他函数或程序语句调用后才能被执行。在调用函数时提供的值或变量称为实际参数（简称实参）。函数调用方式为：函数名(实参表)。其一般过程是：首先计算实参表中各表达式的值；然后函数调用所在的语句暂停执行，转而去执行被调用的函数；被调用函数中各个形参的初值即为调用该函数中与之相对应的实参值；当被调用函数执行完毕后，返回调用函数所在的语句继续执行。

2．函数的嵌套与递归

函数的调用既可以一条语句的形式出现，也可进行多级调用，包括嵌套调用和递归调用两种形式。在多级调用中，如果函数 f1，f2，…，f*n* 各不相同，就称为嵌套调用；若其中有函数是相同的，即存在某个函数直接或间接调用自己，则称为递归调用。

【例 4-22】 递归程序示例（求阶乘）。

```python
def fact(n):
    if(n==0 or n==1):
        fac=1
    else:
        fac=n*fact(n–1)
    return fac
n=int(input("请输入求阶乘的数 n="))
print("n!= ",fact(n))
```

请输入求阶乘的数 n=10
程序运行结果：n!= 3628800

3．内置函数

内置函数（built-in functions）又称系统函数，是指 Python 自身所提供的函数，可以在 Python 编辑环境下直接使用。

Python 常用的内置函数有数学运算函数、类型转换函数、字符串函数、反射函数和输入/输出（I/O）函数。想要查看所有内置函数名，可以在 Python 命令行方式下输入：

```
>>>dir(__builtins__)
```

使用 help()函数可以查看某个内置函数的用法。下面介绍几个基本的 I/O 函数。
（1）基本输入函数 input()
语法格式如下：

```
变量=input("提示信息")
```

功能说明：从键盘输入数据并赋给变量，系统把用户的输入看成字符串。
（2）基本输出函数 print()
语法格式如下：

```
print(表达式 1,表达式 2,…,表达式 n)
```

功能说明：依次输出 *n* 个表达式的值，表达式的值可以是整数、实数、字符串或动作控制符。

（3）打开（建立）文件函数

通过调用 open()函数来打开文件。语法格式如下：

```
fileobj=open(filename[,mode[,buffering]])
```

功能说明：通过字符串 filename 来指定希望打开哪个路径下的文件名，并返回一个文件对象。其中，mode 参数的常用取值包括：'r'（读模式）、'w'（写模式）、'a'（追加模式）、'b'（二进制模式）及其组合模式。

（4）读文本文件函数

一种方式是采用不设置参数的 read()方法，将整个文件的内容读取为一个字符串，也可以设置最大读入字符数来限制 read()函数一次读取的大小。另外，还可以采用 readlines()方法从文件中获取一个字符串，每个字符串就是文件中的每一行。

（5）写文本文件函数

写文件与读文件相似，都需要先创建文件对象连接。所不同的是，打开文件时是以"写"模式或"追加"模式打开的。如果文件不存在，则创建该文件。

写文本文件函数主要包括 write()和 writelines()。其中，write()方法将字符串参数写入文件，writelines()方法将字符串列表参数写入文件。为确保数据一致性，在写文件时不允许读取数据。

【例 4-23】
```
>>>filename = "c:/test.txt"
>>>file1 = open(filename, "w", encoding = 'utf-8')
>>>file1.write("武汉，加油!")
>>>contents=file1.readlines()
>>>print(contents)
['武汉,加油!']
>>>file1.close()   # 文件关闭
```

4．模块

将一些常用的功能单独放置到一个文件中，方便其他文件来调用，这些文件即模块（module）。模块就是一个保存了 Python 代码的文件。把相关的代码分配到一个模块中能够有逻辑地组织 Python 代码段，不仅可以使代码更好用，而且更易懂。

实际上，每个 Python 文件都可以作为一个模块，模块的名字就是文件的名字。从用户的角度看，模块可分为标准库模块和用户自定义模块。其中，标准库模块是 Python 自带的函数模块，而用户自定义模块是用户建立一个模块，即建立扩展名为.py 的 Python 程序。

采用关键字 import 来导入某个模块，具体方式如下：

```
import 模块名      # 导入模块
```

有时候只需用到模块中的某个函数或某几个函数，此时可以通过以下语句完成：

```
from 模块名 import 函数名 1,函数名 2…
```

使用*运算符可以让 Python 导入模块中的所有函数：

```
from 模块名 import *
```

如果要导入的函数或模块的名称可能与程序中现有的名称冲突，或者函数/模块的名称太长，可以采用关键字 as 来指定简短而独一无二的别名，类似于外号，如

```
import numpy as np
```

5. 变量的作用域

当程序中有多个函数时，定义的每个变量只能在一定的范围内访问，称之为变量的作用域。在 Python 中，根据作用域的不同，可以将变量分为全局变量和局部变量。在一个函数或语句块中定义的变量称为局部变量，其作用域仅限于定义它的函数体或语句块中。在所有函数外部定义的变量称为全局变量，它在整个程序范围内起作用。

关于全局变量与局部变量的作用域有以下几点需要注意。

- 若函数内部定义了与全局变量同名的局部变量，则同名的全局变量与局部变量分别在函数外部和内部起作用。
- 若函数内部没有定义与全局变量同名的局部变量，则全局变量在函数内部、外部都起作用。
- 若需要在函数内部为某个全局变量赋值，同时还希望保持该全局变量的性质不变，可以采用关键字 global 进行声明，声明之后在函数内部对全局变量的赋值是使用已有的全局变量的，而不再定义新的局部变量。

4.3.6　面向对象程序设计

面向对象程序设计（Object Oriented Programming, OOP）是 20 世纪 80 年代针对大型软件的设计而提出的一种计算机编程架构，能使功能相对独立，很好地做到代码重用，使软件易于维护。

1. 面向对象的基本概念

对象（object）是具有某些特性和功能的具体事物的抽象。每个对象都具有描述其特征的属性及附属于它的行为，属性用于描述对象各主要方面的基本特征，行为是能够对该对象施加的操作。类（class）是指把具有相同属性和行为的对象归为一类。类是对象的抽象，对象是类的具体化或实例化（instance）。除了具有特定的属性，类还具有特定的行为。例如，人具有身高、性别、年龄、体重等属性，以及行走、吃饭、阅读、睡觉等行为。面向对象程序设计具有以下特点。

- 封装性（encapsulation），一方面把对象的属性和行为结合在一起而形成不可分割的整体（即对象），另一方面所有对对象的操作一般都需要通过调用预先定义的行为函数进行，相当于把数据封装在类/对象内，外界不能直接对其进行操作，从而增强了程序的安全性。
- 继承性（inheritance），如果要定义的新类的部分属性和行为与已有类相同，则可通过继承已有类（称为父类或基类）的方式得到新类，称之为子类，从而增强了代码的重用性。
- 多态性（polymorphism），父类中定义的属性或行为被子类继承后，可以具有不同

的数据类型或表现不同的行为，使得同一个属性或行为在父类及其子类中可以具有不同的语义。

2．类和对象

Python 采用了面向对象程序设计的思想，遵循"万物皆为对象"的原则，完全支持面向对象的基本功能，如封装、继承、多态及对基类方法的覆盖或重写，并且 Python 中的字符串、列表、字典、元组等内置数据类型都具有与类完全相似的语法和用法。

（1）类和对象的定义

创建类时用变量形式表示的对象属性称为数据成员或成员属性，用函数形式表示的对象行为称为成员函数或成员方法，成员属性和成员方法统称为类的成员。使用关键字 class 创建类，语法格式如下：

```
class 类名:
    定义数据成员
    定义成员函数
```

功能说明：定义一个类就是规定该类的属性及行为，即定义类的数据成员和成员函数。类名一般约定用大写字母开头，函数则用小写字母开头，方便区分。

定义类后，就可以用来实例化一个对象，语法格式为：对象名=类名(实参表)。如果要访问对象中的某个数据成员或成员函数，语法格式为：对象名.成员名。

（2）构造函数与析构函数

构造函数的作用是为对象的数据成员赋初值，函数名固定为__init__。其中，第 1 个参数固定为 self，代表当前参与操作的对象本身；其他参数对应于类的数据成员，其数量与需要在构造函数中赋初值的数据成员的数量相同。析构函数主要用于对象被撤销时释放其所占用的内存资源。

注意：

① 在定义类时一般需要定义构造函数，以便为数据成员赋初值；

② 构造函数在定义对象时会自动执行，但不能显式调用；

③ 也可以不定义析构函数，此时将采用默认的析构函数。

【例 4-24】定义圆形和对象示例。

```
class Circle:
    def __init__(self, r=10):
        self.__radius=r
    def disp(self):
        print("半径={}".format(self.__radius))
    def area(self):
        return 3.1416*self.__radius*self.__radius
    def peri(self):
        return 2*3.1416*self.__radius
cir1=Circle(6)
cir2=Circle()
cir1.disp()
```

```
print("面积={}".format(cir1.area()))
print("周长={}".format(cir1.peri()))
cir2.disp()
print("面积={}".format(cir2.area()))
print("周长={}".format(cir2.peri()))
```

程序运行结果如下：

```
半径=6
面积=113.0976
周长=37.6992
半径=10
面积=314.16
周长=62.832
```

（3）私有成员和公有成员

私有（private）成员只能在类内进行访问和操作，在类外不能直接访问；公有（public）成员既可以在类内也可以在类外直接访问；受保护（protected）成员只能被其所在类及派生类内直接访问。通常将数据成员定义为私有成员或受保护成员，将成员函数定义为公有成员。但是 Python 并没有对私有成员提供严格的访问保护机制，成员的公有和私有特性主要体现在其名字上：

- 以 1 个_开头的是基类或派生类内的受保护成员；
- 以 2 个或多个_开头且不以 2 个或多个_结束的是私有成员；
- 其他符合命名规则的标识符为公有成员。

（4）数据成员

数据成员可以区分为属于类的成员和属于对象的成员。在类内但在各成员函数外定义的数据成员为类成员，在定义类时就为其分配存储空间，供所有对象共享。类成员既可通过对象名访问，也可通过类名访问。在成员函数内定义的变量称为对象成员，每个对象有各自的存储区，各对象的同名对象成员相互独立、互不影响。对象成员只能通过对象名访问。

【例 4-25】数据成员访问示例。

```
class Circle:
    __total=666                 # 类成员
    def __init__(self, r=10):
        self.__radius=r         # 对象成员
    def disp(self):
        print("半径={}".format(self.__radius))
    def area(self):
        return 3.1416*self.__radius*self.__radius
    def peri(self):
        return 2*3.1416*self.__radius
cir1=Circle(6)                  # 创建对象 1
cir2=Circle()                   # 创建对象 2
print(Circle._Circle__total)    # 通过类名访问类成员
print(cir1._Circle__total)      # 通过对象名访问类成员
```

```
print(cir2._Circle__total)          # 通过对象名访问类成员
print(cir1._Circle__radius)         # 通过对象名访问对象成员
print(cir2._Circle__radius)         # 通过对象名访问对象成员
```

程序运行结果如下：

```
666
666
666
6
10
```

（5）成员函数

成员函数分为对象函数（对象方法）、类函数（类方法）和静态函数（静态方法）。其中，直接定义的成员函数是对象方法，既可直接访问属于类的数据成员，也可直接访问属于对象的数据成员；类方法既可在修饰器@classmethod 后定义，又可使用内置函数 classmethod()把一个普通函数转换为类方法；静态方法在修饰器@staticmethod 后定义，还可以使用内置函数 staticmethod()把一个普通函数转换为静态方法。类方法和静态方法既可以通过类名调用，也可以通过对象名调用。

注意：

① 类方法和静态方法只能访问属于类的数据成员；

② 定义类方法时，至少要有一个名为 cls 的参数，表示该类自身；

③ 定义静态方法时，可以不带任何参数。

【例 4-26】类方法和静态方法示例——温度转换。

```
class TemperatureConverter:
    @classmethod                        # 定义类方法
    def c2f(cls, t_c):                  # 摄氏温度到华氏温度的转换
            t_c = float(t_c)
            t_f = (t_c * 9/5) + 32
            return t_f
    @staticmethod                       # 定义静态方法
    def f2c(t_f):                       # 华氏温度到摄氏温度的转换
            t_f = float(t_f)
            t_c = (t_f - 32) * 5 /9
            return t_c
print("1. 从摄氏温度到华氏温度.")
print("2. 从华氏温度到摄氏温度.")
choice = int(input("请选择转换方向: "))
if choice == 1:
    t_c = float(input("请输入摄氏温度: "))
    t_f = TemperatureConverter.c2f(t_c)
    print("华氏温度为:  {0:.2f}".format(t_f))
elif choice == 2:
    t_f = float(input("请输入华氏温度: "))
```

```
        t_c = TemperatureConverter.f2c(t_f)
        print("摄氏温度为: {0:.2f}".format(t_c))
else:
        print("无此选项,只能选择 1 或 2! ")
```

程序运行结果如下:

```
1. 从摄氏温度到华氏温度.
2. 从华氏温度到摄氏温度.
请选择转换方向: 1
请输入摄氏温度: 100
华氏温度为: 212.00
```

3. 继承与多态

继承用于指定一个类将从其父类获取其大部分或全部功能,子类或派生类在此基础上还可以添加新的功能;多态是指基类的同一个成员函数在不同派生类中可以具有不同的表现和行为。

(1)继承与派生

定义派生类的语法格式如下:

```
class 派生类类名(基类名):
        定义派生类新增数据成员
        定义派生类新增成员函数
```

Python 的类可以继承多个基类。继承的基类列表跟在类名之后。类的多继承语法格式如下:

```
class SubClassName (ParentClass1[, ParentClass2, …]):
        派生类成员
```

【例 4-27】继承与派生示例。

```
class Person:                                # 基类
    def __init__(self, name, age):           # 构造函数
        self.name = name
        self.age = age
    def say_hi(self):
        print('大家好,我叫{0},{1}岁'.format(self.name,self.age))
class Student(Person):                       # 派生类
    def __init__(self, name, age, stu_id):   # 构造函数
        Person.__init__(self, name, age)     # 调用基类构造函数
        self.stu_id = stu_id                 # 学号
    def say_hi(self):                        # 定义派生类方法 say_hi
        Person.say_hi(self)                  # 调用基类方法 say_hi
        print('我是学生,我的学号为: ', self.stu_id)
p1 = Person('张三', 25)                      # 创建对象
p1.say_hi()
s1 = Student('李四', 22, '20200401')         # 创建对象
s1.say_hi()
```

程序运行结果如下：

```
大家好，我叫张三，25 岁
大家好，我叫李四，22 岁
我是学生，我的学号为：20200401
```

（2）多态

各派生类从基类继承数据成员和成员函数后，可以对这些继承来的成员进行适当的改变，即从基类中继承的同名函数在各派生类中可能具有不同的行为（功能），不同的对象在调用这个函数时会执行不同的功能，产生不同的行为。Python 的多态主要体现为函数重载和运算符重载。其中，运算符重载就是在不改变运算符现有功能的基础上，为运算符增加与现有功能类似的新功能。

【例 4-28】函数重载示例。

```
class Dimension:                        # 定义基类 Dimension
    def __init__(self, x, y):
        self.x = x
        self.y = y
    def area(self):                     # 基类的方法 area()
        pass
class Circle(Dimension):                # 定义类 Circle
    def __init__(self, r):              # 构造函数
        Dimension.__init__(self, r, 0)
    def area(self):                     # 覆盖基类的方法 area()
        return 3.1416 * self.x * self.x
class Rectangle(Dimension):             # 定义类 Rectangle
    def __init__(self, w, h):           # 构造函数
        Dimension.__init__(self, w, h)
    def area(self):                     # 覆盖基类的方法 area()
        return self.x * self.y
dim1 = Circle(5.0)
dim2 = Rectangle(6.0, 8.0)
print(dim1.area(),   dim2.area())
```

程序运行结果如下：

```
78.54   48.0
```

4.4　Python 基础工具库

4.4.1　NumPy

NumPy 是使用 Python 进行科学计算的基础软件包，主要提供高性能的 N 维数组实现及计算能力，还提供了和 C、C++、Fortran 等编程语言集成的能力，还实现了包括线性代数、傅里叶变换及随机数生成等一些基础的算法。NumPy 可以从网站 http://www.scipy.org 下载。

1．NumPy 数组的创建

NumPy 最重要的一个特点是其 N 维数组对象 ndarray，它是一系列同类型数据的集合，以 0 下标为开始进行集合中元素的索引。ndarray 对象是用于存放同类型元素的多维数组，其中的每个元素在内存中都有相同存储大小的区域。创建 NumPy 数组有 3 种方法：使用 NumPy 内置功能函数，从列表等其他 Python 结构进行转换，使用特殊的库函数。

（1）使用 NumPy 内置功能函数

采用 arange()函数可以快速创建一维数组。为了创建二维或者更高维数组，可以对 arange()函数输出的一维数组调用 reshape()函数以进行变形。

此外，zeros()函数创建一个填充零的数组，函数的参数表示行数和列数；ones()函数创建一个填充 1 的数组；empty()函数创建一个数组，它的初始内容是随机的，取决于内存的状态；full()函数创建一个填充给定值的 $n×n$ 数组；eye()函数可以创建一个 $n×n$ 矩阵，对角线为 1，其他为 0；linspace()函数在指定的间隔内返回均匀间隔的数字。

```
【例 4-29】>>>import numpy as np
          >>>array = np.arange(10)
          >>>array
          array([0, 1, 2, 3, 4, 5, 6, 7, 8, 9])
          >>>array.ndim    # 查看数组 array 的维度
          1
          >>>array = np.arange(10).reshape(2,5)
          >>>array
          array([[0, 1, 2, 3, 4],
                 [5, 6, 7, 8, 9]])
          >>>np.linspace(0, 10, num=5)
          array([ 0., 2.5, 5., 7.5, 10.])
```

（2）从 Python 列表转换

除了使用 NumPy 内置功能函数，还可以直接用 Python 列表来创建数组，即将 Python 列表传递给数组函数来创建 NumPy 数组，也可以创建 Python 列表并传递其变量名来创建 NumPy 数组。

```
【例 4-30】>>>array = np.array([(1,2,3), (4,5,6)])
          >>>array
          array([[1, 2, 3],
          [4, 5, 6]])
          >>>list = [4,5,6]
          >>>list
          [4, 5, 6]
          >>>array = np.array(list)
          >>>array
          array([4, 5, 6])
```

（3）使用特殊的库函数

使用特殊库函数也可以创建数组。例如，要创建一个填充 0 到 1 之间随机值的数组，可以使用 random()函数。这对于需要随机状态才能开始的问题特别有用。

【例 4-31】>>>np.random.random((3,4))　# 创建 3×4 的随机数组
　　　　array([[0.23385546, 0.45558637, 0.25653031, 0.42176883],
　　　　　　　[0.68364278, 0.52035215, 0.9987241 , 0.47281024],
　　　　　　　[0.81599853, 0.01170059, 0.14027414, 0.16744623]])

2. NumPy 中的数组索引与访问

NumPy 提供了灵活的索引机制来对 ndarray 对象的内容进行访问和修改。

方式一：基于 0～n 的下标直接进行索引。方式二：采用切片（slicing）方式，通过内置的 slice()函数，并设置 start、stop 及 step 参数，对 NumPy 数组进行切片。

【例 4-32】>>>array = np.array([[4, 5], [6, 1]])
　　　　>>>print(array[0][1])
　　　　5　　　　　　　　　　# 索引 0 行和索引 1 列中的元素为 5
　　　　>>>arr = np.arange(10)
　　　　>>>s = slice(2, 10, 2)　　# 通过内置 slice()函数切片
　　　　>>>print(arr[s])
　　　　[2 4 6 8]
　　　　>>>print(arr[2:10:2])　　# 通过冒号切片参数直接切片
　　　　[2 4 6 8]
　　　　>>>a = np.array([[1,2,3,4], [5,6,7,8], [9,10,11,12]])
　　　　>>>print(a[0, 1])
　　　　2
　　　　>>>b = a[:2, 1:3]
　　　　>>>print(b)
　　　　array([[2, 3],
　　　　　　　[6, 7]])
　　　　>>>b[0, 0] = 77
　　　　>>>print(a[0, 1])
　　　　77

3. NumPy 中的数学运算

使用 NumPy 可以在数组上进行数学运算。其中最简单的数值计算是直接把数组里的元素和标量按元素逐个进行计算，计算后将创建包含计算结果的新数组。

【例 4-33】>>>a=np.arange(10)
　　　　>>>a
　　　　array([0, 1, 2, 3, 4, 5, 6, 7, 8, 9])
　　　　>>>a+10
　　　　array([10, 11, 12, 13, 14, 15, 16, 17, 18, 19])
　　　　>>>b=np.random.random(10)
　　　　>>>b
　　　　array([0.57457375, 0.46412348, 0.95481766, 0.28931971, 0.91000186,
　　　　　　　0.4531838 , 0.00325813, 0.36963301, 0.91957233, 0.10336737])
　　　　>>>a+b
　　　　array([0.57457375, 1.46412348, 2.95481766, 3.28931971, 4.91000186,
　　　　　　　5.4531838 , 6.00325813, 7.36963301, 8.91957233, 9.10336737])
　　　　>>> np.sqrt(a+b)

```
array([0.75800643, 1.2100097 , 1.71895831, 1.81364818, 2.2158524 ,
       2.3352053 , 2.45015472, 2.7147068 , 2.98656531, 3.01717871])
>>>A= np.array([[1,1],   [0,1]])
>>>B= np.array([[2,0],   [3,4]])
>>>A*B                   #*是逐个元素相乘
array([[2, 0],
       [0, 4]])
>>>np.dot(A,B)           # 矩阵内积可以使用 dot()函数来实现
array([[5, 4],
       [3, 4]])
```

4.4.2 Pandas

Pandas 是 Python 的核心数据分析支持库，既可以用于数据挖掘和数据分析，也提供数据清洗功能。Pandas 可以从不同种类的数据库中提取数据，包括 SQL 数据库、Excel 表格及 CSV 文件。此外，Pandas 还支持在不同的列中使用不同类型的数据，如整型、浮点型或者字符串型，并且 Pandas 是以 NumPy 为基础构建的，因此可以与其他第三方科学计算支持库完美集成。

在 Pandas 中，有两类非常重要的数据结构，即序列 Series（一维同构数组）和数据框架 DataFrame（二维异构表格）。Pandas 中所有数据结构的值都是可变的，但数据结构的大小并非都是可变的，如 Series 的长度不可改变，但在 DataFrame 中可以插入列。

1．Series

Series 是带标签的一维数组，可以存储整数、浮点数、字符串、Python 对象等类型的数据。语法格式为：s = pd.Series(data, index=index)。其中，data 支持的数据类型包括字典、多维数组和标量值；index 是轴标签列表。

```
【例 4-34】>>>import pandas as pd
          >>>s = pd.Series(np.random.randn(5), index=['a', 'b', 'c', 'd', 'e'])
          >>>s
          a    −0.248167
          b     2.015295
          c     2.299883
          d    −0.951455
          e     0.315595
          dtype: float64
          >>>s.index
          Index(['a', 'b', 'c', 'd', 'e'], dtype='object')
```

2．DataFrame

DataFrame 是由多种类型的列构成的二维标签数据结构，类似于 Excel 表格、SQL 表格或 Series 对象构成的字典。DataFrame 是最常用的 Pandas 对象，支持多种类型的输入数据，包括一维 ndarray、列表、字典、Series 字典、二维 ndarray、结构多维数组或记录多维数组。

```
【例 4-35】>>>d = {'one': [1., 2., 3., 4.],'two': [4., 3., 2., 1.]}
          >>>pd.DataFrame(d)
```

```
        one   two
0      1.0   4.0

1      2.0   3.0

2      3.0   2.0

3      4.0   1.0
```

　　DataFrame 中的数据实际上是采用 NumPy 的 ndarray 对象来保存的，可以通过 df.values 查看原始数据，通过行名称索引一行数据，通过列名称索引一列数据。

【例 4-36】
```
>>>df=pd.DataFrame(np.random.randn(6,4), columns=['A','B','C','D'])
>>>df
          A            B            C            D
0  -0.177633     1.065444     0.636054     0.716864
1  -0.599258    -0.909863    -0.220077     1.038892
2  -0.250163    -0.197239    -0.810021    -1.142361
3  -0.679460     0.006253    -0.238069     0.259955
4  -0.332695     0.297125    -1.348588     0.305777
5   0.922506     0.166878    -0.411182    -1.040166
>>>df.iloc[0]
A    -0.177633
B     1.065444
C     0.636054
D     0.716864
Name: 0, dtype: float64
>>> df.B
0     1.065444
1    -0.909863
2    -0.197239
3     0.006253
4     0.297125
5     0.166878
Name: B, dtype: float64
```

　　在机器学习中，需要训练的数据可能包括成千上万个样本，实际上不可能把所有数据全部展示出来，此时可以采用 DataFrame 的 head()、tail() 函数查看部分数据。

【例 4-37】
```
>>>df = pd.read_csv('D:/Machine Learning/Data/2_apple.csv')
>>>df.head()
```

　　在上述命令中，第 1 行采用读取计算机中文档的方式导入数据，第二行为采用 head() 函数查看数据集中的前 5 行数据，最终输出结果如下：

	filmnum	filmsize	ratio	quality
0	45	106	17	6
1	44	99	15	18
2	61	149	27	10
3	41	97	27	16
4	54	148	30	8

3．应用 NumPy 函数

如果 Series 与 DataFrame 中的数据都是数字，那么可以使用 log、exp、sqrt 等多种元素级 NumPy 通用函数。

【例 4-38】
```
>>>ser = pd.Series([1, 2, 3, 4])
>>>np.exp(ser)
0      2.718282
1      7.389056
2     20.085537
3     54.598150
dtype: float64
```

4.4.3 Matplotlib

Matplotlib 是一个 Python 2D 绘图库，也是 Python 中最常用的可视化工具包之一。Matplotlib 以各种硬拷贝格式和跨平台的交互式环境生成出版质量级别的图像，包括折线图、散点图、直方图等。它所绘制的图表中的每个绘图元素，如线条 Line2D、文字 Text、刻度等，都有一个对象与之对应。Matplotlib 中的 pyplot 模块提供了一套和 MATLAB 相似的绘图命令 API。

在进行科学计算前可使用如下命令导入 Matplotlib 库：

```
import matplotlib.pyplot as plt
```

1．figure()函数

函数调用语法格式如下：

```
plt.figure(num=None, figsize=None, dpi=None, facecolor=None, edgecolor=None, frameon=True)
```

功能说明：调用 figure()函数创建一个绘图对象。其中，num 是图像编号（数字）或名称（字符串）；figsize 指定 figure 的宽和高，单位为英寸；dpi 指定绘图对象的分辨率，缺省值为 80；facecolor 指定背景颜色；edgecolor 指定边框颜色；frameon 指定是否显示边框。

2．plot()函数

Matplotlib 中最重要的功能是 plot()函数，它提供了绘制 2D 数据图像的功能，调用语法格式如下：

```
plot(x, y, format_string, **kwargs )
```

参数说明：x 为横轴数据，可是列表或数组；y 为纵轴数据，也是列表或数组；**kwargs 为第二组数据或更多的(x, y, format_string)；format_string 为控制曲线的格式字符串，由颜色字符、风格字符和标记字符组成。

3．subplot()函数

函数调用语法格式如下：

```
subplot(numRows, numCols, plotNum)
```

功能说明：将多个图表绘制在同一个窗口中，整个绘图区域被分成 numRows 行和 numCols 列；然后按照从左到右、从上到下的顺序，依次对每个子区域进行编号，左上的子区域的编号为 1。其中，plotNum 参数指定创建的图像对象所在的区域。

【例 4-39】 绘制子图示例。

```
import numpy as np
import matplotlib.pyplot as plt
def f(t):
    return np.exp(-t)*np.cos(2*np.pi*t)
t1 = np.arange(0.0,5.0,0.1)
t2 = np.arange(0.0,5.0,0.02)
plt.figure(1)
plt.subplot(211)
plt.plot(t1,f(t1),'bo',t2,f(t2),'k')
plt.subplot(212)
plt.plot(t2,np.cos(2*np.pi*t2))
```

程序运行结果如图 4-4 所示。

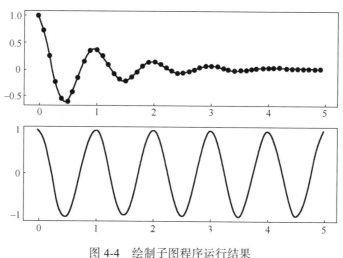

图 4-4　绘制子图程序运行结果

4.5　本 章 小 结

Python 是一种高层次的结合解释型、编译型、交互型和面向对象的脚本语言，不仅具有独特的语法结构和编程规范，而且包含了丰富的第三方工具库和软件包。本章首先介绍了 Python 的发展简史、主要特点和主要应用领域；然后介绍了 Python 编程环境搭建的方法；最后重点介绍了 Python 程序设计的基础知识，以及一些常用的基础工具库。

第 5 章　PyTorch 基础

PyTorch 是 Facebook 在 Torch 基础上采用 Python 语言重写的一个深度学习框架，它不仅继承了 NumPy 的许多优点，还支持 GPU 计算，并且拥有丰富的 API 接口，可以快速完成深度神经网络模型的搭建和训练。自 2017 年 1 月 Facebook 人工智能研究院（FAIR）团队在 GitHub 上将 PyTorch 开源以来，短时间便受到众多研发人员的追捧，PyTorch 迅速占领了 GitHub 热度榜榜首。

5.1　常见的深度学习框架简介

深度学习是一个发展极为迅速的技术领域，除众多高校和科研院所围绕算法理论进行探索外，Google、Facebook、Microsoft、百度等很多 IT 公司也纷纷投身其中，先后推出了一系列深度学习的基础平台架构，如 Caffe、TensorFlow、PyTorch、MXNet 等。这些深度学习框架已经成功地被应用于计算机视觉、语音识别、自然语言处理等领域。下面介绍影响力比较大的几个框架。

5.1.1　Caffe

Caffe（Convolutional Architecture for Fast Feature Embedding）是一个兼具表达性、速度和思维模块化的深度学习框架，最初是由美国加州大学伯克利分校视觉和学习中心（Berkeley Vision and Learning Center, BVLC）开发的。Caffe 在 BSD 协议许可下开源，项目托管于 GitHub。2017 年 4 月，Facebook 发布 Caffe2，其中加入了递归神经网络等新功能。2018 年 3 月底，Caffe2 并入 PyTorch。Caffe 不仅完全开源，而且拥有多个活跃的社区用于沟通并解答问题。此外，Caffe 还具有以下特点。

- 表示和实现分离：Caffe 使用 Google 的 Protocol Buffer 定义模型文件，采用特殊的文本文件 prototxt 表示网络结构，以有向无环图形式的网络构建。
- 文档比较丰富：Caffe 带有一系列参考模型和快速上手例程，还提供了一整套工具集，可用于模型训练、预测、微调、发布、数据预处理及自动测试等。
- 接口类型多样：Caffe 的内核是用 C++编写的，还提供了 Python 和 MATLAB 接口，供使用者选择熟悉的语言调用、部署算法应用。
- 训练速度较快：利用 OpenBLAS、cuBLAS 等计算库，而且支持基于 GPU 的加速计算内核库，如 NVIDIA cuDNN 和 Intel MKL，能够利用 GPU 实现计算加速。

早期的 Caffe 版本存在不支持多机、不可跨平台、可扩展性差等不足，尤其是 Caffe

的安装过程需要大量的依赖包，使初学者不易上手；虽然 Caffe2 在工程上做了很多优化，但仍然存在部分问题。

5.1.2　TensorFlow

TensorFlow 是一个异构分布式系统上的大规模机器学习框架，最初是由 Google Brain 团队开发的，旨在方便研发人员对机器学习和深度神经网络的研究。2015 年底，TensorFlow 正式在 GitHub 上开源，目前已经被广泛应用于学术研究和工业应用。TensorFlow 既可部署在由多个 CPU 或 GPU 组成的服务器集群中，也可使用 API 应用在移动设备中。总体来看，TensorFlow 具有以下特点。

- 技术支持强大：依托 Google 在深度学习领域的巨大影响力和强大的推广能力，成为当今最炙手可热的深度学习框架，官网上可以查看最佳官方用途、研究模型、示例和教程。
- 编程接口丰富：以使用广泛的 Python 语言为主，并能应用 C++、Java、JavaScript、Swift 等多种常用的编程语言。
- 移植性好：不仅可以在 Google Cloud 和 AWS 中运行，而且支持 Windows 7、Windows 10 等多种操作系统，还可以在 ARM 架构上编译和优化；用户可以在各种服务器和移动设备上部署自己的训练模型，无须执行单独的模型解码器或加载 Python 解释器。
- 功能齐全：如基于计算图实现自动微分，使用数据流图进行数值计算，具备 GPU 加速支持等，性能相对较优异。

作为当前最流行的深度学习框架之一，TensorFlow 尽管取得了极大的成功，但是存在版本之间兼容性不足、底层运行机制过于复杂等问题，增加了普通用户在开发和调试过程中的难度。

5.1.3　PyTorch

PyTorch 是一个快速和灵活的深度学习框架，建立在旧版的 Torch 和 Caffe2 框架之上，利用改版后的 Torch C/CUDA 作为后端。PyTorch 通过集成加速库，如 Intel MKL 和 NVIDIA cuDNN 等，最大限度地提升处理速度。其核心 CPU、GPU Tensor 和神经网络后端 Torch、Torch CUDA、THNN（Torch 神经网络）和 THCUNN（Torch CUDA 神经网络）等，都是使用 C99 API 编写的单独库，并且融入了 Caffe2 的生产功能。同时，PyTorch 与 Python 深度集成，还允许使用其他 Python 库。相比于 TensorFlow，PyTorch 具有以下特点。

- PyTorch 可替代 NumPy，可以获得 GPU 加速带来的便利，以便快速进行数据预处理。
- PyTorch 提供的变量可以自动更新，构建自己的计算图，充分控制自己的梯度。
- PyTorch 是动态图，可以随意调用函数，使代码更简捷。
- PyTorch 提供了很多方便的工具。

2020 年 1 月 15 日，Facebook 正式发布了 PyTorch 1.4，这是自 2019 年 10 月发布 PyTorch 1.3 后，时隔 3 个月迎来的一次版本升级。新版本增加了很多功能，包括支持分布式模型并行训练，为 PyTorch Mobile 提供 Build 级别的支持，对 Java Binding 的支持，以及剪枝方法等。此外，还对音频、视觉和文本域库进行了升级。

5.1.4 其他框架

除了上述几个深度学习框架，还有不少框架都有一定的影响力和用户。例如，Theano 是第一个有较大影响力的 Python 深度学习框架，最初诞生于加拿大蒙特利尔大学 LISA 实验室。Theano 以计算图为框架，采用 GPU 加速计算，为之后深度学习框架的开发提供了重要借鉴，但由于在工程设计上存在一定的缺陷，2017 年已停止开发。

MXNet 是一个面向效率和灵活性设计的深度学习框架，吸收了不同框架（如 Troch 7、Theano 等）的优点，提供了多种开发的语言接口，如 Python、C++、JavaScript 等，并且可在 CPU、GPU、服务器、台式机或者移动设备上运行。2016 年 11 月，MXNet 被 AWS 正式选择为其云计算的官方深度学习平台。2017 年 1 月，MXNet 项目进入 Apache 基金会，成为 Apache 的孵化器项目。尽管 MXNet 拥有众多的接口，尤其在分布式支持、内存与显存优化等方面获得了不少人的支持和赞誉，但由于推广力度不够、接口文档更新不及时等原因，导致目前使用的人不多，社区不大。

CNTK 是 Microsoft 推出的一个开源深度学习工具包，它通过一系列计算步骤构成有向图来表达网络，并且支持 CPU 和 GPU 模式。CNTK 的所有 API 均基于 C++设计，并提供了很多先进算法的实现，还提供了基于 C++、C#和 Python 的接口，因此在速度、灵活性和可扩展性等方面表现较佳，但因其早期的文档有些晦涩难懂，推广力度不够，导致社区不够活跃。

Keras 是一个高层次的深度神经网络框架接口，由 Python 编写而成并基于 TensorFlow、Theano 及 CNTK 后端，相当于 TensorFlow、Theano、CNTK 的上层接口，具有操作简单、上手容易、文档资料丰富、环境配置容易等优点，但因其过度封装导致缺乏灵活性、使用受限。

PaddlePaddle 是百度研发的开源开放的深度学习平台，是国内最早开源的深度学习平台，拥有官方支持的工业级应用模型，涵盖自然语言处理、计算机视觉、推荐引擎等领域。PaddlePaddle 3.0 版本升级为全面的深度学习开发套件，除了核心框架，还开放了 VisualDL、PARL、AutoDL、EasyDL、AIStudio 等深度学习工具组件和服务平台，已经被国内企业广泛使用，也拥有一定的开发者社区生态。但是总体来看，PaddlePaddle 在国内外的流行度和关注度还远远不够。

5.2　PyTorch 的下载与安装

PyTorch 是一个以 Python 主导开发的深度学习框架，因此在使用 PyTorch 前需要安装 Python 编程环境。本书推荐使用 Anaconda，它是一个用于科学计算的 Python 发行版，支持 Linux、macOS、Windows 操作系统，具体安装方式参考 4.2 节。安装 Anaconda 后，需要下载并安装 PyTorch，本书所有代码均使用 PyTorch 1.4 版本。为方便用户安装使用，PyTorch 官方网站提供了多种安装方法，用户可以根据操作系统的类型选取相应的安装方式，下面主要介绍 Linux 和 Windows 操作系统下的安装与配置方式。

5.2.1 Linux 下的安装

对于 Linux 操作系统来说，PyTorch 主要有三种安装方式，分别是使用 Pip 安装、使用

Conda 安装及从源码编译安装。下面以 Ubuntu 16.04 LTS 64 位操作系统为例，介绍前两种安装方式。

1. 使用 Pip 安装

使用 Pip 安装 PyTorch 是一种较为简便且不易出错的方式，适合初学者采用。从 PyTorch 官方网站选择不同的编程语言及 CUDA 版本，会对应不同的安装命令，如图 5-1 所示。

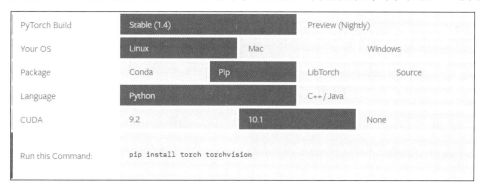

图 5-1　使用 Pip 安装 PyTorch

这里以 Python 3.7 及 CUDA 10.1 为例。如果需要使用 GPU 版本的 PyTorch，那么需要先配置 NVIDIA 的显卡驱动程序，再安装 PyTorch，命令如下：

```
pip install torch torchvision
```

注意，基于国内网速问题，直接下载 Pip 安装包通常速度非常慢，而且经常会出现安装到中途失败的问题，此时可以参照 PyTorch 安装指南的网址直接下载相应的.whl 文件，然后进行安装，命令如下：

```
pip install torch-1.4.0-cp37-cp37m-manylinux1_x86_64.whl
pip install torchvision
```

安装好 PyTorch 后，还需要安装 NumPy，命令如下：

```
pip install –upgrade numpy
```

或者使用系统自带的包管理器先安装 NumPy，然后进行升级，命令如下：

```
apt install python-numpy
pip install –upgrade numpy
```

全部安装完成后，打开 Python，运行如下命令：

```
>>>import torch as t
```

如果没有报错，就表示 PyTorch 安装成功。

2. 使用 Conda 安装

Conda 是 Anaconda 自带的包管理器。如果使用 Anaconda 作为 PyTorch 环境，则除了使用 Pip 安装，还可以使用 Conda 进行安装。在 PyTorch 官方网站中，提供了不同操作系统及 CUDA 版本下的 Conda 安装命令，如图 5-2 所示。

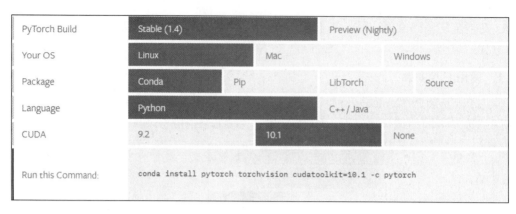

图 5-2　Linux 下使用 Conda 安装 PyTorch

以 Ubuntu 平台、Python 3.7 及 CUDA 10.1 为例，命令如下：

```
conda install pytorch torchvision cudatoolkit=10.1 -c pytorch
```

5.2.2　Windows 下的安装

在 Windows 下可以先安装 Anaconda，再利用 Conda 进行安装。下面以 Windows 7 64 位操作系统和 Anaconda 3、Python 3.7 为例进行介绍，如图 5-3 所示。

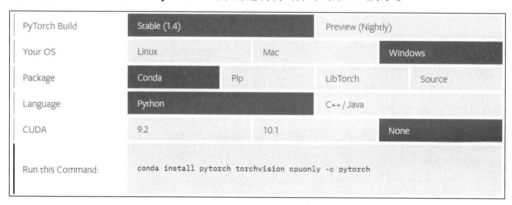

图 5-3　Windows 下使用 Conda 安装 PyTorch

为了避免在安装过程中出现网络连接错误，建议提前下载 PyTorch 对应的安装包（具体参见网址 https://download.pytorch.org/whl/torch_stable.html）。

首先，新建 Conda 环境，命令如下：

```
conda create -n torch python=3.7
```

然后，安装必要的组件，命令如下：

```
conda install numpy mkl cffi
```

最后，安装 Torch 和 Torchvision 软件包（以 CPU 版本为例），命令如下：

```
pip install torch-1.4.0+cpu-cp37-cp37m-win_amd64.whl
pip install torchvision
```

5.3　PyTorch 中的 Tensor

张量是几何与代数中的基本概念之一，是数量、向量、矩阵的自然推广。零阶张量可以用一个数表示，即为标量；一阶张量可以用一行数组表示，即为向量；二阶张量可以用矩阵表示；三阶张量可以用立体矩阵表示；而更高阶的张量无法用图形直观表示。在 PyTorch 中，每个张量（Tensor）可以看成包含单一数据类型元素的多维矩阵，它与 NumPy 中的 ndarray 类似。

5.3.1　Tensor 的数据类型

1．基本属性

在 PyTorch 中，每个 Tensor 都有 torch.dtype、torch.device 和 torch.layout 三个基本属性。

① torch.dtype 表示 Tensor 在 Torch 中对应的数据类型，共 9 种：torch.float32（或 torch.float），torch.float64（或 torch.double），torch.float16（或 torch.half），torch.uint8，torch.int8，torch.int16（或 torch.short），torch.int32（或 torch.int），torch.int64（或 torch.long），torch.bool。

② torch.device 包含设备的类型（"cpu" 或 "cuda"）及该设备类型的可选设备序号。如果设备序号不存在，那么即使调用了函数 torch.cuda.set_device()，该对象也始终表示设备类型的当前设备。例如，使用设备 "cuda" 构造的 torch.Tensor 等效于 "cuda: X"，其中 X 是 torch.cuda.current_device() 的结果。torch.device 可以通过字符串或字符串加设备序号来获得。

③ torch.layout 代表 torch.Tensor 的内存布局，目前主要支持 torch.strided（密集型张量）。密集型张量是最常用的一种内存布局方式。每一个跨步张量（Strided Tensor）都有一个与之关联的 torch.Storage 用于保存其数据。这些张量提供了一个存储的多维跨步视图。

2．数据类型

Tensor 作为 PyTorch 中非常重要的数据结构，在使用过程中可以有不同的数据类型。由于 Tensor 既可使用 CPU 也可使用 GPU 进行加速，因此共定义了 9 种 CPU Tensor 类型和 9 种 GPU Tensor 类型，具体如表 5-1 所示。其中，Tensor 的默认类型是 torch.FloatTensor，也就是说 torch.Tensor 等同于 torch.FloatTensor。当然，也可以通过调用函数 torch.set_default_tensor_type() 来修改默认使用的 Tensor 类型。

表 5-1　Tensor 的数据类型

数据类型	dtype	CPU Tensor	GPU Tensor
32 位浮点型	torch.float32	torch.FloatTensor	torch.cuda.FloatTensor
64 位浮点型	torch.float64	torch.DoubleTensor	torch.cuda.DoubleTensor
16 位浮点型	torch.float16	torch.HalfTensor	torch.cuda.HalfTensor
8 位无符号整型	torch.uint8	torch.ByteTensor	torch.cuda.ByteTensor
8 位有符号整型	torch.int8	torch.CharTensor	torch.cuda.CharTensor
16 位整型	torch.int16	torch.ShortTensor	torch.cuda.ShortTensor

数据类型	dtype	CPU Tensor	GPU Tensor
32 位整型	torch.int32	torch.IntTensor	torch.cuda.IntTensor
64 位整型	torch.int64	torch.LongTensor	torch.cuda.LongTensor
布尔型	torch.bool	torch.BoolTensor	torch.cuda.BoolTensor

Tensor 的数据类型对于分析内存的占用情况很有帮助。例如，对于一个大小为(1000, 1000, 1000)的 FloatTensor，共有 $1000×1000×1000=10^9$ 个元素，每个元素占用 32bit/8=4 字节空间，所以共占用大约 4GB 的存储空间。在使用过程中应当根据模型所需的精度与显存容量进行合理选取。

5.3.2 Tensor 的基本操作

1. Tensor 的创建

在 PyTorch 中创建 Tensor 的方法有很多种，如基础的构造函数 torch.Tensor()、指定数据类型函数 torch.DoubleTensor()等，还可以使用 Python 的列表序列来构造。

【例 5-1】Tensor 创建示例。

```
import torch as t
a=t.FloatTensor(2,3)        # 按照指定的维度随机生成 32 位浮点型的 Tensor
b=t.tensor([1, 2, 3, 4])    # 按照指定的数据类型生成对应的 Tensor
print(a)
print(b)
```

运行后，程序输出的内容如下：

```
tensor([[4.7429e+30, 1.2869e+22, 7.1609e+28],
        [1.3122e−14, 5.8271e−10, 1.3556e−19]]))
tensor([1, 2, 3, 4])
```

Tensor 也可以采用 ones()、eye()、zeros()、randn()等多种与 NumPy 中十分类似的方法，还可以与 NumPy 高效地进行转换。

```
【例 5-2】  >>>import torch
            >>>a=torch.ones([2,5])
            >>>a
            tensor([[1., 1., 1., 1., 1.],
                    [1., 1., 1., 1., 1.]])
            >>>import numpy as np
            >>>a=np.ones([2,5])
            >>>a
            array([[1., 1., 1., 1., 1.],
                   [1., 1., 1., 1., 1.]])
            >>>b=torch.from_numpy(a)
            >>>b
            tensor([[1., 1., 1., 1., 1.],
```

```
            [1., 1., 1., 1., 1.]], dtype=torch.float64)
>>>a=torch.ones([1,5])
>>>a
tensor([[1., 1., 1., 1., 1.]])
>>>b=a.tolist()
>>>b
[[1.0, 1.0, 1.0, 1.0, 1.0]]
>>>a=list(range(1,6))
>>>b=torch.tensor(a)
>>>b
tensor([1, 2, 3, 4, 5])
>>>torch.tensor([[1., -1.], [1., -1.]])
tensor([[ 1.,   -1.],
        [ 1.,   -1.]])
>>>torch.tensor(np.array([[1, 2, 3], [4, 5, 6]]))
tensor([[1, 2, 3],
        [4, 5, 6]]), dtype=torch.int32
```

此外，特定数据类型的 Tensor 可以通过将 torch.dtype 和/或 torch.device 传递给构造函数或 Tensor 创建操作来构造。

【例 5-3】
```
>>>torch.zeros([2, 4], dtype=torch.int32)
tensor([[0, 0, 0, 0],
        [0, 0, 0, 0]], dtype=torch.int32)
>>>cuda0 = torch.device('cuda:0')
>>>torch.ones([2, 4], dtype=torch.float64, device=cuda0)
tensor([[ 1.,   1.,   1.,   1.0000],
        [ 1.,   1.,   1.,   1.0000]], device='cuda:0', dtype=torch.float64)
```

使用 Python 的索引和切片可以获取和修改一个 Tensor 中的内容；使用 torch.Tensor.item()函数可以从包含单个值的 Tensor 中获取 Python 数值。

【例 5-4】
```
>>>x = torch.FloatTensor([[1, 2, 3], [4, 5, 6]])
>>>print(x[1][2])
tensor(6.)
>>>x[1][2].item()
6.0
>>>x[0][1] = 8
>>>print(x)
tensor([[1.,   8.,   3.],
        [4.,   5.,   6.]])
```

注意，调用 torch.Tensor 与 torch.tensor 都可用于生成新的张量，但结果有区别。torch.Tensor 是主要的 Tensor 类，所有的 Tensor 都是 torch.Tensor 的实例化，torch.Tensor 也是 torch.FloatTensor 的别名，因此生成的是单精度浮点型的张量；而 torch.tensor()仅仅是 Torch 的函数，其函数原型为：torch.tensor(data, dtype=None, device=None, requires_grad=False)，其中 data 可以是列表（list）、元组（tuple）、标量等类型。torch.tensor()可以

从 data 中的数据部分做复制（而非直接引用），并且根据原始数据类型来生成相应的 torch.LongTensor、torch.FloatTensor 或 torch.DoubleTensor。

2．数据类型转换

各 Tensor 数据类型之间可以互相转换。方式一：使用独立的函数如 int()、float()、double() 等进行转换。方式二：使用 torch.type()函数，如果函数 type(new_type=None, async=False) 未提供 new_type，则返回类型，否则将此对象转换为指定的类型；如果已经是正确的类型， 则不会执行且返回原对象。方式三：使用 type_as()函数。这个函数的作用是将该 Tensor 转换为另一个类型的 Tensor，可以同步完成转换 CPU 类型和 GPU 类型；如果 Tensor 已经是指定类型的，则不会进行转换。

【例 5-5】
```
>>>import torch
>>>tensor = torch.randn(2, 2)
>>>print(tensor.type())
torch.FloatTensor
>>>long_tensor = tensor.long()
>>>print(long_tensor.type())
torch.LongTensor
>>>double_tensor = tensor.double()
>>>print(double_tensor.type())
torch.DoubleTensor
>>>a = torch.LongTensor(3, 5)
>>>print(a.type())
torch.LongTensor
>>>b=a.type(torch.FloatTensor)
print(b.type())
torch.FloatTensor
>>>t1=torch.Tensor(2,3)
>>>t2=torch.IntTensor(3,5)
>>>t3=t1.type_as(t2)
>>>print(t3.type())
torch.IntTensor
>>>a=torch.Tensor(2,3)
>>>a
tensor([[1.4013e-45, 2.8026e-45, 4.2039e-45],
        [5.6052e-45, 7.0065e-45, 7.3446e-01]])
>>>b=torch.IntTensor(1,2)
>>>b
tensor([[1,     0]], dtype=torch.int32)
>>>a.type_as(b)
tensor([[0,    0,    0],
        [0,    0,    0]],  dtype=torch.int32)
```

5.3.3　Tensor 的基本运算

下面通过对 Tensor 数据类型的变量进行运算，来组合实现一些简单或较复杂的算法。

1．逐元素操作

逐元素操作运算会对 Tensor 的各元素逐个（element-wise）进行操作，常用的逐元素操作函数如表 5-2 所示。

表 5-2　常用的逐元素操作函数

函　　　数	功　　　能
add(+)/sub(−)/mul(*)/div(/)	加/减/对应元素相乘（Hadamard 积）/求商
abs/sqrt/exp/fmod/log/pow	绝对值/平方根/e 指数/除法余数/对数/幂运算
cos/sin/asin/atan2/cosh	三角函数运算
ceil/round/floor/trunk	上取整/四舍五入/下取整/仅保留整数部分
clamp(input, min, max)	对超出 min 或 max 的部分进行截断
sigmoid/tanh/relu	神经网络的激活函数

【例 5-6】
```
>>>a = torch.rand(2, 3)
>>>a
tensor([[0.4057,   0.4270,   0.0030],
        [0.0384,   0.3196,   0.4772]])
>>>b = torch.rand(2, 3)
>>>b
tensor([[0.4232,   0.6623,   0.7541],
        [0.8919,   0.4427,   0.1321]])
>>>c1 = a + b
>>>c2 = torch.add(a, b)
>>>print(c1.shape, c2.shape)
torch.Size([3, 4]) torch.Size([3, 4])
>>>print(torch.all(torch.eq(c1, c2)))
tensor(True)
>>>c3 = a * b
>>>print(c3)
tensor([[0.1717,   0.2828,   0.0023],
        [0.0342,   0.1415,   0.0631]])
>>>c4 = torch.mul(a, b)
>>>print(torch.all(torch.eq(c3, c4)))
tensor(True)
>>>c5 = a / b
>>>c6 = torch.div(a, b)
>>>print(c5.shape, c6.shape)
torch.Size([3, 4]) torch.Size([3, 4])
>>>print(torch.all(torch.eq(c5, c6)))
tensor(True)
```

注意，torch.all()函数返回是否全为非零元素，若 Tensor 中有零元素，则返回 False。

2．归并操作

归并操作会使 Tensor 的输出形状小于输入形状，还可以沿指定的维度进行操作。常用的归并操作函数如表 5-3 所示。

表 5-3 常用的归并操作函数

函　　数	功　　能
min/max/mean/sum/median/mode	最小值/最大值/平均值/求和/中位数/众数
std/var/cumsum/cumprod	标准差/方差/累加/累乘
norm/dist	范数/距离

【例 5-7】
```
>>>a = torch.arange(8).reshape(2, 4).float()
>>>print(a)
tensor([[0.,  1.,  2.,  3.],
        [4.,  5.,  6.,  7.]])
>>>print(a.mean(), a.sum(), a.min(), a.max())
tensor(3.5000)  tensor(28.)  tensor(0.)  tensor(7.)
>>>b = torch.full([8], 1).reshape([2, 4])
# 求 L1 范数
>>>print(b.norm(1))
tensor(8.)
# 求 L2 范数
>>>print(b.norm(2))
tensor(2.8284)
# 在 b 的 1 号维度上求 L1 范数
>>>print(b.norm(1, dim=1))
tensor([4.,  4.])
# 在 b 的 1 号维度上求 L2 范数
>>>print(b.norm(2, dim=1))
tensor([2.,  2.])
```

3. 线性代数

PyTorch 的线性代数函数主要封装了基础线性代数程序集 Blas 和线性代数包 Lapack。常用的线性代数函数如表 5-4 所示。

表 5-4 常用的线性代数函数

函　　数	功　　能
t/inverse/trace/diag	矩阵转置/求逆矩阵/矩阵的迹/对角线元素
mm/dot/cross	矩阵乘法/内积/外积
addmm/addmv	矩阵运算
svd	奇异值分解

【例 5-8】
```
>>>a = torch.ones(2, 1)
>>>print(a)
tensor([[1.],
        [1.]])
>>>b = torch.ones(1, 2)
>>>print(b)
tensor([[1.,  1.]])
>>>print(torch.mm(a, b))
```

```
tensor([[1.,  1.],
        [1.,  1.]])
```

5.3.4　Tensor 的数据结构

Tensor 的数据结构如图 5-4 所示。每个 Tensor 分为信息区和存储区（storage），其中信息区主要保存 Tensor 的形状（size）、步长（stride）、数据类型（dtype）等信息；而真正的数据则在存储区保存成连续的数组。对于现代机器学习来说，通常训练数据可达成千上万个，因此信息区元素占用内存相对较少，主要的内存开销取决于存储区的大小。

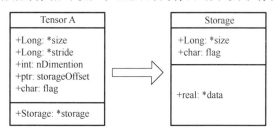

图 5-4　Tensor 的数据结构

一般来说，每个 Tensor 都有一个与之相对应的存储区，它是在数据之上封装的接口，并且不同 Tensor 的头信息一般不同，但可以共享相同的存储区。很多操作实际上并不修改 Tensor 的数据，只修改 Tensor 的头信息，这样不仅节省了内存，而且提升了处理速度。

【例 5-9】
```
>>>a = torch.arange(0, 4).float()
>>>a.storage()
 0.0
 1.0
 2.0
 3.0
[torch.FloatStorage of size 4]
>>>b=a.view(2, 2)
>>>b.storage()
 0.0
 1.0
 2.0
 3.0
[torch.FloatStorage of size 4]
>>>a[1]=99
>>>print(b)
tensor([[  0.,     99.],
        [  2.,      3.]])
>>>c=torch.FloatTensor(a.storage())
>>>c.storage()
 0.0
 99.0
 2.0
 3.0
[torch.FloatStorage of size 4]
```

5.4　自　动　求　导

在很多机器学习算法的模型训练和参数优化过程中，都需要用到信号的前向传播和误差的反向传播机制。为方便用户使用，PyTorch 专门开发了自动求导的 torch.autograd 包，它能够根据输入和前向传播过程自动构建计算图（computation graph），并执行反向传播。

自动求导的一般过程是：首先通过输入的 Tensor 数据类型的变量在信号前向传播过程中生成一个计算图，然后根据该计算图和输出结果计算每个参数需要更新的梯度，最后在反向传播中完成对参数的梯度更新。熟悉 Autograd 的工作方式，不仅有助于用户编写更高效、更简捷的程序，而且有助于代码调试。

5.4.1　计算图

计算图是一种特殊的有向无环图（Directed Acyclic Graph, DAG），其中的节点对应于数学运算。计算图是表达和评估数学表达式的一种方式，一般采用矩形表示算子，椭圆形表示变量。例如，表达式 $z=wx+b$ 可以分解为 $y=wx$ 和 $z=y+b$，其计算图如图 5-5 所示，图中的×和+分别代表乘法和加法算子，w、x、b 为变量。

以上述有向无环图为例，x 和 b 称为叶子节点（leaf node），这些叶子节点一般由用户自行创建，并不依赖于其他变量；z 称为根节点（root node），是计算图的最终目标。

根据链式求导法则容易得到各个叶子节点的梯度为

$$\frac{\partial z}{\partial b}=1, \ \frac{\partial z}{\partial y}=1, \ \frac{\partial y}{\partial w}=x, \ \frac{\partial y}{\partial x}=w$$

$$\frac{\partial z}{\partial x}=\frac{\partial z}{\partial y}\frac{\partial y}{\partial x}=1*w, \ \frac{\partial z}{\partial w}=\frac{\partial z}{\partial y}\frac{\partial y}{\partial w}=1*x$$

有了计算图之后，上述链式求导法则就可以通过计算图的反向传播过程自动完成，如图 5-6 所示。

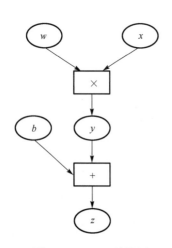

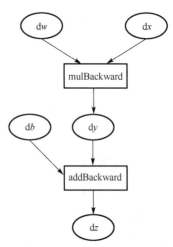

图 5-5　$z=wx+b$ 计算图　　　　　　　图 5-6　计算图的反向传播过程

5.4.2　自动求导机制

torch.autograd 提供用于实现对任意标量值函数进行自动区分的类和函数。为实现自动梯度计算，每个 Tensor 都有一个布尔型的标志：require_grad。只要在创建 Tensor 时令 require_grad =True，就说明需要求导，并且依赖该 Tensor 后的所有节点都需要求导。为此，Tensor 有两个重要属性分别来记录该 Tensor 的梯度与所经历的操作。

- grad：该 Tensor 对应的梯度、类型、维度均与该 Tensor 相同。
- grad_fn：指向 function 对象，记录该 Tensor 经历了何种操作，用于反向传播时的梯度计算；若该 Tensor 由用户创建，则其 grad_fn 为 None。

【例 5-10】 `>>>x = torch.randn(5, 5)    # 默认参数设置 requires_grad=False`
```
>>>y = torch.randn(5, 5)
>>>z = torch.randn((5, 5), requires_grad=True)
>>>a = x + y
>>> a.requires_grad
False
>>>b = a + z
>>>b.requires_grad
True
```

Autograd 是反向的自动微分系统。从概念上讲，Autograd 会记录一个图形，记录执行操作时创建数据的所有操作，从而为用户提供一个有向无环图，其叶子为输入 Tensor，根为输出 Tensor。通过从根到叶子跟踪该图，使用户可以使用链式法则自动计算梯度。在内部，Autograd 将该图表示为 function 对象，可以将其应用于计算评估该图的结果。在计算前向通道时，Autograd 同时执行所请求的计算，并建立一个表示计算梯度的函数的图形（每个 torch. Tensor 的 grad_fn 属性是此图形的入口点）。完成前向通道后，还需要在后向通道中评估此图以计算梯度。

torch.autograd 有 backward()和 grad()两个函数可供调用。其中，backward()函数的调用语法格式为：torch.autograd.backward(tensors, grad_tensors=None, retain_graph=None, create_graph=False, grad_variables=None)。该函数主要用于计算带有叶子节点的给定 Tensor 的梯度总和。

- tensors：待计算导数的 Tensor 或 Tensor 序列。
- grad_tensors：Jacobian 矢量积中的矢量，通常是对应的 Tensor 中各元素的梯度，None 表示标量 Tensor 或不需要计算梯度的 Tensor。
- retain_graph：布尔型，在反向传播过程中是否需要缓存中间结果，如果设置为 False，则将释放用于计算梯度的计算图，默认值与参数 create_graph 相同。
- create_graph：布尔型，是否对反向传播过程再次构建计算图。
- grad_variables：形状与 variable 一致，对于 y.backward()，grad_variables 相当于链式求导法则 $\partial z/\partial x=(\partial z/\partial y)\times(\partial y/\partial x)$ 中的 $\partial z/\partial y$。

计算图采用链式法则进行微分运算，如果任何 Tensor 是非标量的（它们的数据具有多个元素）且需要计算其梯度，则将计算 Jacobian 矢量积，此时还需要指定参数 grad_tensors。

grad()函数的调用语法格式为：torch.autograd.grad(outputs, inputs, grad_outputs=None, retain_graph=None, create_graph=False, only_inputs=True, allow_unused=False)。该函数主要用于计算并返回与输入 inputs 相对应的输出 outputs 的梯度总和。

- outputs：Tensor 或 Tensor 序列，表示微分函数的输出。
- inputs：Tensor 或 Tensor 序列，表示该梯度将被返回的输入。
- grad_outputs：Tensor 序列，其中包含 Jacobian 矢量积中的矢量，取值为 None 表示标量 Tensor 或无须计算梯度的 Tensor。
- only_inputs：如果值为 True，表示该函数将仅返回包含指定输入的梯度列表；如果值为 False，所有保留叶子后的梯度仍将被计算，并将被累积到它们的 grad 属性中。
- allow_unused：布尔型，默认值为 False，表示在计算输出时未使用的输入是一个错误。

```
【例 5-11】 >>>import torch as t
           >>>x = t.ones(2, 2, requires_grad=True)   # 为 Tensor 设置 requires_grad 标识
           >>>x
           tensor([[1., 1.],
                   [1., 1.]], requires_grad=True)
           >>>y = x.sum()   # y = x.sum() = (x[0][0] + x[0][1] + x[1][0] + x[1][1])
           >>>y
           tensor(4., grad_fn=<SumBackward0>)
           >>>y.backward()   # 反向传播，计算梯度
           >>>x.grad
           tensor([[1., 1.],
                   [1., 1.]])
           >>>y.backward()
           >>>x.grad
           tensor([[2., 2.],
                   [2., 2.]])
           >>>y.backward()
           >>>x.grad
           tensor([[3.,   3.],
                   [3.,   3.]])
```

注意，grad 在反向传播过程中是累加的，即每次运行反向传播时都会累加之前得到的梯度，因此在反向传播之前需要对梯度进行清零，具体可以调用函数 grad.data.zero_()来实现。

【例 5-12】根据 PyTorch 的自动求导机制，求函数 f 关于自变量 x 的梯度，对应的计算图如图 5-7 所示。

$$f = \sum (x * y + z)$$

```
import torch as t
N, D=3,4
x=t.randn(N,D, requires_grad=True)
y=t.randn(N,D)
```

```
z=t.randn(N,D)
a=x*y
b=a+z
f=t.sum(b)
f.backward()
print(x.grad)
```

程序运行后的输出结果如下：

```
tensor([[ 0.7392,   0.2327,   −0.7068,   1.0128],
        [−0.4230,   1.0258,   −0.1599,   −0.8288],
        [−1.0961,   −0.5187,   −2.0141,   1.3166]])
```

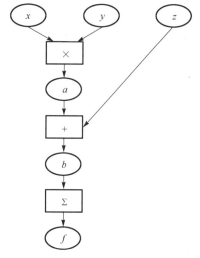

图 5-7　例 5-12 计算图

5.5　模型搭建和参数优化

尽管 Autograd 实现了自动求导功能，但是对于很多机器学习任务来说仍然过于底层，如果用其来实现较为复杂的深度学习模型，需要编写大量的代码。下面介绍 PyTorch 中的神经网络软件包和神经网络中涉及的常用工具。

5.5.1　神经网络工具箱

PyTorch 的 torch.nn 包提供了很多与实现神经网络中具体功能相关的类,这些类涵盖了深度神经网络模型在搭建和参数优化过程中的常用内容。torch.nn 的核心数据结构是 Module，它是一个抽象的概念，既可以表示神经网络中的某个层（layer），也可以表示一个包含很多层的神经网络。在实际使用中，最常见的做法是继承 nn.Module，并编写自己的网络/层。Module 能够自动检测到自己的 parameter,并将其作为学习参数。除了 parameter,Module 还包含子 Module，主 Module 能够递归查找子 Module 中的 parameter。

nn.Module 基类的构造函数如下：

```
def __init__(self):
    self._parameters = OrderedDict()
    self._modules = OrderedDict()
    self._buffers = OrderedDict()
    self._backward_hooks = OrderedDict()
    self._forward_hooks = OrderedDict()
    self.training = True
```

其中：

- _parameters：字典类型，用于保存用户直接设置的参数。
- _modules：子 Module。
- _buffers：缓存，如批量归一化（batch normalization）采用动量（momentum）机制，每次前向传播需用到上一次前向传播的结果。
- _backward_hooks 与 _forward_hooks：钩子技术，用来提取中间变量。
- training：批量归一化层与随机失活层在训练和测试阶段中采取的策略不同，通过判断 training 值来决定前向传播策略。

此外，nn.Module 在实际使用中可能会出现层层嵌套，即一个 Module 包含若干个子 Module，每个子 Module 又包含了更多的子 Module。为了方便用户访问各个子 Module，nn.Module 提供了很多方法，如函数 children 可以查看直接子 Module，函数 module 可以查看所有的子 Module（包括当前 Module）。与之相对应的还有函数 named_childen 和 named_modules，其能够在返回 Module 列表的同时返回它们的名字。

将 Module 放在 GPU 上运行也十分简单，只需以下两步：

第 1 步，将模型的所有参数转存到 GPU 上，即

```
model = model.cuda()
```

第 2 步，将输入数据也存到 GPU 上，即

```
input.cuda()
```

PyTorch 提供以下两个函数来实现简单高效的并行 GPU 计算：

- nn.parallel.data_parallel(module, inputs, device_ids=None, output_device=None, dim=0, module_kwargs=None)
- class torch.nn.DataParallel(module, device_ids=None, output_device=None, dim=0)

二者的参数十分相似。device_ids 参数可以指定在哪些 GPU 上进行优化，output_device 指定输出到哪个 GPU 上。示例如下。

```
# 方法 1
new_net = nn.DataParallel(net, device_ids=[0, 1])
output = new_net(input)
# 方法 2
output = nn.parallel.data_parallel(new_net, input, device_ids=[0, 1])
```

其中，DataParallel 并行的方式先将输入的批量数据均分成多份，再分别送到对应的

GPU 进行计算，最后将各个 GPU 得到的梯度进行累加。与 Module 相关的所有数据也都会以浅复制的方式复制多份，在此需要在 Module 中将其属性设置为只读。

nn.Module 利用的也是 Autograd 技术，其主要工作是实现前向传播。在 forward()函数中，nn.Module 对输入 Tensor 进行的各种操作，本质上都用到了 Autograd 技术。

5.5.2　常用的神经网络层

以卷积神经网络为例，它是一个多层的神经网络，主要包括卷积层、池化层、全连接层等。为了方便用户使用，PyTorch 实现了神经网络中绝大多数的 layer，这些 layer 都继承于 nn.Module，封装了学习参数 parameter，实现了函数 forward()，而且其中很多都针对 GPU 运算进行了 cuDNN 优化，提高了性能。

1．全连接层

下面介绍如何用 nn.Module 实现全连接层。全连接层的输出 y 和输入 x 满足 $y=w^{\mathrm{T}}x+b$，其中 w 和 b 是待学习的参数。

【例 5-13】全连接层实现代码示例。

```
import torch as t
from torch import nn
class Linear(nn.Module):      # 继承 nn.Module
    def __init__(self, in_features, out_features):
        super(Linear, self).__init__()
        self.w = nn.Parameter(t.randn(in_features, out_features))
        self.b = nn.Parameter(t.randn(out_features))
    def forward(self, x):
        x = x.mm(self.w)
        return x + self.b.expand_as(x)
layer = Linear(5, 5)
input = t.randn(3, 5)
output = layer(input)
for name, parameter in layer.named_parameters():
    print(name, parameter)
```

程序运行后的输出结果如下：

```
w Parameter containing:
tensor([[-2.3631,  0.0113,  0.4085, -0.2459,  0.5644],
        [ 1.2328, -0.1229,  0.8081,  0.8375, -0.1592],
        [ 0.8645,  0.7384,  0.6928,  1.8936, -0.6470],
        [ 1.0406, -0.2298, -1.1125,  0.2802,  1.3798],
        [ 1.9685, -0.3423,  0.4723,  0.2813, -0.4139]], requires_grad=True)
b Parameter containing:
tensor([-0.7307, -0.5631,  0.1876,  0.5750,  1.2130], requires_grad=True)
```

注意：

① 自定义层 Linear 必须继承于 nn.Module，并且在其构造函数中需调用 nn.Module 的构造函数，即 super(Linear, self).__init__()或 nn.Module.__init__(self)；

② 在构造函数__init__中必须定义待学习的参数，并将其封装成 parameter。

2．卷积层

对于卷积神经网络来说，卷积层是一个重要的组成部分，其主要作用是自动提取输入图像数据中蕴含的特征信息，而卷积核又是卷积层的核心组成部分。

【例 5-14】卷积层实现代码示例。

```python
import torch as t
from torch import nn
from PIL import Image
from torchvision.transforms import ToTensor, ToPILImage
to_tensor = ToTensor()
to_pil = ToPILImage()
img = Image.open('D:/boy.png')
input = to_tensor(img).unsqueeze(0)
# 锐化卷积核
kernel = t.ones(3, 3)/-9.
kernel[1][1] = 1
conv = nn.Conv2d(1, 1, (3, 3), 1, bias=False)
conv.weight.data = kernel.view(1, 1, 3, 3)
out = conv(input)
to_pil(out.data.squeeze(0))
```

上述代码执行结果如图 5-8 所示。卷积运算得到的结果即为特征图。

(a) 输入图像   (b) 处理后的结果

图 5-8　卷积层计算结果

3．池化层

池化层的主要作用是对特征图进行降采样处理，在减少数据量的同时保留有用信息，从而使得卷积神经网络具有抗畸变的能力。池化层可以看成一种特殊的卷积层，用来下采样。池化方式又分为平均池化、最大池化、自适应池化等。在池化层中，池化核的尺寸和池化步长固定，即池化层没有可学习参数。

【例 5-15】 最大池化处理实现代码示例。

```
pool = nn.MaxPool2d(2,2)
list(pool.parameters())
out = pool(input)
to_pil(out.data.squeeze(0))
```

上述代码的执行结果如图 5-9 所示。

图 5-9　最大池化处理后的结果

4．激活函数

在 PyTorch 中实现了常见的激活函数，主要包括 ReLU、PreLU、LeakyReLU、Tanh、Sigmoid 等。这些激活函数可以作为独立的网络层使用。下面以常用的激活函数 ReLU 为例进行介绍。

【例 5-16】 数学表达式 $ReLU(x)=\max(0, x)$的激活函数实现代码示例。

```
Relu = nn.ReLU(inplace=True)    # inplace 用于覆盖之前的计算结果，可节省存储空间
input = t.randn(3, 5)
print(input)
output = relu(input)
print(output)    # 小于 0 的都被截断为 0
```

程序运行后的输出结果如下：

```
tensor([[-1.3722, -0.3335, -0.8512,  0.0220, -1.6326],
        [ 1.2946, -1.5168,  0.4641,  0.1604, -0.1745],
        [-0.7645,  1.4346,  0.0537, -0.1860, -0.8863]])
tensor([[0.0000, 0.0000, 0.0000, 0.0220, 0.0000],
        [1.2946, 0.0000, 0.4641, 0.1604, 0.0000],
        [0.0000, 1.4346, 0.0537, 0.0000, 0.0000]])
```

5．损失函数

在深度学习中要用到各种各样的损失函数，包括均方误差损失函数（MSE Loss）、平均绝对误差损失函数（L1 Loss）、交叉熵损失函数（Cross Entropy Loss）等。这些损失函数

可以看成一种特殊的 layer，PyTorch 将这些损失函数实现为 nn.Module 的子类。下面以均方误差损失函数为例进行说明，使用该函数时需要输入两个维度相同的参数方可进行计算。

【例 5-17】均方误差损失函数实现代码示例。

```
import torch as t
from torch import nn
x = t.randn(100, 100)
y = t.randn(100, 100)
loss_f= nn.MSELoss()
loss = loss_f(x,y)
print(loss.data)
```

输出结果如下：

```
tensor(2.0247)
```

5.5.3　前馈神经网络搭建

在前面给出的神经网络实例中，基本上都是将每层的输出直接作为下一层的输入，这种网络称为多层前馈神经网络（feedforward neural network）。多层前馈神经网络具有两个主要的特点：每层神经元与下一层神经元互联，神经元之间既不存在同层连接也不存在跨层连接；输入层接收外界输入，中间层（隐层）与输出层神经元对信号进行加工，最终结果由输出层神经元输出。

对于这种类型的神经网络，有两种简化的 forward()函数实现方式，分别是 ModuleList 和 Sequential。其中，torch.nn.Sequential 是 torch.nn 中的一种序列容器，通过在容器中嵌套各种实现神经网络中具体功能相关的类来完成对神经网络模型的搭建。Sequential 可以视为一个特殊的 Module，它包含几个子 Module，前向传播时会将输入一层接一层地传递下去。

在使用过程中，Sequential 主要有以下 3 种不同的写法。

写法一：

```
net1 = nn.Sequential()
net1.add_module('conv', nn.Conv2d(5, 5, 5))
net1.add_module('batchnorm', nn.BatchNorm2d(5))
net1.add_module('activation_layer', nn.ReLU())
net2 = nn.Sequential(
        nn.Conv2d(5, 5, 5),
        nn.BatchNorm2d(5),
        nn.ReLU()
        )
from collections import OrderedDict
net3= nn.Sequential(OrderedDict([
        ('conv1', nn.Conv2d(5, 5, 5)),
        ('bn1', nn.BatchNorm2d(5)),
        ('relu1', nn.ReLU())
        ]))
print('net1:', net1)
```

```
print('net2:', net2)
print('net3:', net3)
```

输出的结果如下：

```
net1: Sequential(
    (conv): Conv2d(5, 5, kernel_size=(5, 5), stride=(1, 1))
    (batchnorm): BatchNorm2d(5, eps=1e−05, momentum=0.1,
                             affine=True, track_running_stats=True)
    (activation_layer): ReLU()
)
```

写法二：

```
net2: Sequential(
    (0): Conv2d(5, 5, kernel_size=(5, 5), stride=(1, 1))
    (1): BatchNorm2d(5, eps=1e−05, momentum=0.1, affine=True, track_running_stats=True)
    (2): ReLU()
)
```

写法三：

```
net3: Sequential(
    (conv1): Conv2d(5, 5, kernel_size=(5, 5), stride=(1, 1))
    (bn1): BatchNorm2d(5, eps=1e−05, momentum=0.1, affine=True,
                       rack_running_stats=True)
    (relu1): ReLU()
)
```

还可以根据名字或序号来便捷地调用或者输出对应的子 Module，代码如下：

```
net1.conv, net2[0], net3.conv1
```

输出结果如下：

```
(Conv2d(5, 5, kernel_size=(5, 5), stride=(1, 1)),
 Conv2d(5, 5, kernel_size=(5, 5), stride=(1, 1)),
 Conv2d(5, 5, kernel_size=(5, 5), stride=(1, 1)))
input = t.rand(3, 5, 5, 5)
output = net1(input)
output = net2(input)
output = net3(input)
output = net3.relu1(net1.batchnorm(net1.conv(input)))
```

ModuleList 也是一个特殊的 Module，包含几个子 Module，可以像列表一样使用，但是不能直接把输入传给 ModuleList。示例代码如下：

```
modellist = nn.ModuleList([nn.Linear(3,4), nn.ReLU(), nn.Linear(4,2)])
input = t.randn(1, 3)
for model in modellist:
    input = model(input)
```

5.5.4 优化器

为了实现神经网络权值的自动化参数优化和更新，在 PyTorch 中将深度学习中常用的优化方法全部封装在 torch.optim 中，包括 SGD、AdaGrad、RMSprop、Adam 等。这些方法不仅设计灵活，而且能够方便地扩展成自定义的优化方法。所有的优化方法都继承基类 optim.Optimizer，并实现了自己的优化步骤。典型优化方法的基本原理可参见第 7 章，下面仅以 Adam 算法为例说明。

【例 5-18】Adam 算法优化代码示例。

```
import torch as t
batch_n = 100
hidden_layer = 100
input_data = 1000
output_data = 10
x = t.randn((batch_n, input_data), requires_grad = False)
y = t.randn((batch_n, output_data), requires_grad = False)
models = t.nn.Sequential(t.nn.Linear(input_data, hidden_layer),t.nn.ReLU(),
t.nn.Linear(hidden_layer, output_data))
epoch_n = 5000
learning_rate = 1e-2
loss_fn = t.nn.MSELoss()
optimzer = t.optim.Adam(models.parameters(), lr = learning_rate)
for epoch in range(epoch_n):
    y_pred = models(x)
    loss = loss_fn(y_pred, y)
    print("Epoch:{}, Loss:{:.4f}".format(epoch,loss.data))
    optimzer.zero_grad()
    loss.backward()
    optimzer.step()
```

下面给出只进行 20 轮训练并打印每轮训练的损失值，结果如下。可以看出，使用 Adam 算法进行参数优化后，得到的损失函数值下降得还是比较快的。

```
Epoch:0, Loss:1.0782
Epoch:1, Loss:0.2788
Epoch:2, Loss:0.1380
Epoch:3, Loss:0.1428
Epoch:4, Loss:0.0932
Epoch:5, Loss:0.0623
Epoch:6, Loss:0.0531
Epoch:7, Loss:0.0564
Epoch:8, Loss:0.0497
Epoch:9, Loss:0.0421
Epoch:10, Loss:0.0316
Epoch:11, Loss:0.0274
Epoch:12, Loss:0.0240
```

```
Epoch:13, Loss:0.0232
Epoch:14, Loss:0.0193
Epoch:15, Loss:0.0167
Epoch:16, Loss:0.0137
Epoch:17, Loss:0.0130
Epoch:18, Loss:0.0123
Epoch:19, Loss:0.0115
Epoch:20, Loss:0.0104
```

5.6　PyTorch 入门实战

5.6.1　手写数字识别

前面已经介绍了 PyTorch 的相关基础知识，本节将结合之前的知识点，选择一个经典的数据集 MNIST，通过 PyTorch 实现一个简单的神经网络，完成手写数字识别。

1. 数据准备

MNIST 是一个非常有名的手写体数字识别数据集，来自美国国家标准与技术研究院（National Institute of Standards and Technology，NIST），由训练集和测试集两部分组成。其中，训练集由 250 人手写的数字构成，250 人中 50% 是高中生，50% 是人口普查的工作人员；测试集也是同样比例的手写数字数据。在 PyTorch 中已经提供了完备的 MNIST 数据集供用户下载，因此可以直接使用 PyTorch 框架进行 MNIST 数据的下载与读取，具体实现代码如下：

```
import torch
from torch.utils.data import DataLoader
import torchvision.datasets as ds
import torchvision.transforms as transforms
batch_size = 100
train_dataset = ds.MNIST(root = '/mnist',      # 选择数据的根目录
        train = True,                          # 作为训练集
        transform = transforms.ToTensor(),     # 转换成 Tensor
        download = True)
test_dataset = ds.MNIST(root = '/mnist',
        train = False,                         # 作为测试集
        transform = transforms.ToTensor(),
        download = True)
```

其中，train_dataset 和 test_dataset 分别返回训练集、训练集标签及测试集、测试集标签，训练数据和测试数据都是 n（样本数）×m（特征数）维矩阵。通过如下代码可以查看训练集与测试集的相关信息：

```
print("train_data:",train_dataset.data.size())
print("train_labels:",train_dataset.targets.size())
print("test_data:",test_dataset.data.size())
print("test_labels:",test_dataset.test_labels.size())
```

得到的结果如下：

```
train_data: torch.Size([60000, 28, 28])
train_labels: torch.Size([60000])
test_data: torch.Size([10000, 28, 28])
test_labels: torch.Size([10000])
```

可以看出，训练数据集包含 60 000 个样本，测试数据集包含 10 000 个样本。在 MNIST 数据集中，每张图像尺寸均为 28×28 像素，这里将它展开为一个一维的行向量，这些行向量就是图像尺寸数组里的行。训练集标签及测试集标签包含相应的目标变量，即手写数字的类标签（数字 0~9）。

在神经网络训练时，一般不会直接使用训练集与测试集，而是通过对其中的一批（batch）数据进行操作，同时需要对数据进行置乱（shuffle）、并行加速等处理。为此，PyTorch 提供了 DataLoader 来实现这些功能。DataLoader 是一个可迭代的对象，它将数据集返回的每个数据拼接成一个 batch，并提供多线程加速优化和数据置乱等操作。当程序对数据集的所有数据遍历完一遍之后，相应对 DataLoader 也完成了一次迭代。

具体实现代码如下：

```
# 加载训练数据
train_loader = torch.utils.data.DataLoader(dataset = train_dataset,
                                           batch_size = batch_size,
                                           shuffle = True)  # 将数据置乱
# 加载测试数据
test_loader = torch.utils.data.DataLoader(dataset = test_dataset,
                                          batch_size = batch_size,
                                          shuffle = True)
```

利用 Matplotlib 中的 imshow()函数可以对 MNIST 数据集中的图像进行绘制，具体实现代码如下：

```
import matplotlib.pyplot as plt
digit=train_loader.dataset.data[1]
plt.imshow(digit,cmap=plt.cm.binary)
plt.show()
print(train_loader.dataset.targets[1])
```

不难发现，绘制的图像是数字 0，标签输出的结果也是 0。

2．定义神经网络

下面利用 train_loader 及 test_loader 作为神经网络的输入数据源，并利用 PyTorch 定义一个简单的神经网络。这里需要继承 PyTorch 中的 Module，然后重写 forward()函数完成前向计算。

具体实现代码如下：

```
import torch.nn as nn
input_size = 784                          # MNIST 中的图像尺寸为 28*28
```

```
hidden_size = 500
num_classes = 10                       # 输出数字 0-9，共 10 个类别
# 创建网络模型
class Neural_net(nn.Module):
    def __init__(self, input_num,hidden_size, out_put):
        super(Neural_net, self).__init__()
        self.layer1 = nn.Linear(input_num, hidden_size)
        self.layer2 = nn.Linear(hidden_size, out_put)
    def forward(self, x):
        out = self.layer1(x)           # 输入层到隐层
        out = torch.relu(out)          # 隐层采用激活函数 ReLU
        out = self.layer2(out)         # 输出层
        return out
net = Neural_net(input_size, hidden_size, num_classes)
print(net)
```

输出的结果如下：

```
Neural_net(
    (layer1): Linear(in_features=784, out_features=500, bias=True)
    (layer2): Linear(in_features=500, out_features=10, bias=True)
)
```

3．网络训练

训练实现代码如下：

```
learning_rate = 5e-2                   # 学习率设置为 0.05
num_epoches = 50                       # 训练轮数设为 50
criterion = nn.CrossEntropyLoss()      # 采用交叉熵损失函数
optimizer = torch.optim.SGD(net.parameters(), lr = learning_rate)
for epoch in range(num_epoches):
    print('current epoch = %d' % epoch)
    for i, (images, labels) in enumerate(train_loader):
        images = images.view(-1, 28 * 28)
        outputs = net(images)          # 将数据集传入网络，进行前向计算
        loss = criterion(outputs, labels)   # 计算损失函数值
        optimizer.zero_grad()          # 反向传播前需要先清除网络状态
        loss.backward()                # 误差反向传播
        optimizer.step()
        if i % 100 == 0:
            print('current loss = %.5f' % loss.item())
print('finished training')
```

4．测试

网络训练结束后，下面利用测试集进行分类正确率测试，具体实现代码如下：

```
total_num=0
correct_num=0
```

```
for images,labels in test_loader:
    images=images.view(-1,28*28)
    outputs=net(images)
    _,predicts=torch.max(outputs.data,1)
    total_num+=labels.size(0)
    correct_num+=(predicts==labels).sum()
print("Accuracy=%.2f"%(100*correct_num/total_num))
```

最后的分类正确率大约为 98%。

5.6.2 CIFAR-10 数据分类

1. 数据准备

CIFAR-10 是一个由 Krizhevsky 等收集的更加接近普适物体的彩色图像数据集，共有 60 000 张彩色图像，这些图像的尺寸为 32×32 像素，分为 10 个类（飞机、汽车、鸟类、猫、鹿、狗、蛙类、马、船和卡车），每类有 6 000 张图像。其中，50 000 张图像用于训练，构成了训练集；剩下的 10 000 张图像用于测试。CIFAR-10 的图像样例如图 5-10 所示。

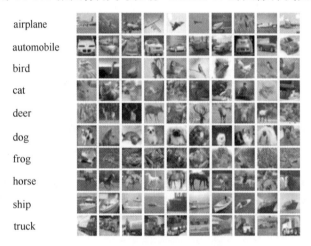

图 5-10　CIFAR-10 的图像示例

与 MNIST 相比，CIFAR-10 具有以下不同点：

- CIFAR-10 中的图像是 3 通道的彩色 RGB 图像，而 MNIST 中的图像是灰度图像；
- CIFAR-10 中的图像尺寸为 32×32 像素，而 MNIST 中的图像尺寸为 28×28 像素；
- 相比于手写字符，CIFAR-10 含有的是现实世界中真实的物体，不仅噪声很大，而且物体的比例、特征都不尽相同，因此识别难度更大。

下面基于 PyTorch 框架来读取 CIFAR-10 数据集，具体实现代码如下：

```
import torch
from torch.utils.data import DataLoader
import torchvision.datasets as ds
import torchvision
import torchvision.transforms as transforms
```

```
batch_size = 100
# 对数据进行预处理
transform = transforms.Compose([
        transforms.ToTensor(),
        transforms.Normalize((0.5, 0.5, 0.5), (0.5, 0.5, 0.5)),   # 归一化
                    ])
# CIFAR-10 数据集
train_dataset = ds.CIFAR10(root = '/cifar',           # 选择数据存放的根目录
                        train = True,                # 设置为训练集
                        download = True,
                        transform=transform)
test_dataset = ds.CIFAR10(root = '/cifar',            # 选择数据存放的根目录
                        train = False,               # 设置为测试集
                        download = True,
                        transform=transform)
# 加载数据
train_loader = torch.utils.data.DataLoader(dataset = train_dataset,
                                    batch_size = batch_size,
                                    shuffle = True)  # 将数据置乱
test_loader = torch.utils.data.DataLoader(dataset = test_dataset,
                                    batch_size = batch_size,
                                    shuffle = True)
```

2．定义神经网络

具体实现代码如下：

```
import torch.nn as nn
input_size = 3072                        # 输入的是 32*32 的 3 通道图像
hidden_size = 500
hidden_size2 = 200
num_classes = 10                         # 有 10 类物体
# 定义三层神经网络
class Net(nn.Module):
    def __init__(self,input_size,hidden_size,hidden_size2,num_classes):
        super(Net,self).__init__()
        self.layer1 = nn.Linear(input_size,hidden_size)
        self.layer2 = nn.Linear(hidden_size,hidden_size2)
        self.layer3 = nn.Linear(hidden_size2,num_classes)
    def forward(self,x):
        out = torch.relu(self.layer1(x))
        out = torch.relu(self.layer2(out))
        out = self.layer3(out)
        return out
net = Net(input_size,hidden_size,hidden_size2,num_classes)
print(net)
```

3．训练

训练实现代码如下：

```
learning_rate = 1e-3                                          # 学习率设为 0.001
num_epoches = 10
criterion = nn.CrossEntropyLoss()
optimizer = torch.optim.Adam(net.parameters(), lr = learning_rate)    # 采用 Adam 算法
for epoch in range(num_epoches):
    print('current epoch = %d' % epoch)
    for i, (images, labels) in enumerate(train_loader):
        images = images.view(images.size(0), -1)
        optimizer.zero_grad()
        outputs = net(images)
        loss = criterion(outputs, labels)
        loss.backward()
        optimizer.step()
        if i % 100 == 0:
            print('current loss = %.5f' % loss.item())
print('finished training')
```

4. 分类精度测试

测试实现代码如下：

```
correct_num = 0          # 预测正确的图像数
total_num = 0            # 图像总数
# 测试时无须求导，因此可暂时关闭 Autograd 以提高速度
with torch.no_grad():
    for images,labels in test_loader:
        images=images.view(images.size(0), -1)
        outputs = net(images)
        _, predicted = torch.max(outputs.data, 1)
        total_num += labels.size(0)
        correct_num += (predicted == labels).sum()
print('10000 张测试集中的正确率为: %d %%' % (100 * correct_num / total_num))
```

上面的程序运行结果如下：

10000 张测试集中的正确率为: 53 %

由输出结果可知，在 10 000 张图像测试集中的分类正确率比随机猜测（正确率为 10%）要高，证明网络确实学到了东西。当然，由于本实例仅采用了层数较少的浅层神经网络，因此还有很大的改进余地。当数据集规模较大时，需要构建更加复杂的深度神经网络。

5.7　本章小结

本章首先简要介绍了几种常见的深度学习框架；然后讲解了 PyTorch 的下载与安装方法；接着重点介绍了 PyTorch 涉及的相关知识，包括 Tensor、自动求导机制，以及如何运用 PyTorch 来搭建神经网络模型并进行参数优化等；最后，通过两个实例展示了如何在 MNIST 数据集上进行手写数字识别及完成 CIFAR-10 图像分类。

第 6 章 数据集与数据处理

深度学习是基于数据驱动开展模型推演的，数据的规模和质量直接决定了模型的拟合和泛化能力。在系统研究一个深度学习问题前，往往要整理出一个规模和质量满足要求的数据集，在使用数据训练时，还要根据实际情况对数据进行预处理和增广。因此，本章将从典型数据集入手，介绍数据的采集、整理和预处理，并给出在 PyTorch 中的应用实例。

6.1 典型数据集及标注

针对一个实际的机器学习问题，首先要采集一定数量的相关数据，且必须保证这些数据与部署应用中是相同或相似的。由于卷积神经网络涉及的参数很多（如 LeNet-5 约有 12 万个参数），因此训练所需数据较大，尤其是从头训练模型，所得模型很容易过拟合。对于生产、安防、销售等应用场合，既可在线上记录多张图像，还可以利用网络自动爬取一定数量的图像。例如，Microsoft 的 Bing 提供了 API 帮助用户通过一定的协议检索批量下载图像。此外，很多学术研究机构也发布了不同计算机视觉任务的数据集，使得各个研究方向有了方法比较的基准（Benchmark）。

6.1.1 典型数据集

1. ImageNet

ImageNet 是根据 WordNet 层次结构组织的图像数据集。WordNet 是由 Princeton 大学的认识科学实验室（Cognitive Science Laboratory）在心理学教授 George A. Miller 的指导下建立和维护的英语字典，其中每个有意义的概念被称为同义词集（synset）。ImageNet 中的每个概念（concept）图像都经过了质量控制和人为标注。

ImageNet 项目的初衷来自图像和视觉研究领域对数据日益增长的需求，受众主要是学术界的研究人员，但 ImageNet 并不拥有图像的版权，只为每个 WordNet 的同义词集提供了一个准确的 Web 图像列表，功能与图像搜索引擎类似。ImageNet 一共有 1400 万以上张图像，包括 2 万多个类别，其中一些图像有类别和位置标注，如图 6-1 所示。知名度很高的 ILSVRC 所用图像是 ImageNet 的子集，尽管该项比赛在 2017 年后停办，但是在比赛中诞生了众多颇具影响力的 SOTA（State Of The Art）模型，后续很多应用都会用到这些模型。

图 6-1　ImageNet 数据集图像示例

ImageNet 网站为不同需求的用户提供了以下 5 种下载方式：

① 在 Search 文本框中输入需要下载的同义词集（synset），即可通过 URL 下载指定类别图像，无须账号登录；

② 直接下载原始图像，需要注册账号，对于非商业研究或教育目的的人员，可以在特定条件下通过 ImageNet 网站提供访问权限；

③ 对于无须图像本身而只关注特征的用户，提供下载图像的 SIFT 特征，以 MAT 文件给出 SIFT 特征描述子，包含 x、y、norm、scale、word 5 个字段；

④ 对于目标检测任务，提供下载目标的边界框（Bounding Boxes），其以 PASCAL VOC 格式保存在 XML 文件中；

⑤ 下载目标的属性，该属性也是人工标注和验证的，每个同义词集包含 25 种属性。

2. CIFAR-100

CIFAR-100 是 CIFAR-10 数据集的扩充，图像尺寸也为 32×32 像素，但增加了难度，共有 100 类图像，每类有 600 张，如图 6-2 所示。100 个类被分成 20 个超类，每张图像都带有一个精细标签（大类）和一个粗糙标签（类别），大类包括鱼类、花卉、昆虫、户外场景、水果和蔬菜等常见景物，图像格式有 Python、MATLAB 和二进制 3 个版本。

3. PASCAL VOC

PASCAL VOC 的全称为 Pattern Analysis Statistical Modeling, Computational and Learning Visual Object Classes，来源于在 2005～2012 年开展的 PASCAL VOC 挑战赛，是公认的目标检测技术的基准之一。该数据集中标注的物体包括人、动物（如猫、狗、鸟等）、交通工具（如车、船、飞机等）、家具（如椅子、桌子、沙发等）在内的 20 个类别，图 6-3 给出了部分示例。每张图像平均有 2.4 个目标，所有的标注图像都有目标检测标签，部分图像有语义标签。

图 6-2　CIFAR-100 数据集图像示例

图 6-3　PASCAL VOC 数据集图像示例

PASCAL VOC 的挑战任务包括：

① 分类，对于每个类别，判断该类别是否在测试图像上存在；

② 检测，检测目标对象在待测试图像中的位置并给出边界框坐标；

③ 分割，对每个像素给出类别标签；

④ 人体动作识别，预测图像中人的行为动作；

⑤ 人体布局检测，检测人与其各个身体组成部分，如手、脚、头等。

4. MS COCO

MS COCO 的全称为 Microsoft Common Objects in Context，是由 Microsoft 赞助的一个新的集目标检测、分割、人体关键点检测、场景理解、超像素分割和字幕生成等任务于一体的大型数据集。在 ILSVRC 竞赛停办后，COCO 竞赛就成为当前目标识别、检测等领域的最权威的标杆。相比于 PASCAL VOC，COCO 的数据含有 91 个类别，如人、自行车、公共汽车、飞机、停车标识、鸟、背包等，共有超过 250 万个目标标注，并且图像中目标的尺度变化更大，对检测算法的性能更具挑战性，图 6-4 给出了部分示例。

图 6-4　COCO 数据集图像示例

COCO 和 PASCAL VOC 的格式是业内通用的标准，许多开源算法都会提供它们的加载方式。此外，COCO 还提供了 MATLAB、Python 及 Lua 语言的 API。

5. BSDS500

BSDS500 全称为 Berkeley Segmentation Data Set and Benchmarks 500，是美国加州大学伯克利分校计算机视觉组提供的用于图像分割和物体边缘检测的数据集，包含 200 张训练图像、100 张验证图像及 200 张测试图像，如图 6-5 所示。图像包括人物、动物、建筑和自然风景等，图像的标注分为分割标注和边缘标注，由 5 个标注者分别独立完成，使用时可取其平均值。此外，该数据集还提供了评估指标的 MATLAB 代码。

图 6-5　BSDS500 数据集图像示例

6.1.2　数据标注

目前落地的大多计算机视觉应用属于有监督学习范畴，需要大量图像和准确的标签，这就离不开人工标注。标注是建立数据集的基础性工作，以上介绍的著名数据集都经过了大量的人工标注和复核。例如，ImageNet 项目主要借助 Amazon 的劳务众包平台 Mechanical Turk（AMT）来完成图像的分类和标注。通常用一个文本文件或 XML/YML 文件对图像和对应的标签进行描述，或将图像和标注打包成二进制文件形式。根据任务的不同，数据标注（data annotation）可以区分为如下几种。

- 分类标注。从封闭的类别标签集合中选择图像对应的属性，标签为整型或编码数字。一张图像可以有很多分类属性，如人脸可以有成人、儿童，男人、女人，长发、短发等属性。
- 标框标注。在目标检测任务中框选要检测的目标，标签是标注框左上角坐标(x, y)、宽度 w、高度 h 和对象的类别 c 组成的数组，用于人脸识别、行人识别、车辆检测等。有些特殊的任务还要给出物体的角度，使标注框和物体更加契合。
- 区域标注。用于场景分割和实例分割，相比于标框标注，要求更加精确地选出柔性区域并给出其类别，如自动驾驶中的道路识别和地理图像中的地物分割等，一般用区域各顶点围成的多边形表示。
- 锚点标注。一些对于特征要求细致的应用中常常需要将关键点单独标注出来，如人脸关键点检测、人体姿态估计等。

人工标注费时费力，成本又高，但在建立自己的数据集过程中是不可缺少的工作。为了方便人们快速上手使用，很多机构公开了它们的标注软件，可以使标注格式统一，减少一定的工作量。目前比较流行的标注工具主要有以下几种。

1. Labelme

Labelme 是麻省理工学院计算机科学和人工智能实验室研发的图像标注工具，开发语言是 Python，并使用 Qt 库开发图形界面，可在 Python 环境下安装运行，其软件界面如图 6-6 所示。Labelme 适用于分类、目标检测、场景和实例分割任务数据集的制作，能用多边形、矩形、圆形、线段、点等对目标进行标注，并保存成 PASCAL VOC、COCO 等格式，也可以对视频做标注。

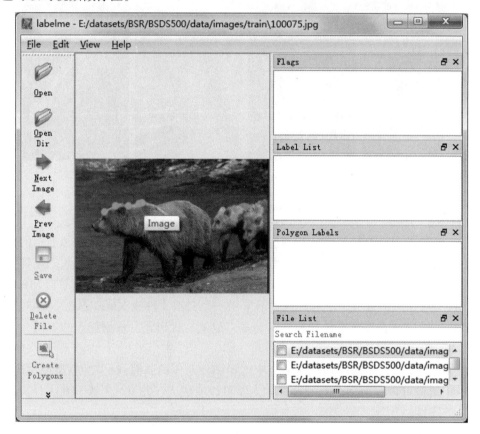

图 6-6　Labelme 软件界面

2. LabelImg

LabelImg 的软件界面（见图 6-7）和用法与 Labelme 相似，适用于目标检测任务，不但可以下载源码编译运行，而且可以在 Docker 中拉取镜像使用，还可以直接用打包好的 LabelImg 可执行文件。LabelImg 适用于 Ubuntu 和 Windows 操作系统。LabelImg 的标注文件格式为 VOC2012 与 TFRecord 格式。

3. RectLabel

RectLabel 是一个适用于 macOS 操作系统的应用，可用于目标检测和分割任务，并保存成 YOLO、COCO、JSON 和 CSV 格式，还可以读写 PASCAL VOC 格式的 XML 文件，其网站主页如图 6-8 所示。

图 6-7　LabelImg 的软件界面

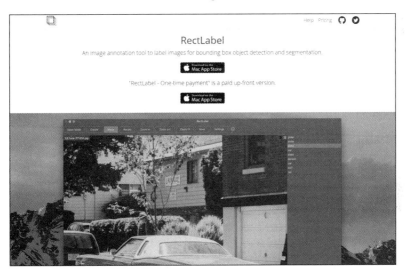

图 6-8　RectLabel 的网站主页

4. VoTT

VoTT 是 Microsoft 发布的用于图像目标检测的标注工具，基于 JavaScript 开发，可以跨 Windows 和 Linux 操作系统运行，并且支持从图像和视频读取，通过 camshift 跟踪目标进行逐帧的标注，导出文件格式为 CNTK、TFRecord、CSV、VoTT 和 YOLO 等。

5. CVAT

CVAT（Computer Vision Annotation Tool）是 OpenCV 出品的网页版标注工具，支持本地部署，通过 Docker 运行；可对图像分类、目标检测框、图像语义分割、实例分割进行在线标注，还可以标注单张图像的多个属性；对于视频中运动对象的标注，通过人工标注关键帧，关键帧之间的标注通过直接插值得到。

注意，虽然大量的人工标注能够带来深度学习模型预测能力的大幅提升，但成本非常昂贵，而且存在标注错误和噪声的可能。近年来，无监督、自监督和弱监督的训练方法不断取得进展，未来有望取代部分人工，实现图像、视频的自动标注。

6.2 数据预处理

数据质量与规模决定了深度学习能达到的上限，在实际应用中初步获得的数据集常常会遇到数据缺失、数据噪声、不一致性、冗余、类别不均衡、离群点等不理想情况，因此需要提高数据的可用性。在完成了数据采集和标注后，要进行数据预处理，有助于提高数据质量，改善数据集分布，加速模型的训练。下面介绍数据预处理的常见方法。

6.2.1 数据清洗

数据清洗是指对数据进行重新审查和校验的过程，以减少错误、去除噪声野点、删除冗余和查漏补缺。该过程大多由人工完成，通常耗时占深度学习/机器学习总时间的一半以上。

在数据清洗的过程中，先要对图像数据进行总体的检查，包括类别、标注形式、其他属性、数据来源等信息，并抽取一部分图像人工阅览，对研究对象本身有一个直观的了解。若所做任务对图像要求较高，需要一一核对，对于那些噪声较多、模糊、有遮挡、质量较低的图像，可能会直接影响卷积神经网络的性能，此时可以直接将其丢弃。

数据缺失是比较常见的一类数据问题，图像数据集的缺失值一般在属性和标注上，如图 6-9(a)所示。对于专业性不强的数据，结合可视化手段（如一些标注软件），可用经验知识推测填充缺失值。若无法推断，且该属性缺失数量不多，则可直接丢弃。

格式错误是另一类比较容易发现的问题，如在数值型的属性中出现了字符型标注，类别出现了不在集合范围内的值，标注框超出了图像范围等，如图 6-9(b)所示。类似的错误可以通过编写脚本，利用正则条件查找出来，并按数据缺失的方法进行处理。

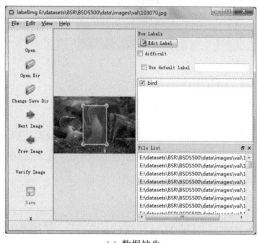

(a) 数据缺失

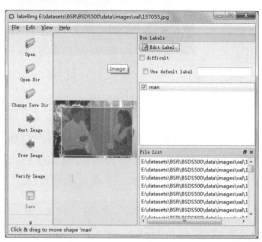

(b) 格式错误

图 6-9 标注中的缺失和错误

数据重复和异常数据可能会影响模型的效果，检查重复数据同样需要编写脚本。而对于异常数据，由于图像是高维数据，可以先进行特征提取，再用聚类分析将离群点检测出来并丢弃。

6.2.2　数据采样

在与分类有关的问题中，不同类别的训练样本数量可能会有差别，通常对学习的结果影响不大。但如果差别很大，就会产生类别不平衡问题。如果只考虑二分类，算法预测的结果就会有假正例、假反例、真正例和真反例 4 种情况，在原有损失函数的训练下，会使得分类器倾向于将新样本预测成较多数目的类别。解决类别不平衡问题可以利用代价敏感学习，一种常用的策略是设计有偏损失函数，对假反例和假正例两种误判所占的比例加以约束。

采样是从特定的概率分布中抽取样本点的过程。最简单的处理不均衡样本集的方法是随机采样，分为随机过采样（over-sampling）和随机欠采样（under-sampling）。随机过采样是从少数类样本集中有放回地随机重复抽取样本，使数量接近多数类，但同时会破坏数据的独立同分布特性，容易造成过拟合。对此人们提出了一些改进采样算法，如 SMOTE（Synthetic Minority Oversampling Technique）算法对每个少数类样本，从它的 K 个最近邻中随机选择一个样本，然后在两者之间的连线上随机选择一点作为新合成的少数类样本。但 SMOTE 算法没有考虑少数类样本周围多数类样本的分布情况，可能造成过度泛化。Borderline-SMOTE 算法对此进行了改进，选择最近邻样本集中多数类多于少数类的样本形成"危险集"，代表少数类样本的边界，然后在边界附近人工合成少数类样本。

随机欠采样是从多数类样本集中随机选取较少样本，从而平衡各类的数量，但会损失部分有用信息，容易造成欠拟合。为了克服这个问题，又要保证算法表现出较好的不均衡数据分类性能，人们利用集成学习思想提出了 EasyEnsemble 和 BalanceCascade 等算法。其中，EasyEnsemble 算法首先从多数类中有放回地随机采样 N 次，每次选取与少数类数目相近的样本个数，得到 N 个样本集，然后将每个子集与少数类样本合并训练出一个模型，最终将这 N 个模型组合形成一个集成学习系统。而 BalanceCascade 算法在每轮训练时都使用多数类与少数类数量相等的训练集，训练出一个 AdaBoost 基分类器，然后使用该分类器对全体多数类进行预测，通过控制阈值来控制假正例率，再将所有判断正确的类删除，进入下一轮迭代，最终得到级联分类器。

针对图像本身，还可以用数据增广的方法进行过采样，将在后续内容中具体阐述。

6.2.3　数据标准化

一般来说，深度学习中还需要对图像和标注进行标准化操作。数据标准化主要是指去掉量纲的区别，将数据范围限制在合理区间范围内，以方便处理。一般数据标准化的方法有如下几种。

1. min-max 标准化

这是对原始数据的线性缩放，使结果落到 0～1 区间上，转换函数为

$$x^* = \frac{x - x_{\min}}{x_{\max} - x_{\min}} \tag{6-1}$$

其中，$x_{\max}$、$x_{\min}$ 分别为样本数据的最大值、最小值，需要事先确定。如果想将数据映射到 $-1\sim1$ 区间上，则需要再进行缩放，即

$$x' = 2x^* - 1 \tag{6-2}$$

如果数据是平稳的，即数据每个维度的统计都服从相同分布，可以考虑在每个样本上减去数据的统计平均值。自然图像数据具有平稳性，可进行逐样本均值消减，也称为直流分量移除。

2．z-score 标准化

其转换函数为

$$x^* = \frac{x - \mu}{\sigma} \tag{6-3}$$

其中，μ、σ 分别为样本数据的均值和标准差。z-score 标准化适用于属性的最大值和最小值未知或难以确知的情况，经过转换后原始数据的分布可近似为标准高斯分布。

以上两种属于线性变换，变换后数据分布的性质不变。在分类、聚类等任务中，常常需要使用距离来度量相似性，或者用 PCA 进行降维，此时 z-score 标准化表现得更好。在不涉及距离度量、协方差计算及数据不符合高斯分布的时候，可以使用 min-max 标准化方法。

当数据属性呈现非均匀分布时，可采用以下 3 种非线性标准化方法。

3．log 函数标准化

针对正数，其转换函数为

$$x^* = \frac{\log(x)}{\log(x_{\max})} \tag{6-4}$$

4．反正切函数标准化

其转换函数为

$$x^* = \frac{2\mathrm{atan}(x)}{\pi} \tag{6-5}$$

5．Logistic/Softmax 函数标准化

Logistic 函数可将任意数值对称地映射到 $0\sim1$ 区间上，即

$$x^* = \frac{1}{1 + \mathrm{e}^{-x}} \tag{6-6}$$

Softmax 函数可将数组中所有数值映射到 $0\sim1$ 区间上，即

$$x_i^* = \frac{\mathrm{e}^{x_i}}{\sum\limits_j \mathrm{e}^{x_j}} \tag{6-7}$$

6.2.4　数据集划分

只要模型足够复杂，很多时候就不难得到训练误差小的卷积神经网络模型，但这并不是最终目的。人们希望的是学习到样本中的潜在规律，以便能够获得在新样本上表现好的

泛化能力强的模型。为了评价所学出来的模型的好坏，需要用测试集 T 来评判模型在新样本上的能力，这就要在数据集中分出一部分样本专门用于测试。常用的数据集划分方法有留出法、自助法和交叉验证法 3 种，具体描述详见本书第 1 章。

此外，在深度学习模型中往往都有超参数而需要调参，为了选择最优参数，还要在训练集 S 中分出一部分数据作为验证集（validation set）。将选定参数的模型在验证集上评估性能，最后选择性能最好的一组超参数，在测试集 T 上测试泛化能力。

6.3　数　据　增　广

数据增广（data augmentation）又称数据增强，是深度学习中一种常用的技巧。由于现实条件的限制，采集的图像样本有时数量严重不足，或无法涵盖所有情况，难以满足深度学习的要求，因此需要通过增广的手段来扩充图像数量，以便减轻模型过拟合。常用的图像数据增广方法主要有几何变换、颜色变换、图像降质等。下面简要介绍几种常用的数据增广技术的基本原理。

6.3.1　几何变换

设原图像像素坐标为 (x, y)，几何变换后坐标为 (u, v)，则几何变换的齐次形式可写为

$$\begin{bmatrix} u \\ v \\ 1 \end{bmatrix} = \boldsymbol{H} \begin{bmatrix} x \\ y \\ 1 \end{bmatrix} \tag{6-8}$$

其中，$\boldsymbol{H}$ 为 3×3 坐标变换矩阵，不同的形式代表不同的图像几何变换类型。

1. 图像翻转

图像翻转的基本操作分为水平翻转和垂直翻转，设图像的宽、高分别为 W 和 H，水平翻转的变换矩阵为

$$\boldsymbol{H} = \begin{bmatrix} -1 & 0 & W \\ 0 & 1 & 0 \\ 0 & 0 & 1 \end{bmatrix} \tag{6-9}$$

除了对横坐标同比例翻转，其余进行恒等变换。同理，垂直翻转的变换矩阵为

$$\boldsymbol{H} = \begin{bmatrix} 1 & 0 & 0 \\ 0 & -1 & H \\ 0 & 0 & 1 \end{bmatrix} \tag{6-10}$$

针对左右或上下可能对称的场景常常做翻转，如人脸检测可以水平翻转，航拍图像可同时水平翻转和垂直翻转。

【例 6-1】用 Python 的 OpenCV 库实现图像等概率任意翻转的函数代码如下，效果如图 6-10 所示。

```
def random_flip(src):
    r=random()
```

```
if r<0.25:
        return src
# 垂直翻转
elif 0.25<=r<0.5:
        return cv2.flip(src, 0)
# 水平翻转
elif 0.5<=r<0.75:
        return cv2.flip(src, 1)
# 垂直翻转+水平翻转
else:
        return cv2.flip(src, -1)
```

(a) 原图　　　　　　　　　　　　(b) 水平翻转

(c) 垂直翻转　　　　　　　　　　(d) 垂直翻转+水平翻转

图 6-10　图像翻转示例

2. 图像缩放

图像可以放大和缩小，以适应卷积神经网络输入设置的尺寸，缩放的变换矩阵为

$$\boldsymbol{H} = \begin{bmatrix} c_x & 0 & 0 \\ 0 & c_y & 0 \\ 0 & 0 & 1 \end{bmatrix} \tag{6-11}$$

其中，c_x、c_y 分别为横、纵坐标的缩放系数，大于 1 对应放大，小于 1 对应缩小。

【例6-2】用 OpenCV 库模拟图像缩放的函数实现代码如下，效果如图 6-11 所示。

```
def random_scale(src,x_del,y_del):
    # 在 x、y 方向上分别产生[x_del,1/x_del]、[y_del,1/y_del]的随机尺度缩放
    M=np.array([[np.random.uniform(x_del,1/x_del),0,0],
                [0,np.random.uniform(y_del,1/y_del),0]],np.float32)
    H,W,_=src.shape
    dst=cv2.warpAffine(src,M,(W,H))
    return dst
```

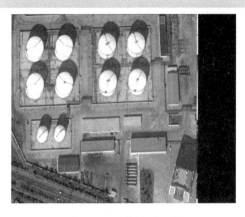

图 6-11　图像缩放示例

3．图像平移

图像平移只涉及沿横坐标方向或纵坐标方向（或两者）移动图像，其变换矩阵为

$$\boldsymbol{H} = \begin{bmatrix} 1 & 0 & t_x \\ 0 & 1 & t_y \\ 0 & 0 & 1 \end{bmatrix} \tag{6-12}$$

使用时，以图像长、宽乘以 0～1 区间上的随机比例构成数据增广。

【例6-3】图像平移的函数实现代码如下，效果如图 6-12 所示。

```
def random_trans(src,rate_x,rate_y):
    # 在 x、y 方向上分别产生一定比例内的平移
    H,W,_=src.shape
    M=np.array([[1,0,np.random.uniform(-W*rate_x,W*rate_x)],
                [0,1,np.random.uniform(-H*rate_y,H*rate_y)]],np.float32)
    return cv2.warpAffine(src,M,(W,H))
```

4．图像旋转

图像绕原点旋转角度 θ（以 y 轴正半轴为正方向）的变换矩阵为

$$\boldsymbol{H} = \begin{bmatrix} \cos\theta & -\sin\theta & 0 \\ \sin\theta & \cos\theta & 0 \\ 0 & 0 & 1 \end{bmatrix} \tag{6-13}$$

绕任意点的旋转可由平移和旋转组合操作，其变换矩阵为二者矩阵乘积。

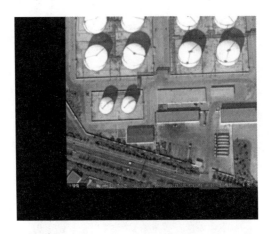

图 6-12　图像平移示例

【例 6-4】图像绕中心点旋转的函数实现代码如下，效果如图 6-13 所示。

```
def random_rotate(src, max_theta):
    # 图像绕中心点在-max_theta 到 max_theta 之间随机旋转
    H,W,_=src.shape
    M=cv2.getRotationMatrix2D((np.round(W/2),np.round(H/2)),
                              np.random.uniform(-max_theta,max_theta),1.)
    return cv2.warpAffine(src,M,(W,H))
```

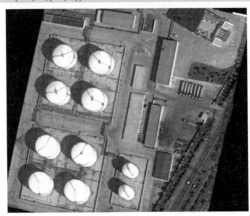

图 6-13　图像绕中心点旋转示例

5．图像裁剪

图像裁剪是在原图像中长和宽的范围内连续地取出一部分作为新图像。裁剪通常与缩放、旋转、平移组合使用，可以先按随机比例缩放后再随机或平移至中心裁剪，或先随机裁剪一块区域后再缩放至规定尺寸，这样就会产生很多不同的训练样本。

【例 6-5】一种集图像旋转、缩放、平移和裁剪的函数实现代码如下，效果如图 6-14 所示。

```
def random_crop(src,crop_rate):
```

```
dst1=random_rotate(src, 180)
dst2=random_scale(dst1, 0.7, 0.7)
dst3=random_trans(dst2, 0.15, 0.15)
H,W,_=src.shape
# 随机左上角起点
w_s=np.random.randint(0, (W-W*crop_rate)/2)
h_s=np.random.randint(0, (H-H*crop_rate)/2)
dst=dst3[h_s:int(H*crop_rate),w_s:int(W*crop_rate),:]
return cv2.resize(dst, (W,H))
```

图 6-14　图像旋转、缩放、平移、裁剪的组合示例

6.3.2　颜色变换

除了对图像几何形状做变换，如果数据是彩色图像，还可以对图像的颜色空间做增广。图像颜色一般用 RGB 空间描述，但 RGB 颜色具有很强的相关性，很难独立控制。而 HSV（色调 Hue、饱和度 Saturation、明度 Value）空间对颜色的表示更加直观，相关性较小。

H 通道取值范围为[0, 180]，S 通道和 V 通道的取值范围为[0, 256)，在 HSV 空间上可以对每个像素随机改变一定的比例，从而微调图像的颜色。

【例 6-6】颜色微调的函数实现代码如下，其效果如图 6-15 所示。

```
def random_HSV(src,h_del,s_del,v_del):
    H,W,_=src.shape
    # 转换为 HSV 空间
    Hsv=cv2.cvtColor(src, cv2.COLOR_BGR2HSV)
    hsv=Hsv.astype(np.float32)
    #H 分量，最大值为 180
    h=hsv[:,:,0].copy()
    h*=1+np.random.uniform(-h_del,h_del,size=[H,W])
    h[h>180]=180
    hsv[:,:,0]=h.copy()
    #S 分量
    hsv[:,:,1]*=1+np.random.uniform(-s_del,s_del,size=[H,W])
    #V 分量
```

```
hsv[:,:,2]*=1+np.random.uniform(-v_del,v_del,size=[H,W])
Hsv_=hsv.astype(np.uint8)
dst=cv2.cvtColor(Hsv_,cv2.COLOR_HSV2BGR)
return dst
```

图 6-15　颜色微调示例

6.3.3　图像降质

图像样本的质量有时会影响卷积神经网络的判断，说明此时卷积神经网络并未学习到图像的本质内容，一个好的模型应该对图像的降质具有一定的鲁棒性。为此，可以人工对图像随机降质，让卷积神经网络模型更充分地学习到本质特征。图像降质的方法很多，下面简要介绍 3 种。

1．添加噪声

卷积神经网络在训练过程中可能学习到无用的高频特征，从而发生过拟合。噪声具有丰富的高频分量，给样本加入适当强度的随机噪声有助于让网络学习到更本质的特征。常用的图像噪声主要有高斯噪声和椒盐噪声。

【例 6-7】高斯噪声和椒盐噪声的函数实现代码如下，效果如图 6-16 所示。

```
def GaussianNoise(src, sigma):
    # 加入标准差为 sigma 的高斯噪声
    H,W,C=src.shape
    noise=np.random.normal(0,sigma,size=(H,W))
    noise=np.expand_dims(noise, -1)
    noise=np.tile(noise,(1,1,3))
    dst=src.astype(np.float32)+noise
    dst[dst>255]=255
    return dst.astype(np.uint8)
def PeppeSalt(src,percetage):
    NoiseImg=src.copy()
    NoiseNum=int(percetage*src.shape[0]*src.shape[1])
    # 随机生成噪声点位置
    randX=np.random.randint(0,src.shape[1],size=NoiseNum)
```

```
randY=np.random.randint(0,src.shape[0],size=NoiseNum)
# 前半部分为椒噪声
NoiseImg[randY[:NoiseNum//2],randX[:NoiseNum//2],:]=0
# 后半部分为盐噪声
NoiseImg[randY[NoiseNum//2:],randX[NoiseNum//2:],:]=255
return NoiseImg
```

(a) 高斯噪声　　　　　　　　　　　　　　　　　　(b) 椒盐噪声

图 6-16　添加噪声示例

2．γ 变换

γ 变换是对所有像素的灰度级 $f(x, y)$ 做幂函数的非线性映射，得到的输出灰度 $g(x, y)=f(x, y)^{\gamma}$。当 $\gamma>1$ 时，会拉伸图像中灰度级较低的区域并压缩灰度级较高的区域；当 $\gamma<1$ 时，会拉伸图像中灰度级较高的区域并压缩灰度级较低的区域。

【例 6-8】随机 γ 变换的函数实现代码如下，效果如图 6-17 所示。

```
def random_gamma(src, max_gamma):
    alpha=np.random.uniform(-np.log(max_gamma),np.log(max_gamma))
    gamma=np.exp(alpha)
    # 生成像素值调整表
    table=[np.power(x/255.,gamma)*255. for x in range(256)]
    gamma_table=np.round(table).astype(np.uint8)
    return cv2.LUT(src, gamma_table)
```

图 6-17　γ 变换示例

3．Fancy PCA

数据增广的 Fancy PCA 方法本质上是在颜色空间的正交域按影响因子进行随机扰动。对于一张图像，首先将其在 RGB 三个维度拉平，进行主成分分析，得到特征向量 p_1、p_2、p_3 和特征值 λ_1、λ_2、λ_3，然后在每个特征值上加入均值为 0、方差为 0.01 的高斯噪声 α_1、α_2、α_3，再将 $[p_1, p_2, p_3][\alpha_1\lambda_1, \alpha_2\lambda_2, \alpha_3\lambda_3]$ 加到 RGB 图像三个颜色分量中即可。

【例 6-9】Fancy PCA 的函数实现代码如下。

```
def Fancy_PCA(src, alpha_std=0.1):
    orig_img = src.astype(float).copy()/255
    # 将图像拉伸为 RGB 向量
    img_rs = orig_img.reshape(-1, 3)
    # RGB 分量中心化
    img_centered = img_rs - np.mean(img_rs, axis=0)
    # 计算协方差矩阵
    img_cov = np.cov(img_centered, rowvar=False)
    # 特征值、特征向量计算
    eig_vals, eig_vecs = np.linalg.eigh(img_cov)
    # 排序
    sort_perm = eig_vals[::-1].argsort()
    eig_vals[::-1].sort()
    eig_vecs = eig_vecs[:, sort_perm]
    m1 = np.column_stack((eig_vecs))
    m2 = np.zeros((3, 1))
    # 扰动，与特征值相乘，加到每个颜色分量中
    alpha = np.random.normal(0, alpha_std)
    m2[:, 0] = alpha * eig_vals[:]
    add_vect = np.matmul(m1, m2)
    for idx in range(3):    # RGB
        orig_img[..., idx] += add_vect[idx]
    orig_img *= 255
    # 范围限定
    orig_img = np.clip(orig_img, 0.0, 255.0)
    dst = orig_img.astype(np.uint8)
    return dst
```

6.4　PyTorch 数据集处理实例

PyTorch 中对数据集及其处理和增广进行了一定的封装。下面介绍其中相关的模块和函数，以及如何用它们整理、处理待学习的数据集。

6.4.1　相关模块简介

本节要用到的库 Torchvision 是独立于 PyTorch 的关于图像和计算机视觉常用操作的工具库，提供了直接处理数据集和图像的函数接口。其中，torchvision.datasets 模块包含很多

常用视觉数据集，可供下载和本地加载；torchvision.models 模块包含经典的网络及其预训练模型，如 AlexNet、VGG、ResNet、DenseNet 等，可供迁移或直接调用；torchvision.transforms 模块包含以上所述常用的图像预处理与增广操作，还提供 Tensor、PIL 等数据类型转换，表 6-1 所示为 transforms 常用的图像变换命令。

表 6-1   transforms 常用的图像变换命令

变 换 命 令	用 法
transforms.RandomCrop(size,padding=None,pad_if_nee ded=False,fill=0,padding_mode='constant')	按照 size 定义的尺寸对图像随机裁剪，当尺寸超出原有尺寸时，按照 fill、padding 和 padding_mode 对四周进行填充
transforms.CenterCrop(size)	按照 size 定义的尺寸对图像中心裁剪
transforms.RandomResizedCrop(size,scale=(0.08,1.0), ratio=(0.75, 1.3333333333333333), interpolation=2)	按照 scale 范围和 ratio 长宽比随机裁剪图像，并缩放到给定的尺寸 size
transforms.RandomHorizontalFlip(p=0.5)	依据概率 p 对图像水平翻转
transforms.RandomVerticalFlip(p=0.5)	依据概率 p 对图像垂直翻转
transforms.RandomRotation(degrees, resample=False, expand=False, center=None)	在 degrees 范围内，将图像随机沿中心点或左上角点旋转
transforms.Resize(size, interpolation=2)	按照指定的 size 和插值方法 interpolation 缩放图像
transforms.Pad(padding, fill=0, padding_mode='constant')	对图像四周进行填充，填充个数由 padding 指定，填充值由 fill 指定，填充方式由 padding_mode 指定，默认为常量填充
transforms.Normalize(mean, std)	按照 z-score 方式，用均值 mean 和标准差 std 对图像进行标准化。若像素值为正态分布，则进行该变换后，数据符合均值为 0、标准差为 1 的标准正态分布
transforms.ColorJitter(brightness=0, contrast=0, saturation=0, hue=0)	按指定值改变亮度、对比度、饱和度、色调
transforms.RandomAffine(degrees, translate=None, scale=None, shear=None, resample=False, fillcolor=0)	按指定的角度范围 degrees、平移范围 translate 和缩放系数 scale 随机进行仿射变换
transforms.ToPILImage(mode=None)	将 Tensor 或者 ndarray 的数据转换为 PIL Image 类型数据，便于可视化
transforms.ToTensor()	将 PIL Image 或 ndarray 格式的数据转换为 Tensor，且归一化至 0～1，便于计算和训练

此外，torchvision.utils 模块还提供了图像可视化功能。其中，make_grid 函数将一个批量的图像以网格形式拼到一起；save_image 函数可以保存一个批量的图像为常用格式。如果要组合多个上述变换，还需用 transforms.Compose() 将其列表组合起来。

6.4.2 PyTorch 自带数据集的使用

torchvision.datasets 模块自带许多经典计算机视觉数据集的调用接口，包括 MNIST、CIFAR-10、Caltech101、ImageNet、CelebA、COCO Detection 等不同任务的数据。经典数据集是经过专业人员采集、筛选和标注的，具有较高的准确性和可信度。下面以 MNIST 为例简述其使用步骤。

1. 导入相关模块

导入相关模块的代码如下：

```
from torchvision import datasets, transforms
import torch, torchvision
```

其中，datasets 包含了封装的各种数据集类，transforms 提供了对数据的各种变换。这两个包的结合使用，可在批量产生数据的同时实现数据增广。

2．图像变换与增广

按表 6-1 的变换与增广方法定义合适的变换，可在数据生成中直接作用于图像批量本身。这里先观察最简单的变换效果。

```
trans1=transforms.ToTensor()
```

用 trans1 作为 transform 表明只想把数据转换为 Tensor。

3．数据生成

首先分别加载训练集和测试集类，代码如下：

```
Mnist_train=datasets.MNIST('data', transform=trans1, train=True, download=True)
Mnist_test=datasets.MNIST('data', transform=trans1, train=False, download=True)
```

这里定义并初始化了 2 个 MNIST 数据集的实例，但并没有图像数据，因此在首次使用时，必须使 download=True，语句自动将代码下载至'data'目录中。下次使用时，就无须指定 download 参数了。train 参数指定训练集（True）或测试集（False）。

然后需要定义 DataLoader 类实例，从数据集对象中建立数据的生成器，代码如下：

```
loader_train = torch.utils.data.DataLoader(Mnist_train, batch_size=32, shuffle=True)
loader_test = torch.utils.data.DataLoader(Mnist_test, batch_size=16, shuffle=False)
```

其中，第 1 个参数为前面初始化的数据集对象；batch_size 指定了批量大小，即一次取出多少张图像，通常为 2 的整数次幂；shuffle 表示是否将顺序置乱，一般训练时会置乱。

loader_train 和 loader_test 的作用类似于生成器，可通过 for 循环不断取出，或通过 next 进行访问。输入下面的代码即可显示 1 个批量样本中的第 1 张图像，并打印标签。

```
from matplotlib import pyplot as plt
images, labs=next(iter(loader_train))
im=images.permute([0,2,3,1])
plt.imshow(im[:,:,0],cmap='gray')
plt.show()
print(labs[0])
```

生成图像时，维度顺序为"批量—通道—高—宽"（BCHW），因此这里调用函数 permute()进行了转置，变成 BHWC 才能正确显示。还可以用 make_grid 将这一批所有图像平铺全部显示，以验证图像和标签是否正确对应，代码如下：

```
img=torchvision.utils.make_grid(images).numpy()
img=np.transpose(img, (1,2,0))
plt.imshow(img)
plt.show()
print(labs)
```

输出结果示例如图 6-18 所示。

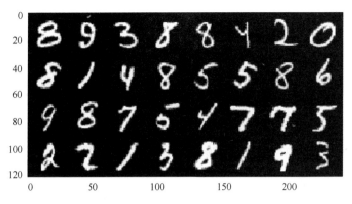

图 6-18　MNIST 输出结果示例

tensor([8, 9, 3, 8, 8, 4, 2, 0, 8, 1, 4, 8, 5, 5, 8, 6, 9, 8, 7, 5, 4, 7, 7, 5, 2, 2, 1, 3, 8, 1, 9, 3])

这里设置的 transform 仅为 transforms.ToTensor()，没有做任何实质性的变化，对于 MNIST 这样简单的数据集训练足够了。但在一般数据集中，最好让数据变为零中心的标准正态分布，这就必须借助于 transforms.Normalize(mean, std)。在使用前，必须遍历计算出图像总的均值与方差，这里假定都是 0.5，同时在显示前必须再返回去，代码如下：

```
trans1=transforms.Compose([transforms.ToTensor(),
                            transforms.Normalize(mean=[0.5], std=[0.5])])
Mnist_train=datasets.MNIST(r'..\..\data', transform=trans1)
loader_train = torch.utils.data.DataLoader(Mnist_train, 32, True)
images, labs=next(iter(loader_train))
img=torchvision.utils.make_grid(images).numpy()
img=np.transpose(img, (1,2,0))
mu=np.array([0.5,0.5,0.5])
sigma=np.array([0.5,0.5,0.5])
imgShow=img*sigma+mu
plt.imshow(imgShow)
plt.show()
print(labs)
```

接下来用另一些变换函数处理 CIFAR-100 数据集，可以用水平翻转和颜色空间的随机抖动使数据增广，同时不改变语义，代码如下：

```
trans2=transforms.ToTensor()
trans3=transforms.Compose([transforms.ToTensor(),transforms.RandomHorizontalFlip(),
                            transforms.ColorJitter(0.2,0.2,0.2,0.2)])
cifar=datasets.CIFAR100(r'..\..\data\cifar100', transform=trans2)
loader=torch.utils.data.DataLoader(cifar, 32, True)
images, labs=next(iter(loader))
img=torchvision.utils.make_grid(images).numpy()
img=np.transpose(img, (1,2,0))
plt.imshow(img)
plt.show()
print(labs)
```

输出结果示例如图 6-19 所示。

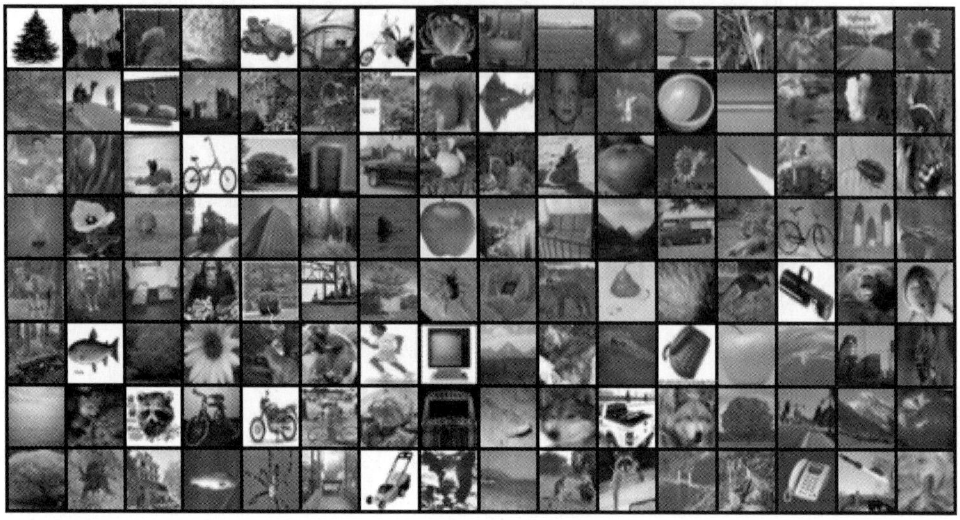

图 6-19　CIFAR-100 输出结果示例

```
tensor([59, 54, 93, 23, 41, 81, 48, 26, 58, 60,  0, 40, 50, 54, 68, 82, 33, 15, 87, 17, 42, 74, 96, 80, 67, 11,
37, 10, 71,  3, 69, 75, 46, 92, 55,  8, 52, 94, 58, 57, 42, 38,  0, 82, 69, 89, 24, 75, 54, 92, 65, 90, 76, 33, 72,
0, 49, 25, 49, 58, 88,  8, 51, 27, 15, 97, 25, 21, 81, 12, 47,  7, 62, 34, 57, 23, 38, 40,  3, 50, 12, 91, 96, 82, 38,
64, 11, 87, 49, 63, 27, 86,  0, 30, 90,  6, 71, 97, 66,  8, 48,  8, 26, 12, 32, 97, 58, 97, 47, 68, 49,  0, 96, 79,
37, 91, 79, 12, 41,  3, 71, 38, 66, 12, 88, 86, 69, 79])
```

这里除 ToTensor()外，还调用了函数 RandomHorizontalFlip()给图像增加概率为 0.5 的水平翻转，并在亮度、对比度、饱和度和色调上进行了 0.2 的随机抖动。

注意，并不是每个数据集都支持所有的变换函数。

6.4.3　Dataset 类的继承

尽管 Torchvision 中的 datasets 使得数据的读取非常方便,但所提供的数据集毕竟有限。为了对缺少的数据集建立一个类似的读取器，可以通过重载类的相关函数来实现。torch.utils.data.Dataset 是代表自定义数据集方法的抽象类,可以自行定义数据类继承这个抽象类，只需要定义__init__、__len__和__getitem__这三个函数，就可以通过上节所述过程从指定的目录下不断读取数据。下面通过两个例子予以说明。

1．猫狗大战数据集

（1）数据准备

首先通过互联网下载数据集的所有图像，由训练和测试 2 个文件夹组成，假设分别保存在 "E:\datasets\DogCat\train" 和 "E:\datasets\DogCat\test" 目录中。由于该数据集只涉及二分类，因此在训练样本文件夹中，猫和狗的信息可以直接体现在文件名上。现在还需要一个描述文件，把训练样本中的图像和标签全部列出来以方便读取，可以通过以下代码完成：

```
import os
from sklearn.model_selection import train_test_split
```

```
Fold=r'E:\datasets\DogCat\train'
wFold=r'E:\datasets\DogCat'
fList=os.listdir(Fold)
# 划分训练集、验证集
TrainList, ValList=train_test_split(fList, test_size=0.2)
# 训练集文件描述
with open(os.path.join(wFold,'train.txt'),'w') as fw:
    for f in TrainList:
        if 'dog' in f:
            string=f+' 0\n'
        else:
            string=f+' 1\n'
        fw.write(string)
# 验证集文件描述
with open(os.path.join(wFold,'val.txt'),'w') as fw:
    for f in ValList:
        if 'dog' in f:
            string=f+' 0\n'
        else:
            string=f+' 1\n'
        fw.write(string)
```

对 dog 和 cat 分别用 0 和 1 标注，标签和文件名之间以空格分开。因为在卷积神经网络训练中涉及调参，所以有必要在训练集里划分出一部分作为验证集，用验证集上的精度选择合适的超参数进行测试，这里用了机器学习 sklearn 包中的 train_test_split()函数将训练文件夹中的图像按 4∶1 划分训练集和验证集（test_size=0.2）。至此完成了数据准备工作。

（2）继承 Dataset 类

可用如下代码实现 Dataset 类的继承：

```
import torchvision
from torch.utils import data
import torchvision.transforms as transforms
import os
from matplotlib import pyplot as plt
from PIL import Image
import numpy as np
class MyDogCat(data.Dataset):
    def __init__(self, root, datatxt, transform=None):
        super(MyDogCat, self).__init__()          # 调用父类__init__
        with open(datatxt) as fr:                 # 打开描述文件
            lines=fr.readlines()
        self.Names=[]
        self.Labels=[]
        self.transform=transform
        self.root=root
        for line in lines:                        # 分别取出文件名和标签
```

```
                l=line.rstrip('\n')
                fName,lab=l.split(' ')
                self.Names.append(fName)
                self.Labels.append(lab)
        def __getitem__(self, index):
            fName=self.Names[index]
            lab=int(self.Labels[index])
            img=Image.open(os.path.join(self.root, fName)).convert('RGB')
            if self.transform is not None:
                img=self.transform(img)
            return img,lab
        def __len__(self):
            return len(self.Names)
```

在 __init__ 初始化方法中，传入了 3 个参数，root 表示图像文件夹目录；datatxt 为标注文件，即上述 train.txt 和 val.txt；transform 的含义同前，可传入 PyTorch 提供的变换函数。__init__ 方法先对父类方法做了继承，再打开标注文件，取出每行标注，将文件名和标签分别写入类的 list 成员 Names 和 Labels 中。

在 __getitem__ 中，主要完成了根据索引 index 取出图像和标签的功能。先用 Image 模块将图像读取为 PIL 格式，再用定义的 transform 给图像施加变换后与对应的标签 lab 一起返回。

__len__ 方法定义了数据集的规模，这里直接返回图像文件 list 的长度。至此构建了猫狗数据集类，当然方法不是唯一的，关键是要完成相应的功能。

（3）数据可视化

如下代码给出了训练集和测试集上 1 个 batch 的平铺显示。

```
Root=r'E:\datasets\DogCat\train'
Trans=transforms.Compose([transforms.RandomHorizontalFlip(),
                          transforms.CenterCrop((256,256)),transforms.ToTensor()])
TrainSet=MyDogCat(Root,r'E:\datasets\DogCat\train.txt',transform=Trans)
ValSet=MyDogCat(Root,r'E:\datasets\DogCat\val.txt',transform=Trans)
trainLoader=data.DataLoader(TrainSet,batch_size=24,shuffle=True)
valLoader=data.DataLoader(ValSet,batch_size=4,shuffle=False)
images,labels=next(iter(trainLoader))
imgShow=torchvision.utils.make_grid(images).numpy()
imgShow=np.transpose(imgShow, (1,2,0))
plt.imshow(imgShow)
plt.show()
print(labels)
images,labels=next(iter(valLoader))
imgShow=torchvision.utils.make_grid(images).numpy()
imgShow=np.transpose(imgShow, (1,2,0))
plt.imshow(imgShow)
plt.show()
print(labels)
```

输出结果分别如图 6-20 和图 6-21 所示。

图 6-20　训练集部分图像输出结果

tensor([1, 0, 1, 0, 0, 1, 1, 1, 1, 1, 0, 0, 1, 1, 0, 1, 0, 0, 1, 0, 0, 0, 0, 0])

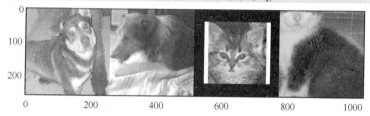

图 6-21　测试集部分图像输出结果

tensor([0, 0, 1, 1])

这里的 transform 方法采用了随机水平翻转和中心 256×256 像素裁剪(不足时填充像素值 0)。所有分类任务的数据集构建都可以参照以上步骤。对于其他计算机视觉任务如目标检测、语义分割等，标注的形式不同，但处理过程大致相同。

2．VOC2012 语义分割数据集

VOC2012 的语义标签包括背景等 21 个类别，如表 6-2 所示。

表 6-2　VOC2012 语义标签的所有类别

标　签	类　别	标　签	类　别	标　签	类　别
0	背景	7	小汽车	14	摩托车
1	飞机	8	猫	15	人
2	自行车	9	椅子	16	盆栽植物
3	鸟	10	牛	17	羊
4	船	11	餐桌	18	沙发
5	瓶子	12	狗	19	火车
6	公共汽车	13	马	20	显示器

这里采用 VOC2012AUG 数据集，该数据集包括图像、对应的标注 PNG 和描述文件。其中，train.txt 和 val.txt 为训练集和验证集的描述，语法格式为"图像[空格]标注"。下面按照猫狗数据集的思路，定义 VOC 数据集的读取类，代码如下：

```
class MyVoc(data.Dataset):
    def __init__(self, root, datatxt, outSize=(256,256), transform=None):
```

```
            super(MyVoc, self).__init__()
            with open(os.path.join(root,datatxt)) as fr:
                lines=fr.readlines()
            self.imgs=[]
            self.Labels=[]
            self.transform=transform
            self.root=root
            self.outSize=outSize
            for line in lines:
                l=line.rstrip('\n')
                img,lab=l.split(' ')
                self.imgs.append(img)
                self.Labels.append(lab)
        def __getitem__(self, index):
            imgName=self.imgs[index]
            labName=self.Labels[index]
            img=Image.open(os.path.join(self.root, imgName)).convert('RGB')
            lab=Image.open(os.path.join(self.root, labName)).convert('L')
            resize1=transforms.Resize(self.outSize, interpolation=Image.BILINEAR)
            resize2=transforms.Resize(self.outSize, interpolation=Image.NEAREST)
            img=resize1(img)
            lab=resize2(lab)
            if self.transform is not None:
                img=self.transform(img)
                lab=self.transform(lab)
            return img,lab
        def __len__(self):
            return len(self.imgs)
```

注意，分割和检测数据集的图像尺寸一般是不一致的，此处为了批量化读取和显示，在 __getitem__ 函数中，对图像和标签做了 Resize 处理。但是在实际中，如果设置 batch_size 为 1，这一步是不需要的。

下面调用 MyVoc() 函数进行可视化，代码如下：

```
Root=r'E:\datasets\VOC2012AUG'
Trans=transforms.ToTensor()
TrainSet=MyVoc(Root,'train.txt',transform=Trans)
ValSet=MyVoc(Root,'val.txt',transform=Trans)
trainLoader=data.DataLoader(TrainSet,batch_size=16,shuffle=True)
testLoader=data.DataLoader(ValSet,batch_size=4,shuffle=False)
# 训练
images,labels=next(iter(trainLoader))
Images=images.permute(0,2,3,1).numpy()
Labels=labels.permute(0,2,3,1).numpy()
plt.subplot(121)
plt.imshow(Images[0])
plt.subplot(122)
```

```
lab_c=colorize(np.asarray(np.round(Labels[0,:,:,0]*255),np.uint8), palette)
plt.imshow(lab_c)
plt.show()
# 批量网格显示
imgShow=torchvision.utils.make_grid(images).numpy()
imgShow=np.transpose(imgShow, (1,2,0))
plt.imshow(imgShow)
plt.show()
labShow=torchvision.utils.make_grid(labels).numpy()
labShow=np.transpose(labShow, (1,2,0))
Lab_c=colorize(np.asarray(np.round(labShow[:,:,0]*255),np.uint8), palette)
plt.imshow(Lab_c)
plt.show()
```

输出结果如图 6-22 所示。

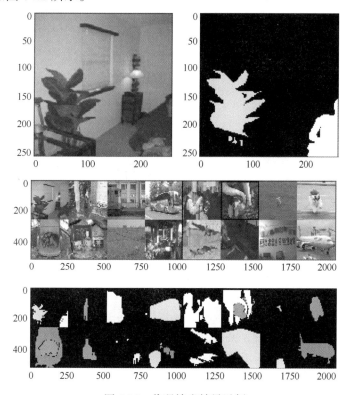

图 6-22 代码输出结果示例

由于标注 PNG 图像的像素值范围是 0～20，经 transform 后又在原范围上除以 255，因此会导致难以看清。如下代码定义了渲染函数 colorize()，将 21 类标签用调色板 palette 对应的不同颜色表示：

```
def colorize(imgIn, cMap):
    imgOut=np.empty([imgIn.shape[0],imgIn.shape[1],3])
    for i in range(imgIn.shape[0]):
        for j in range(imgIn.shape[1]):
```

```
            imgOut[i,j]=cMap[imgIn[i,j]]
    return imgOut
```

至此，通过分类和分割任务 2 个例子介绍了如何批量地从数据集中读取数据。其实在很多情况下，可以自己写一个简化版数据生成器，根据提供的文件名列表，按照给定的 batch_size 不断在循环内产生数据。对于前一个猫狗例子，下面给出一种实现以供参考，代码如下：

```python
# 数据生成器
def gen_data(fList, batch_size, img_size):
    while(1):
        files=rd.sample(fList,batch_size)
        Data=[]
        Label=[]
        for f in files:
            raw=cv2.imread(f)
            rgb=cv2.cvtColor(raw, cv2.COLOR_BGR2RGB)
            img=cv2.resize(rgb, (img_size,img_size))
            Data.append(img)
            # 标签
            if 'dog' in f.split('\\')[-1]:
                Label.append(0)
            else:
                Label.append(1)
        Data=np.array(Data)
        Label=np.array(Label)
        yield Data,Label
```

此处用 gen_data()函数定义一个生成器，用 next 方法或 for 语句循环访问，可以不断产生 Data 和 Label。由于 yield 一次只能产生一个值，因此占用内存很小。

6.4.4　一般数据集处理

以上是 PyTorch 自带数据集调用及由经典数据集的图像建立自己的类的过程，但如果需要对新的数据集进行学习，就要人工完成数据的整理、标注和增广过程，并建立新的数据集类。下面从一个具体实例入手，按照数据整理、数据标注、预处理与增广的顺序，介绍一般数据集的处理过程。

1. 数据整理

在市面上很常见的瓜子，在外观纹理上有所区别，如果除去大小的差别，大体可分为正常、花皮、锈斑和杂质 4 类，在食品工业中常用人工鉴别来判断一批产品的质量。首先采集并整理 500 多个瓜子的图像样本，并且保证每类样本数量基本均衡，分别放在名称为"0_hao""1_huapi""2_xiuban""3_zazhi"4 个文件夹中。

2. 数据标注

本例中，4 类图像已分别放到各自文件夹中，因此可以对每个文件夹分别遍历，贴上

标签，再按前面的风格，随机划分训练集、验证集和测试集，最后写入各自的描述文件中，
代码如下：

```python
# 瓜子数据处理
from glob import glob
import os
import numpy as np
from sklearn.model_selection import train_test_split
# 描述文件
Fold=r'E:\datasets\guazi'
subFold=['0_hao','1_huapi','2_xiuban','3_zazhi']
fList=[]
for sub in subFold:
    List=glob(os.path.join(Fold,sub,'*.jpg'))
    if sub=='0_hao':
        Lab=np.zeros([len(List)],np.float32)
        fList.extend(List)
    elif sub=='1_huapi':
        lab=np.ones([len(List)],np.float32)
        Lab=np.concatenate((Lab,lab))
        fList.extend(List)
    elif sub=='2_xiuban':
        lab=2*np.ones([len(List)],np.float32)
        Lab=np.concatenate((Lab,lab))
        fList.extend(List)
    elif sub=='3_zazhi':
        lab=3*np.ones([len(List)],np.float32)
        Lab=np.concatenate((Lab,lab))
        fList.extend(List)
# 数据集划分
X_train,X_test,y_train,y_test=train_test_split(fList,Lab,test_size=0.2)
X_train,X_val,y_train,y_val=train_test_split(X_train,y_train,test_size=0.15)
Written=[]
for i in range(len(X_train)):
    line='%s %d\n' % (X_train[i],y_train[i])
    Written.append(line)
with open('guazi_Train.txt','w') as fw:
    fw.writelines(Written)
Written=[]
for i in range(len(X_test)):
    line='%s %d\n' % (X_test[i],y_test[i])
    Written.append(line)
with open('guazi_Test.txt','w') as fw:
    fw.writelines(Written)
Written=[]
for i in range(len(X_val)):
```

```
                line='%s %d\n' % (X_val[i],y_val[i])
                Written.append(line)
        with open('guazi_Val.txt','w') as fw:
                fw.writelines(Written)
```

这里从全部样本中随机取出 20%为测试集，再从余下的样本中取出 15%作为验证集。训练集、验证集和测试集的描述文件分别为当前项目文件夹下的 guazi_Train.txt、guazi_Val.txt 和 guazi_Test.txt。

3．数据的预处理及增广

PyTorch 中对数据的增广及预处理是通过 Torchvision 的各种 transforms 组合完成的。因此在本例中，仍然先对 Dataset 类进行继承，实现可迭代生成的 DataLoader，代码如下：

```python
import torchvision
from torch.utils import data
import torchvision.transforms as transforms
import os
from matplotlib import pyplot as plt
from PIL import Image
import numpy as np
class MyGuazi(data.Dataset):
    def __init__(self, datatxt, transform=None):
        super(MyGuazi, self).__init__()
        with open(datatxt) as fr:
                lines=fr.readlines()
        self.Names=[]
        self.Labels=[]
        self.transform=transform
        for line in lines:
            l=line.rstrip('\n')
            fName,lab=l.split(' ')
            self.Names.append(fName)
            self.Labels.append(lab)
    def __getitem__(self, index):
        fName=self.Names[index]
        lab=int(self.Labels[index])
        img=Image.open(fName).convert('RGB')
        if self.transform is not None:
            img=self.transform(img)
        return img,lab
    def __len__(self):
        return len(self.Names)
```

由于瓜子的摆放形态各异，因此需要对图像进行随机翻转；同时，为了后续的批量训练，需要将图像缩放到同一尺寸。另外，考虑到瓜子有个头大小的细微区别，为了模拟这个随机变化，选择了随机尺度和长宽比的裁剪操作。这些操作的相关代码如下：

```
Trans=transforms.Compose([
        transforms.RandomHorizontalFlip(),
        transforms.RandomVerticalFlip(),
        transforms.RandomResizedCrop((256,256),scale=(0.8,1.2),ratio=(0.9,1.1)),
        transforms.ToTensor()])
TrainSet=MyGuazi('guazi_Train.txt',transform=Trans)
ValSet=MyGuazi('guazi_Val.txt',transform=Trans)
trainLoader=data.DataLoader(TrainSet,batch_size=16,shuffle=True)
valLoader=data.DataLoader(ValSet,batch_size=1,shuffle=False)
images,labels=next(iter(trainLoader))
imgShow=torchvision.utils.make_grid(images).numpy()
imgShow=np.transpose(imgShow, (1,2,0))
plt.imshow(imgShow)
plt.show()
print(labels)
images,labels=next(iter(valLoader))
imgShow=images.squeeze(0).permute((1,2,0))
plt.imshow(imgShow)
plt.show()
print(labels)
```

这里对训练集和验证集进行了 1 个批量样本的显示，batch_size 分别为 16 和 1，其中训练集可视化效果如图 6-23 所示。

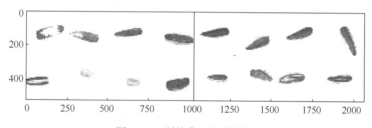

图 6-23　训练集可视化效果

数据增广并不是唯一的，可根据问题的范围甚至验证集的精度进行调整。除采用上述变换外，同样可以先随机旋转再裁剪中心固定尺寸，但是旋转后会改变原有尺寸和位置。另外，还可以在原有基础上增加随机亮度、对比度、色调和饱和度，这些操作对自然图像可以有效增加模型的泛化能力，但同时可能会影响图像本身的纹理信息。实现代码如下：

```
Trans=transforms.Compose([
        transforms.RandomHorizontalFlip(),
        transforms.RandomVerticalFlip(),
        transforms.RandomResizedCrop((256,256),scale=(0.8,1.2),ratio=(0.9,1.1)),
        transforms.ColorJitter(brightness=0.2, contrast=0.2, saturation=0.2, hue=0.2),
        transforms.ToTensor()])
```

6.5 本章小结

本章介绍了深度学习数据集及图像数据的处理。首先介绍了典型图像数据集及几种常见的标注工具；然后讲述了图像预处理的相关操作和理论描述；接着给出了常用的数据增广方法；最后给出了基于 PyTorch 的实践，包括如何重载 Dataset 类的成员函数来实现数据的批量生成，用一个实例介绍了数据的采集、整理、标注、增广与预处理的全过程。PyTorch、TensorFlow 等深度学习框架本身包含一定的数据集，可以辅助初学者学习，或测试新的模型。由于 PyTorch 使用比较灵活，本章的代码风格只是编者习惯，仅供参考。

数据是深度学习的基础，数据的质量是决定卷积神经网络性能的重要因素。数据增广有利于提高模型的泛化性能，减少过拟合。增广方法的选择不是固定的，有些增广可能会影响图像本身的质量，因此增广方法及其参数选择也是包含在模型训练的调参中的。下一章将介绍如何训练一个卷积神经网络，会涉及本章中的部分数据集。

第 7 章　卷积神经网络的训练

数据集准备好之后，寻找合适的网络架构并加以训练成为后续的核心工作。在相关图像处理任务中，卷积神经网络有很大的操作自由度，可以通过卷积、池化、全连接等结构和运算将数据映射到另一个空间，这些结构可以级联、并联或组成一个基本单元（Inception）再适当拼接。而训练这些网络参数也有多种不同的策略，一般情况下从头构建一个较优的卷积神经网络较为困难，通常参考一些成熟的经验和经典的模型进行简化设计。

在深度学习领域，参数（parameter）和超参数（hyperparameter）是两个相似但本质不同的概念。超参数是用来确定模型的一些参数，一般是根据经验和验证集效果确定的变量，超参数不同，模型是不同的。在卷积神经网络中，超参数有学习速率、迭代次数、层数、每层神经元的个数、批大小（batch size）及损失函数中各部分的权值等。而参数是可以根据模型自身的算法，通过数据迭代自动学习出的变量，如卷积核的权值 w、偏置 b 等。如果将卷积神经网络的训练看成多项式拟合问题，那么超参数是最高项次数，参数是各次项的系数。其中，参数可以用最小二乘法求解；而超参数只能先人工设定，再根据验证集上的效果选取最优的。

近年来，一些新方法如神经架构搜索（Neural Architecture Search, NAS）、自动机器学习（Automated Machine Learning，AutoML）等，尝试解决神经网络结构和超参数的自动搜索问题，这些知识并不在本书介绍的范围内。

7.1　网络超参数

创建整个神经网络模型前，首先要指定与网络结构相关的超参数，如输入图像大小、卷积层和池化层的相关超参数。

7.1.1　输入图像大小

卷积神经网络结构是固定的，当处理不同尺寸图像时，卷积层的输出特征图尺寸也会随着输入图像大小而改变。尽管这对于分割问题的全卷积结构或检测问题的 RoI pooling 结构没有影响，但是会造成分类问题的全连接层输入维度不一致，因此需要在数据集处理中将图像尺寸调整到固定大小，使不同输入图像获得相同规格的输出。

图像大小的选择要考虑多方面因素，为充分利用 GPU 效率，一些通用数据集的图像尺寸是固定的，如 CIFAR-10 中的图像为 32×32 像素，STL 数据集中的图像为 96×96 像素。AlexNet 和 VGG 等经典模型的官方版本输入图像大小为 224×224 像素，如果要使用其全部参数，可选择默认大小，否则无法使用其全连接层参数，需要重新定义全连接层甚至卷积层。卷积神经网络的本质是模拟人脑对图像的感知，更高分辨率的图像有利于提升学习效果，但会增加全连接单元的个数，从而大大增加计算量，这时可以增加 1 个卷积-池化层，在增加表达能力的情况下减少参数数量。

7.1.2 卷积层超参数

卷积层的超参数包括卷积核尺寸、数量及卷积的步长等。通常认为较小尺寸的卷积核能够在相同参数数量下增加网络容量和模型复杂程度，并减少卷积核个数，因此经典的网络如 LeNet-5、VGG-19、Inception 网络使用 3×3、5×5 甚至 1×1 结构，而在实践中最常用的尺寸为 3×3、5×5。也有工作使用不同尺寸卷积操作并联，提取不同分辨率特征。

由于卷积操作对图像的边界有影响，因此在卷积前通常进行填充操作，可以充分利用图像的边缘信息，搭配合适的卷积步长以便控制图像输出大小，避免随着网络深度的增加，图像尺寸急剧下降。

卷积的步长主要用于控制输出分辨率，如果填充操作使图像大小不变，步长为 2 的卷积输出为输入的 1/4（长宽皆为 1/2），对于一些需要降分辨率操作非常有效。

空洞卷积（dilated convolution）是一种有效的减少卷积参数的手段，设置了固定空洞大小的卷积核在前后卷积层级联，可以大大增加感受野，达到大的卷积核无法获得的效果。

卷积操作的输出尺寸不大于输入尺寸，而在图像到图像的生成任务中却需要增大图像大小，此时可以采用反卷积（又称转置卷积，transposed convolution）。反卷积本质上是一种分数步长卷积，是将输入图像内插变大后按卷积步骤的操作，内插也是超参数。

7.1.3 池化层超参数

池化层一般没有参与运算的参数，它的超参数主要是池化核尺寸、池化步长及池化方式。

池化的目的是保留大的响应值并降低分辨率，与卷积层类似，池化核尺寸一般也设定为比较小的值，如 2×2、3×3 等，常用的是尺寸为 2×2、步长为 2。此外，池化方式也是可选超参数，常用的有最大池化（Max Pooling）、平均池化（Average Pooling）、K-Max Pooling 等。

7.2 网络的训练

卷积神经网络训练可视为最小化损失函数的过程，训练网络需要初始化参数，设置合适的学习率，选择合适的批量归一化方法，再根据优化算法和策略不断迭代、更新参数，下面详细介绍。

7.2.1 参数初始化

卷积神经网络参数的初始化定义了训练的起点。常用的初始化方法有常数初始化、正态分布初始化、均匀分布初始化等。

在 PyTorch 中，默认的参数初始化方法是[−limit, limit]之间的均匀分布初始化，其中，

$$\text{limit} = \frac{1}{\sqrt{\text{in}}} \tag{7-1}$$

in 为参数 Tensor 输入单元的数量。

注意，在模型开始训练时不能用全零初始化，否则会造成输出和梯度全为零从而无法训练。

还有两种常用的正态分布初始化方法，适合于卷积层参数的初始化。第一种是 Xavier 初始化，其参数分布为

$$\boldsymbol{w} \sim N\left(0, G^2 \frac{2}{\text{in} + \text{out}}\right) \tag{7-2}$$

其中，out 为参数 Tensor 输出单元的数量，G 为用户指定的增益。Xavier 初始化可在线性激活函数上保证输入/输出的方差不变，在 Tanh 函数上也有较好的效果，但不适用于 ReLU 函数。

针对 Xavier 的不足，He 提出新的卷积层初始化方法，其参数分布为

$$\boldsymbol{w} \sim N\left(0, \frac{2}{\text{in}\sqrt{1 + a^2}}\right) \tag{7-3}$$

其中，a 为 Leaky ReLU 函数的负半轴斜率，对 ReLU 函数，$a=0$。

7.2.2　网络优化算法与策略

神经网络模型和目标函数确定后，优化算法给出了如何根据损失函数的梯度迭代、更新网络参数，使目标函数逼近最优。下面介绍常用的优化算法与策略。设目标函数为 $L(\boldsymbol{w}, \boldsymbol{x})$，它是卷积神经网络各层参数 $\boldsymbol{w}$ 和当前输入图像样本 $\boldsymbol{x}$ 的可导函数，训练前已进行了参数初始化 $\boldsymbol{w}=\boldsymbol{w}^{(0)}$。

1. 梯度下降算法

（1）基本梯度下降

在每次更新参数时，沿着 $L(\boldsymbol{w}, \boldsymbol{x})$ 的负梯度方向前进 η 步，η 称为学习率（learning rate）。若 $L(\boldsymbol{w}, \boldsymbol{x})$ 为凸函数且 η 设置合理，沿着负梯度方向逐步前进可以收敛到全局极小点。

基本的梯度下降算法使用所有样本计算梯度，称为批量梯度下降（Batch Gradient Descent, BGD），表达式为

$$\boldsymbol{w}^{(n)} = \boldsymbol{w}^{(n-1)} - \eta \frac{1}{m} \sum_{i=1}^{m} \frac{\partial L(\boldsymbol{w}, \boldsymbol{x}_i)}{\partial \boldsymbol{w}^{(n-1)}} \tag{7-4}$$

其中，m 为数据集样本总数。

BGD 一次迭代是对所有样本进行计算，由全数据集确定的负梯度方向能够更好地代表样本总体，从而更准确地朝向极值所在的方向。当目标函数为凸函数时，BGD 一定能够得到全局最优。然而在深度学习问题中，通常数据集很大，计算成本很高，并且所有样本取平均的负梯度方向通常使得收敛很慢，可能会陷入局部极小，此时可采用其他策略。

（2）随机梯度下降（Stochastic Gradient Descent，SGD）

随机梯度下降在每轮迭代中随机使用 1 个样本 $\boldsymbol{x}_i$ 来计算梯度并进行参数更新：

$$w^{(n)} = w^{(n-1)} - \eta \frac{\partial L(w, x_i)}{\partial w^{(n-1)}} \qquad (7-5)$$

由于只在单个样本上计算梯度，使得每轮参数更新大大加快，但同时增加了不确定性，可能会陷入局部极小，也可能会跳出局部极小，搜索过程随机性大。

（3）小批量梯度下降（Mini-Batch GD）

每次用 1 个批量（batch_size）的样本计算梯度并更新，是 BGD 和 SGD 的折中，表达式为

$$w^{(n)} = w^{(n-1)} - \eta \frac{1}{B} \sum_{i=1}^{B} \frac{\partial L(w, x_i)}{\partial w^{(n-1)}} \qquad (7-6)$$

其中，B 表示批量大小。

Mini-Batch GD 使得每轮迭代的计算量较少，训练时目标函数下降的随机性减小，batch_size 可在收敛速度和内存、显存消耗上灵活选择，因此是深度学习的最常用策略。除了梯度下降算法，SGD 和 Mini-Batch GD 的策略也可用于其他优化算法。

梯度下降算法的更新策略比较简单，当前时刻参数 w 的改变量仅取决于上一时刻梯度值，因此在鞍点处收敛慢；在实际使用中，当 w 各分量梯度相差很大时，收敛快慢不一致，从而影响总体速度。另外，选择合适的学习率 η 通常比较困难，各分量的学习率更难权衡。

【例 7-1】通过 1 个多元线性回归训练的例子演示梯度下降算法的过程，偏导数的计算利用 PyTorch 的自动求导功能。

代码如下：

```
import torch
import numpy as np
# x, y: 含噪声训练数据
# w, b: 线性回归待优化参数
# Num: 训练样本数
# epoch: 训练轮数
Num=128
epoch=10
lr=0.001
x=np.random.rand(Num,5)
w=np.random.rand(5)
b=np.random.rand()
nois=0.05*np.random.rand(Num)
y=np.matmul(x,w)+b+nois
W=torch.randn(5,1,requires_grad=True)
B=torch.randn(1,requires_grad=True)
X=torch.Tensor(x)
Y=torch.Tensor(y)
for i in range(epoch):
    Y_=X.mm(W)+B
    Loss=torch.sum((Y-Y_)**2)/Num
    print('Epoch: %d, Loss: %.4f' % (i,Loss.data))
```

```
Loss.backward()
W.data-=lr*W.grad.data
B.data-=lr*B.grad.data
W.grad.data.zero_()
B.grad.data.zero_()
```

这里只用基本梯度下降算法进行 10 轮训练,并打印每轮的损失值,程序输出结果如下:

```
Epoch: 0, Loss: 496.8029
Epoch: 1, Loss: 138.7673
Epoch: 2, Loss: 76.2621
Epoch: 3, Loss: 64.6521
Epoch: 4, Loss: 61.8320
Epoch: 5, Loss: 60.5537
Epoch: 6, Loss: 59.5687
Epoch: 7, Loss: 58.6607
Epoch: 8, Loss: 57.7916
Epoch: 9, Loss: 56.9536
```

2. 动量算法

动量(Momentum)算法就像从山上扔 1 个小球,小球向山下滚动过程中,动量会累积越来越大。令 $\mathrm{d}\boldsymbol{w}^{(n-1)}$ 为第 $n-1$ 轮后利用 3 种梯度下降算法计算出的梯度改变量,即

$$\mathrm{d}\boldsymbol{w}^{(n-1)} = \begin{cases} \dfrac{1}{m}\sum_{i=1}^{m}\dfrac{\partial L(\boldsymbol{w},\boldsymbol{x}_i)}{\partial \boldsymbol{w}^{(n-1)}} & \text{(BGD)} \\[3mm] \dfrac{\partial L(\boldsymbol{w},\boldsymbol{x}_i)}{\partial \boldsymbol{w}^{(n-1)}} & \text{(SGD)} \\[3mm] \dfrac{1}{B}\sum_{i=1}^{B}\dfrac{\partial L(\boldsymbol{w},\boldsymbol{x}_i)}{\partial \boldsymbol{w}^{(n-1)}} & \text{(Mini-Batch GD)} \end{cases} \tag{7-7}$$

动量算法除了含有当前梯度下降部分,还包括了前面迭代中梯度的滑动平均,表达式为

$$\begin{cases} \boldsymbol{v}^{(n)} = \alpha\boldsymbol{v}^{(n-1)} - \eta\mathrm{d}\boldsymbol{w}^{(n-1)} \\ \boldsymbol{w}^{(n)} = \boldsymbol{w}^{(n-1)} + \boldsymbol{v}^{(n)} \end{cases} \tag{7-8}$$

其中, $\boldsymbol{v}^{(n-1)}$ 为第 $n-1$ 轮前梯度的滑动平均,初始化为 0; α 为接近 1 的值,一般设为 0.9。

由于每个分量的更新都对上一时刻动量和当前梯度做了加权和,使得在收敛过程中出现逐渐衰减的震荡,有利于离开鞍点,收敛速度通常快于梯度下降算法。

【例 7-2】采用动量算法实现例 7-1 功能的训练过程。

```
alpha=0.9
v_w=torch.zeros_like(W)
v_b=torch.zeros_like(B)
for i in range(epoch):
    Y_=X.mm(W)+B
    Loss=torch.sum((Y-Y_)**2)/Num
    print('Epoch: %d, Loss: %.4f' % (i,Loss.data))
```

```
Loss.backward()
v_w.data=alpha*v_w.data-lr*W.grad.data
v_b.data=alpha*v_b.data-lr*B.grad.data
W.data+=v_w
B.data+=v_b
W.grad.data.zero_()
B.grad.data.zero_() .
```

程序输出结果如下：

```
Epoch: 0, Loss: 2241.1826
Epoch: 1, Loss: 425.1691
Epoch: 2, Loss: 367.0347
Epoch: 3, Loss: 1628.3878
Epoch: 4, Loss: 1355.6633
Epoch: 5, Loss: 181.9370
Epoch: 6, Loss: 355.4625
Epoch: 7, Loss: 1142.3199
Epoch: 8, Loss: 792.2617
Epoch: 9, Loss: 70.0999
```

3. NAG 算法

NAG（Nesterov Accelerated Gradient）算法是对动量算法的改进，w 的增量不仅包括当前动量项，还用上一时刻动量进行了修正，可以防止动量算法下降得过快，从而增强了稳定性，表达式为

$$\begin{cases} \boldsymbol{v}^{(n)} = \alpha \boldsymbol{v}^{(n-1)} - \eta \mathrm{d}\boldsymbol{w}^{(n-1)} \\ \boldsymbol{w}^{(n)} = \boldsymbol{w}^{(n-1)} - \alpha \boldsymbol{v}^{(n-1)} + (1+\alpha)\alpha \boldsymbol{v}^{(n)} \end{cases} \quad (7-9)$$

【例 7-3】NAG 算法的实现代码示例。

```
alpha=0.9
v_w=torch.zeros_like(W)
v_b=torch.zeros_like(B)
for i in range(epoch):
    Y_=X.mm(W)+B
    Loss=torch.sum((Y-Y_)**2)/Num
    print('Epoch: %d, Loss: %.4f' % (i,Loss.data))
    Loss.backward()
    v_w.data=alpha*v_w.data-lr*W.grad.data
    v_b.data=alpha*v_b.data-lr*B.grad.data
    W.data+=-alpha*v_w+(1+alpha)*alpha*v_w
    B.data+=-alpha*v_b+(1+alpha)*alpha*v_b
    W.grad.data.zero_()
    B.grad.data.zero_()
```

程序输出结果如下：

```
Epoch: 0, Loss: 127.0909
Epoch: 1, Loss: 65.6060
Epoch: 2, Loss: 44.0310
Epoch: 3, Loss: 80.0916
Epoch: 4, Loss: 95.5935
Epoch: 5, Loss: 60.1255
Epoch: 6, Loss: 30.9401
Epoch: 7, Loss: 44.8531
Epoch: 8, Loss: 63.3649
Epoch: 9, Loss: 48.7603
```

4．AdaGrad 算法

前面介绍的优化算法中，目标函数对于参数向量 w 的每个分量 $w_i(i=1, 2,\cdots, N)$ 都使用同一个学习率来进行迭代，当这些分量的梯度值差别较大时，需要选择足够小的学习率使得参数 w 在梯度值较大的维度上不发散，但这样会导致 w 在较小的维度上迭代过慢。为此，AdaGrad 算法对不同的参数分量采用了不同的学习率，用当前时刻该参数的梯度值之和的二次方根倒数调整原有速率，即

$$w^{(n)} = w^{(n-1)} - \eta(G^{(n-1)})^{-1}dw^{(n-1)} \tag{7-10}$$

其中，

$$G^{(n)} = \begin{bmatrix} \sqrt{\sum_{i=1}^{n}(dw_1^{(i)})^2 + \varepsilon} & 0 & \cdots & 0 \\ 0 & \sqrt{\sum_{i=1}^{n}(dw_2^{(i)})^2 + \varepsilon} & \cdots & 0 \\ \vdots & \vdots & \cdots & \vdots \\ 0 & 0 & \cdots & \sqrt{\sum_{i=1}^{n}(dw_N^{(i)})^2 + \varepsilon} \end{bmatrix} \tag{7-11}$$

ε 为小的正数，避免求逆分母为零。这样可以使参数的调整具有适应性，η 可直接赋值为 0.01；其缺点是在分母中一直累加梯度，可能会导致学习率一直变小。

【例 7-4】AdaGrad 算法的实现代码示例。

```
alpha=0.9
eps=0.01
lr=0.1
sum_w=torch.zeros_like(W)
sum_b=torch.zeros_like(B)
for i in range(epoch):
    Y_=X.mm(W)+B
    Loss=torch.sum((Y-Y_)**2)/Num
    print('Epoch: %d, Loss: %.4f' % (i,Loss.data))
    Loss.backward()
    sum_w.data+=W.grad.data**2
```

```
sum_b.data+=B.grad.data**2
G_w=torch.diag(torch.sqrt(sum_w+eps).squeeze())
G_b=torch.sqrt(sum_b+eps)
W.data-=lr*torch.inverse(G_w).mm(W.grad)
B.data-=lr/G_b*B.grad
W.grad.data.zero_()
B.grad.data.zero_()
```

程序输出结果如下：

```
Epoch: 0, Loss: 1575.9508
Epoch: 1, Loss: 1284.6836
Epoch: 2, Loss: 1107.6222
Epoch: 3, Loss: 978.2621
Epoch: 4, Loss: 876.3633
Epoch: 5, Loss: 792.6914
Epoch: 6, Loss: 722.1430
Epoch: 7, Loss: 661.5558
Epoch: 8, Loss: 608.8152
Epoch: 9, Loss: 562.4263
```

5. RMSprop 算法

与 AdaGrad 算法不同，RMSprop 算法用滑动平均调整参数分量的学习率，无须保存大量的梯度值。在优化过程中，参数向量 w 的各个分量与全局极小点的距离不同，因此需要不同的收敛速度。如果某个方向上梯度震荡很大，应该减小其步长；反之，应该增大其步长。RMSprop 算法的表达式为

$$\begin{cases} \boldsymbol{g}^{(n)} = \rho \boldsymbol{g}^{(n-1)} + (1-\rho)\mathrm{d}\boldsymbol{w}^{(n)} \odot \mathrm{d}\boldsymbol{w}^{(n)} \\ \boldsymbol{w}^{(n+1)} = \boldsymbol{w}^{(n-1)} - \dfrac{\eta}{\sqrt{\boldsymbol{g}^{(n)}+\varepsilon}} \odot \mathrm{d}\boldsymbol{w}^{(n)} \end{cases} \tag{7-12}$$

其中，g 为 w 梯度平方的滑动平均，表示震荡大小，因此在更新 w 时用 $\sqrt{\boldsymbol{g}^{(n)}+\varepsilon}$ 进行了归一化，调整收敛速度。

【例 7-5】RMSprop 算法的实现代码示例。

```
rho=0.9
eps=1e-5
lr=0.1
g_w=torch.zeros_like(W)
g_b=torch.zeros_like(B)
for i in range(epoch):
    Y_=X.mm(W)+B
    Loss=torch.sum((Y-Y_)**2)/Num
    print('Epoch: %d, Loss: %.4f' % (i,Loss.data))
    Loss.backward()
    g_w.data=rho*g_w.data+(1-rho)*W.grad.data**2
```

```
g_b.data=rho*g_b.data+(1-rho)*B.grad.data**2
W.data-=lr/torch.sqrt(g_w.data+eps)*W.grad.data
B.data-=lr/torch.sqrt(g_b.data+eps)*B.grad.data
W.grad.data.zero_()
B.grad.data.zero_()
```

程序输出结果如下：

```
Epoch: 0, Loss: 1634.1449
Epoch: 1, Loss: 769.8942
Epoch: 2, Loss: 419.6898
Epoch: 3, Loss: 241.6753
Epoch: 4, Loss: 145.1251
Epoch: 5, Loss: 91.9364
Epoch: 6, Loss: 62.8109
Epoch: 7, Loss: 47.1043
Epoch: 8, Loss: 38.7581
Epoch: 9, Loss: 34.3277
```

6. Adadelta 算法

Adadelta 算法采用梯度平方的滑动平均和参数 w 增量平方的滑动平均调整学习率，表达式为

$$
\begin{cases}
\boldsymbol{g}^{(n)} = \rho \boldsymbol{g}^{(n-1)} + (1-\rho)\mathrm{d}\boldsymbol{w}^{(n)} \odot \mathrm{d}\boldsymbol{w}^{(n)} \\
\Delta \boldsymbol{w}^{(n)} = -\dfrac{\sqrt{\boldsymbol{h}^{(n-1)}+\varepsilon}}{\sqrt{\boldsymbol{g}^{(n-1)}+\varepsilon}} \odot \mathrm{d}\boldsymbol{w}^{(n)} \\
\boldsymbol{h}^{(n)} = \rho \boldsymbol{h}^{(n-1)} + (1-\rho)\Delta \boldsymbol{w}^{(n)} \odot \Delta \boldsymbol{w}^{(n)} \\
\boldsymbol{w}^{(n+1)} = \boldsymbol{w}^{(n)} + \Delta \boldsymbol{w}^{(n)}
\end{cases}
\tag{7-13}
$$

与 RMSprop 算法相同，Adadelta 算法也进行了梯度平方的滑动平均，并将其作为学习率的一项调整。由式（7-13）可知，Adadelta 算法的学习率与梯度大小和增量有关。

【例 7-6】 Adadelta 算法的实现代码示例。

```
rho=0.9
eps=1e-5
g_w=torch.zeros_like(W)
g_b=torch.zeros_like(B)
h_w=torch.zeros_like(W)
h_b=torch.zeros_like(B)
for i in range(epoch):
    Y_=X.mm(W)+B
    Loss=torch.sum((Y-Y_)**2)/Num
    print('Epoch: %d, Loss: %.4f' % (i,Loss.data))
    Loss.backward()
    g_w.data=rho*g_w.data+(1-rho)*W.grad.data**2
    g_b.data=rho*g_b.data+(1-rho)*B.grad.data**2
    del_w=-torch.sqrt(h_w.data+eps)/torch.sqrt(g_w.data+eps)*W.grad.data
```

```
del_b=-torch.sqrt(h_b.data+eps)/torch.sqrt(g_b.data+eps)*B.grad.data
h_w.data=rho*h_w.data+(1-rho)*del_w**2
h_b.data=rho*h_b.data+(1-rho)*del_b**2
W.data+=del_w
B.data+=del_b
W.grad.data.zero_()
B.grad.data.zero_()
```

程序输出结果如下：

```
Epoch: 0, Loss: 624.7939
Epoch: 1, Loss: 605.3929
Epoch: 2, Loss: 585.9828
Epoch: 3, Loss: 566.7940
Epoch: 4, Loss: 547.9382
Epoch: 5, Loss: 529.4784
Epoch: 6, Loss: 511.4521
Epoch: 7, Loss: 493.8820
Epoch: 8, Loss: 476.7818
Epoch: 9, Loss: 460.1581
```

7. Adam 算法

Adam 算法可看成 RMSprop 算法和动量算法的结合，同时使用了一阶矩和二阶矩，并引入了平滑系数 β_1 和 β_2。与动量算法类似，对梯度一阶矩进行了滑动平均，即

$$\boldsymbol{m}^{(n)} = \beta_1 \boldsymbol{m}^{(n-1)} + (1-\beta_1)\mathrm{d}\boldsymbol{w}^{(n)} \tag{7-14}$$

与 RMSprop 算法类似，用梯度平方对二阶矩进行估计，即

$$\boldsymbol{v}^{(n)} = \beta_2 \boldsymbol{v}^{(n-1)} + (1-\beta_2)\mathrm{d}\boldsymbol{w}^{(n)} \odot \mathrm{d}\boldsymbol{w}^{(n)} \tag{7-15}$$

为避免 $\boldsymbol{m}$ 和 $\boldsymbol{v}$ 初始化造成的偏差，对其偏差校正，即

$$\begin{cases} \hat{\boldsymbol{m}}^{(n)} = \dfrac{\boldsymbol{m}^{(n)}}{1-\beta_1^n} \\[3mm] \hat{\boldsymbol{v}}^{(n)} = \dfrac{\boldsymbol{v}^{(n)}}{1-\beta_2^n} \end{cases} \tag{7-16}$$

用校正后的一阶、二阶矩更新参数向量，即

$$\boldsymbol{w}^{(n+1)} = \boldsymbol{w}^{(n)} - \frac{\eta}{\sqrt{\hat{\boldsymbol{v}}^{(n)}} + \varepsilon} \odot \hat{\boldsymbol{m}}^{(n)} \tag{7-17}$$

Adam 算法比其他改进算法拥有更快的收敛速度。

【例 7-7】Adam 算法的实现代码示例。

```
beta1=0.9
beta2=0.999
eps=1e-8
lr=0.1
m_w=torch.zeros_like(W)
```

```
        m_b=torch.zeros_like(B)
        v_w=torch.zeros_like(W)
        v_b=torch.zeros_like(B)
        for i in range(epoch):
            Y_=X.mm(W)+B
            Loss=torch.sum((Y-Y_)**2)/Num
            print('Epoch: %d, Loss: %.4f' % (i,Loss.data))
            Loss.backward()
            m_w.data=beta1*m_w.data+(1−beta1)*W.grad.data
            m_b.data=beta1*m_b.data+(1−beta1)*B.grad.data
            v_w.data=beta2*v_w.data+(1−beta2)*W.grad.data**2
            v_b.data=beta2*v_b.data+(1−beta2)*B.grad.data**2
            m_w_=m_w/(1−beta1**(i+1))
            m_b_=m_b/(1−beta1**(i+1))
            v_w_=v_w/(1−beta2**(i+1))
            v_b_=v_b/(1−beta2**(i+1))
            W.data-=lr/torch.sqrt(v_w_+eps)*m_w_
            B.data-=lr/torch.sqrt(v_b_+eps)*m_b_
            W.grad.data.zero_()
            B.grad.data.zero_()
```

程序输出结果如下：

```
Epoch: 0, Loss: 1563.9030
Epoch: 1, Loss: 1270.7080
Epoch: 2, Loss: 1010.1931
Epoch: 3, Loss: 782.7349
Epoch: 4, Loss: 588.3922
Epoch: 5, Loss: 426.8212
Epoch: 6, Loss: 297.1844
Epoch: 7, Loss: 198.0566
Epoch: 8, Loss: 127.3459
Epoch: 9, Loss: 82.2464
```

7.2.3　批量规一化

卷积神经网络在训练时，内部各隐层的输入数据和输出数据存在分布差异，并且随着网络深度增大而越来越大，数值范围逐渐趋于非线性激活函数的上下限（如图 7-1(a)中当 Sigmoid 函数趋于 $\pm\infty$ 时，导数将位于很小的区域），这就是内部协变量偏移（internal covariate shift）问题，它破坏了机器学习的独立同分布假设。在使用梯度下降算法时，由于有的层参数更新较快，有的较慢，从而带来梯度消失或爆炸问题，因此不能采用大的学习率，导致模型收敛缓慢。

批量归一化（Batch Normalization, BN）是指对网络中某一节点的输出进行处理，使数据接近均值为 0、方差为 1 的正态分布，从而缓解训练中的梯度消失和爆炸现象，加快模型的训练速度。批量归一化层针对小批量的训练数据，引入了两个可学习的模型参数（尺度（scale）参数 γ 和偏移（shift）参数 β），将标准正态分布映射到同构空间中，使网络表达能力增强。算法如下所述。

输入：m 个样本组成的批量 $B=\{x_1, x_2, \cdots, x_m\}$ 中的任意样本 $x_i \in \mathrm{R}^d$，$1 \leqslant i \leqslant m$，参数 γ、$\beta \in \mathrm{R}^d$。

输出：$y_i = BN_{\gamma,\beta}(x_i)$

第 1 步，计算该批量样本的均值和方差：

$$\mu_B = \frac{1}{m} \sum_{i=1}^{m} x_i \tag{7-18}$$

$$\sigma_B^2 = \frac{1}{m} \sum_{i=1}^{m} (x_i - \mu_B)^2 \tag{7-19}$$

第 2 步，对数据进行归一化处理：

$$\hat{x}_i = \frac{x_i - \mu_B}{\sqrt{\sigma_B^2 + \varepsilon}} \tag{7-20}$$

第 3 步，利用学习参数 γ 和 β 进行缩放和平移：

$$y_i = \gamma \odot \hat{x}_i + \beta \equiv BN_{\gamma,\beta}(x_i) \tag{7-21}$$

在测试时，无须计算测试样本的均值和方差，只需用训练样本批量 B 的均值和方差的期望代替：

$$E[x] = E_B[\mu_B] \tag{7-22}$$

$$\mathrm{Var}[x] = \frac{m}{m-1} E_B[\sigma_B^2] \tag{7-23}$$

由于求期望需要知道每次训练的均值和方差，从而消耗存储容量，因此在实际中使用滑动平均代替期望。

第 4 步，对于测试样本 x，输出如下：

$$y_t = \gamma \odot \frac{x_t - E[x]}{\sqrt{\mathrm{Var}[x] + \varepsilon}} + \beta \tag{7-24}$$

进行式（7-20）所示的归一化后，虽然数据范围进入了激活函数的导数较大的区域，但由于该区域近似为线性（见图 7-1(b)），使网络的表达能力下降，因此在此基础上要对数据分布总体平移和缩放（见图 7-1(c)），如式（7-21）所示。参数 γ 和 β 在网络迭代中更新，这样既能拥有非线性函数的较强表达能力，又避免太接近非线性区两头使得网络收敛速度太慢。批量归一化一般使用于非线性映射函数前，解决了内部协变量偏移问题，对参数初始化不敏感，训练时可使用较大的学习率；还可以提高模型精度，对消除过拟合也有一定的作用，使网络不需要随机失活。

在图像处理任务中，数据的维度是[批量(B)，通道(C)，行(H)，列(W)]，批量归一化是在每个 B 上对每个 C 求 H 和 W 的平均，保留 C 的维度。批量归一化提出后，人们又相继提出其他的规一化方法，如层规一化（Layer Normalization, LN）、实例规一化（Instance Normalization, IN）、组规一化（Group Normalization, GN）等，这些规一化方法在处理不同的任务上有着很好的效果。

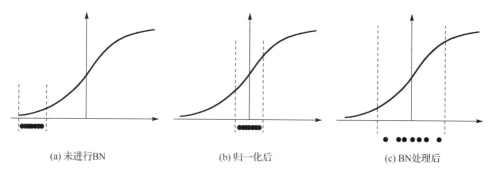

(a) 未进行BN　　　　　(b) 归一化后　　　　　(c) BN处理后

图 7-1　数据经过 BN 前后对应于 Sigmoid 激活函数的范围

7.2.4　学习率的设定

理想的学习率会促进模型收敛，如果卷积神经网络的学习率设置太小，目标函数下降速度慢；而学习率过大，可能会在最优解附近不断震荡，甚至直接导致目标函数"爆炸"。初始学习率不宜过大，一般设为 0.01 或 0.001，在训练过程中，可以按一定规则让学习率逐渐衰减，常用的策略如下。

1．阶梯式下降

在一定轮数区间内，学习率固定为一个值。在 PyTorch 中可用如下代码实现：

```
torch.optim.lr_scheduler.StepLR(optimizer, step_size, gamma=0.1, last_epoch=-1)
```

其中，step_size 为学习率下降间隔数，即每到一个 step_size 时，将学习率乘以 gamma；gamma 为学习率调整系数，默认为 0.1；last_epoch 为上一个轮数，用于判断学习率是否需要调整。

PyTorch 还提供了 torch.optim.lr_scheduler.MultiStepLR(optimizer, milestones, gamma=0.1, last_epoch=-1)，用户可在 milestones 中定义调整学习率的步骤。

2．指数衰减下降

每轮学习率比上轮按指数衰减，即 $\eta=\eta\cdot gamma^{epoch}$，在 PyTorch 中可用如下代码实现：

```
torch.optim.lr_scheduler.ExponentialLR(optimizer, gamma, last_epoch=-1)
```

3．自适应调整

当监测到某项性能评价指标不再发生变化时再调整学习率，PyTorch 也提供了相应实现，代码如下：

```
torch.optim.lr_scheduler.ReduceLROnPlateau(optimizer,
                mode='min', factor=0.1, patience=10, verbose=False,
                threshold=0.0001, threshold_mode='rel', cooldown=0,
                min_lr=0, eps=1e-08)
```

其中，factor 为学习率调整倍数；patience 为忍受该指标多少步不变化，用于调整学习率；mode 包括 min 和 max 两种模式，分别用于监测越小越好的指标（如损失函数值）和越大越好的指标（如分类正确率）。

此外，PyTorch 还封装了自定义的调整策略，代码如下：

```
torch.optim.lr_scheduler.LambdaLR(optimizer, lr_lambda, last_epoch=−1)
```

其中，lr_lambda 供用户编写计算学习率调整倍数的函数。

7.2.5 训练数据置乱

卷积神经网络训练数据是固定的，因此模型每轮学习的"知识"是一样的。当采用小批量（mini-batch）策略时，可以在每轮训练前随机打乱数据的次序，配合数据增广方法，使模型每次输入的数据都不相同，这样不仅能提高训练的收敛速度，还能增强模型的泛化性能。在 PyTorch 中，可以通过设置 torch.utils.data.DataLoader 类中的 shuffle 参数来实现。

7.3 图像分类实例

本节将以 MNIST 手写体数字分类为例，介绍如何使用 PyTorch 从头训练模型，并比较不同网络结构和优化算法对测试正确率与收敛曲线的影响。

7.3.1 网络结构超参数比较

1. 全连接

MNIST 数据集和导入方法已在前面内容中进行了介绍，这里尝试采用几种网络结构和优化算法，并比较它们的训练曲线和最终识别正确率。

首先，采用简单的单隐藏层全连接模型结构，每层输入维度和参数个数如表 7-1 所示。

表 7-1 单隐藏层全连接模型结构

操 作	输 入 维 度	参 数 个 数
输入、Reshape	batch×28×28×1	—
全连接	batch×784	784×100
全连接	batch×1000	100×10
输出	batch×10	—

PyTorch 提供了 torch.nn 包实现神经网络的各种常见结构，如定义前向传播结构，可以将操作用 torch.nn.Sequential 嵌套起来，代码如下：

```
models=torch.nn.Sequential(torch.nn.Linear(100,1000),
                           torch.nn.ReLU(),
                           torch.nn.Linear(1000,10))
```

上述代码定义了一个 2 层全连接、输入维度为 batch×100、输出维度为 batch×10，中间采用 ReLU 函数作为激活函数的网络。这是一种简单的创建方法，但在实践中为了便于修改参数、调整顺序，通常继承 torch.nn.Module，并自定义模型结构类。本节的全连接结构函数实现代码如下：

```
class version1(nn.Module):
    def __init__(self):
        super(version1, self).__init__()
        self.fc1 = nn.Linear(28*28, 100)
        self.fc2 = nn.Linear(100, 10)
        self.act = nn.ReLU()
    def forward(self, X):
        flat = X.view(X.size(0), -1)
        hidden = self.act(self.fc1(flat))
        final = self.act(self.fc2(hidden))
        return final
```

其中，在构造函数 __init__ 中定义了属性 fc1、fc2 和 act，分别指定了第 1、2 层全连接和激活函数，在成员函数 forward()中由前到后定义了网络的结构。

为了实例化这个类，只需要编写语句 model=version1()，当输入语句 print(model)时，会打印出 __init__ 中定义的运算如下：

```
version1(
    (fc1): Linear(in_features=784, out_features=100, bias=True)
    (fc2): Linear(in_features=100, out_features=10, bias=True)
    (act): ReLU()
)
```

默认情况下，模型会存储在 CPU 上，如果想利用 GPU，可以改写代码为

```
model=version1().cuda()
```

其次，需要定义损失函数。分类问题一般采用交叉熵（Cross Entropy）损失函数，PyTorch 提供了 torch.nn.CrossEntropyLoss，在定义时无须传入任何参数：

```
loss_fn = nn.CrossEntropyLoss()
```

在调用损失函数时，传递的第 1 个参数为模型独热编码（one-hot encoding）结构的输出，第 2 个参数为单独的标签值，函数返回值为当前损失值：

```
loss=loss_fn(y_, labs)
```

接着，需要定义优化器，其定义方式与损失函数类似，可以在 PyTorch 中直接指定，传入需要优化的参数和学习率。例如，使用 Adam 算法优化，学习率为 0.0001，则调用格式为

```
opt=torch.optim.Adam(model.parameters(),lr=1e-4)
```

在每次的迭代中，先要使用优化器对模型参数进行梯度归零，再对损失函数计算梯度，最后使用优化器对参数进行更新，这几步需要手动编写，在相应的循环内加上如下代码：

```
opt.zero_grad()
loss.backward()
opt.step()
```

而整个网络训练可以通过以下循环来完成：

```
Epochs=80
nCount=0
for i in range(Epochs):
    model.train()
    for images,labs in loader_train:
        images=images.cuda()
        labs=labs.cuda()
        y_=model(images)
        loss=loss_fn(y_, labs)
        opt.zero_grad()
        loss.backward()
        opt.step()
        nCount+=1
```

这里定义了训练总轮数为 80，并设置变量 nCount 记录步数，指定模式为训练（model.train()）。每轮用训练集的迭代器 loader_train（其定义可参见第 6 章）不断产生图像 images 和标签 labs 并将其送入 GPU，将 images 送入模型得到输出 y_，与 labs 计算得到损失函数值，再通过手动的梯度计算，更新模型参数。为了能够不断向外输出损失函数值，可每隔若干步打印输出一次，如

```
if nCount%200==0:
    print('[Train]|Step: %d, loss: %.4f.' % (nCount, loss.data))
```

运行后，输出结果如下：

```
[Train]|Step: 200, loss: 1.8254.
[Train]|Step: 400, loss: 1.4739.
[Train]|Step: 600, loss: 1.3735.
[Train]|Step: 800, loss: 1.0663.
[Train]|Step: 1000, loss: 1.1011.
[Train]|Step: 1200, loss: 1.0172.
[Train]|Step: 1400, loss: 1.3446.
[Train]|Step: 1600, loss: 1.1037.
[Train]|Step: 1800, loss: 1.1182.
[Train]|Step: 2000, loss: 1.2128.
[Train]|Step: 2200, loss: 0.9722.
```

这样的结果有时不够直观，还可以将结果动态地输入表格并实时显示。具体实现方法有很多种，这里推荐使用 visdom 模块，它是一个专门用于 PyTorch 的交互式可视化工具。安装 visdom 需要在联网状态下打开命令行终端输入：

```
pip install visdom
```

使用时需要打开命令行终端输入：

```
python -m visdom.server
```

如果安装环境正常，会显示：

```
Checking for scripts.
It's Alive!
INFO:root:Application Started
You can navigate to http://localhost:8097
```

此时打开浏览器，在地址栏输入 http://localhost:8097 并回车，就可进入如图 7-2 所示的 visdom 本地服务界面。

图 7-2　visdom 本地服务界面

在已有代码中加下列语句，即可启用 visdom：

```
from visdom import Visdom
```

再开启名为"Train"的环境：

```
viz=Visdom(env='Train')
```

以 nCount 为 X 轴，loss 为 Y 轴，每隔一定步数，添加此时的 X、Y 值到曲线，代码如下：

```
viz.line(Y=[lossV],X=[nCount],win='Loss',update='append',opts=dict(title='Train Loss',
                                                    xlabel='step', ylabel='loss'))
```

其中，win='Loss'指定画在名为 Loss 的窗口中；update='append'为更新方式，向尾部添加新数据；opts 明确了标题和 X、Y 轴的名称。将其嵌入训练的代码中，如下：

```
viz=Visdom(env='Train')
Epochs=80
nCount=0
for i in range(Epochs):
    model.train()
```

```
for images,labs in loader_train:
    images=images.cuda()
    labs=labs.cuda()
    y_=model(images)
    loss=loss_fn(y_, labs)
    opt.zero_grad()
    loss.backward()
    opt.step()
    nCount+=1
    if nCount%200==0:
        print('[Train]|Step: %d, loss: %.4f.' % (nCount, loss.data))
        lossV=loss.cpu().detach().numpy()
        viz.line(Y=[lossV],X=[nCount],win='Loss',update='append',
                        opts=dict(title='Train Loss',
                        xlabel='step',ylabel='loss'))
```

随着训练的进行，就能在窗口中动态显示损失函数值的变化曲线，如图 7-3 所示。

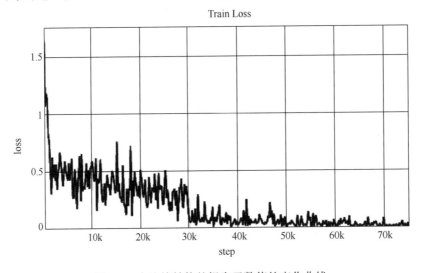

图 7-3　全连接结构的损失函数值的变化曲线

训练完成后，需要将模型保存至硬盘上，以便测试或用于迁移和微调。模型的保存有两种方式，一种是使用 torch.save(net, path) 保存整个模型，包括结构和参数，这种方式占用的内存空间较多，且速度比较慢；另一种是只保存各层参数，在测试代码中重新引入网络模型就可以加载，从而提高了速度。在本例中代码如下：

```
if not os.path.exists('ckpt'):
    os.makedirs('ckpt')
torch.save(model.state_dict(), 'ckpt\\mnist_v1.pth')
```

保存在当前路径下 ckpt/mnist_v1.pth 文件中。

测试时，通过路径导入模型参数，并指定运行设备为 GPU（CUDA），代码如下：

```
pthfile='ckpt\\mnist_v1.pth'
model = version1()
device=torch.device('cuda')
model.load_state_dict(torch.load(pthfile))
model.to(device)
```

定义批量 batch_size=1，对迭代器 loader_test 建立循环，判断模型输出值独热编码的第 1 维最大值是否与标签值相符，代码如下：

```
y_=model(X)
_,pred = torch.max(y_,1)
acc=torch.sum(pred==y)
correct+= np.array(acc.cpu())
```

最终得到测试集上的平均分类正确率为 97.6%。

2. 使用 1 个卷积-池化层

全连接层没有利用图像的空间关系，而卷积是图像处理的有效手段，既能提取空间特征，又能减少训练参数数量，现在全连接层前加入 1 个卷积-池化层，以降低分辨率。使用 1 个卷积-池化层的模型结构如表 7-2 所示。

表 7-2 使用 1 个卷积-池化层的模型结构

操 作	输 入 维 度	参 数 个 数
卷积、池化	batch×28×28×1	1×32×5×5
Reshape、全连接	batch×14×14×32	6272×1024
全连接	batch×1000	1024×10
输出	batch×10	—

在前面代码的基础上，只需改动模型定义的部分代码即可：

```
class version2(nn.Module):
    def __init__(self):
        super(version2, self).__init__()
        self.conv = nn.Conv2d(1,32,5, padding=[2,2])
        self.pool = nn.MaxPool2d(kernel_size=2, stride=2)
        self.fc1 = nn.Linear(14*14*32, 1024)
        self.fc2 = nn.Linear(1024, 10)
        self.act = nn.ReLU()
    def forward(self, X):
        hidden = self.conv(X)
        hidden = self.act(hidden)
        hidden = self.pool(hidden)
        flat = hidden.view(hidden.size(0), -1)
        hidden = self.act(self.fc1(flat))
        final = self.act(self.fc2(hidden))
        return final
```

训练过程中损失函数值的变化曲线如图 7-4 所示。不难看出，此时收敛效果很差，再运行测试程序，得到的分类正确率仅为 60.9%，可见简单地增加卷积操作并不能使模型的性能得以提升。

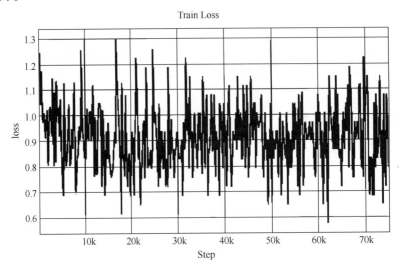

图 7-4 使用 1 个卷积-池化层的损失函数值的变化曲线

3. 使用 2 个卷积-池化层

在第 1 个卷积-池化层后再加入 1 个卷积-池化层，模型结构如表 7-3 所示。

表 7-3 使用 2 个卷积-池化层的模型结构

操　　作	输　入　维　度	参　数　个　数
卷积、池化	batch×28×28×1	1×32×5×5
卷积、池化	batch×14×14×32	32×64×5×5
Reshape、全连接	batch×7×7×64	3136×1024
全连接	batch×1000	1024×10
输出	batch×10	—

模型定义的部分代码如下：

```
class version3(nn.Module):
    def _ _init_ _(self):
        super(version3, self)._ _init_ _()
        self.conv1 = nn.Conv2d(1,32,5, padding=[2,2])
        self.conv2 = nn.Conv2d(32,64,5, padding=[2,2])
        self.fc1 = nn.Linear(7*7*64, 1024)
        self.fc2 = nn.Linear(1024, 10)
        self.act = nn.ReLU()
        self.pool = nn.MaxPool2d(kernel_size=2, stride=2)
    def forward(self, X):
        hidden = self.conv1(X)
```

```
        hidden = self.act(hidden)
        hidden = self.pool(hidden)
        hidden = self.conv2(hidden)
        hidden = self.act(hidden)
        hidden = self.pool(hidden)
        flat = hidden.view(hidden.size(0), −1)
        hidden = self.act(self.fc1(flat))
        final = self.act(self.fc2(hidden))
        return final
```

训练过程中损失函数值的变化曲线如图 7-5 所示。可以看出，此时收敛性比上一个模型稍好，分类正确率上升到 78.3%，但还是比不上全连接模型。

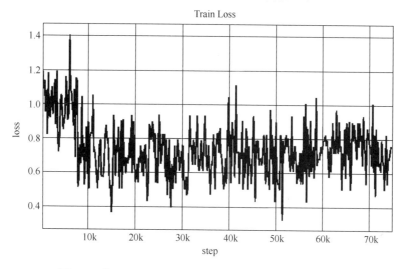

图 7-5　使用 2 个卷积-池化层的损失函数值的变化曲线

4．使用 2 个卷积-BN-池化层

使用 2 个卷积-BN-池化层的模型，结构如表 7-4 所示。

模型定义的部分代码如下：

表 7-4　使用 2 个卷积-BN-池化层的模型结构

操　作	输 入 维 度	参 数 个 数
卷积、BN、池化	batch×28×28×1	1×32×5×5+32×2
卷积、BN、池化	batch×14×14×32	32×64×5×5+642
Reshape、全连接	batch×7×7×64	3136×1024
全连接	batch×1000	1024×10
输出	batch×10	—

```
class version4(nn.Module):
    def __init__(self):
        super(version4, self).__init__()
```

```
        self.conv1 = nn.Conv2d(1,32,5, padding=[2,2])
        self.conv2 = nn.Conv2d(32,64,5, padding=[2,2])
        self.fc1 = nn.Linear(7*7*64, 1024)
        self.fc2 = nn.Linear(1024, 10)
        self.act = nn.ReLU()
        self.pool = nn.MaxPool2d(kernel_size=2, stride=2)
        self.bn1 = nn.BatchNorm2d(num_features=32)
        self.bn2 = nn.BatchNorm2d(num_features=64)
    def forward(self, X):
        # 1
        hidden = self.conv1(X)
        hidden = self.bn1(hidden)
        hidden = self.act(hidden)
        hidden = self.pool(hidden)
        # 2
        hidden = self.conv2(hidden)
        hidden = self.bn2(hidden)
        hidden = self.act(hidden)
        hidden = self.pool(hidden)
        # 3
        flat = hidden.view(hidden.size(0), −1)
        hidden = self.act(self.fc1(flat))
        final = self.act(self.fc2(hidden))
        return final
```

训练过程中损失函数值的变化曲线如图 7-6 所示。此时的收敛性比上一个模型又有所改善，在测试集上的分类正确率上升到 89.6%，体现了 BN 的促进作用。

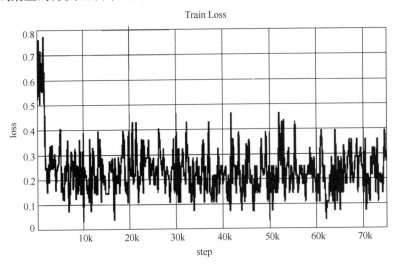

图 7-6 使用 2 个卷积-BN-池化层的损失函数值的变化曲线

5．使用 2 个卷积-池化层和 Dropout

去掉 BN 层，在第一层全连接的激活函数后加入 Dropout，模型结构如表 7-5 所示。

表 7-5　使用 2 个卷积-池化层和 Dropout 的模型结构

操　作	输 入 维 度	参 数 个 数
卷积、池化	batch×28×28×1	1×32×5×5
卷积、池化	batch×14×14×32	32×64×5×5
Reshape、全连接、Dropout	batch×7×7×64	3136×1024
全连接	batch×1000	1024×10
输出	batch×10	—

代码如下：

```
class LeNet5(nn.Module):
    def __init__(self):
        super(LeNet5, self).__init__()
        self.conv1 = nn.Conv2d(1,32,5, padding=[2,2])
        self.conv2 = nn.Conv2d(32,64,5, padding=[2,2])
        self.fc1 = nn.Linear(7*7*64, 1024)
        self.fc2 = nn.Linear(1024, 10)
        self.act = nn.ReLU()
        self.pool = nn.MaxPool2d(kernel_size=2, stride=2)
        self.drop = nn.Dropout(p=0.5)
    def forward(self, X):
        hidden = self.conv1(X)
        hidden = self.act(hidden)
        hidden = self.pool(hidden)
        hidden = self.conv2(hidden)
        hidden = self.act(hidden)
        hidden = self.pool(hidden)
        flat = hidden.view(hidden.size(0), -1)
        hidden = self.drop(self.act(self.fc1(flat)))
        final = self.act(self.fc2(hidden))
        return final
```

注意，此时添加的 Dropout，与上一个模型的 BN 一样，训练和测试的配置不一样。在测试代码中要加上 model.eval()函数，以固定概率和滑动平均。

训练过程中损失函数值的变化曲线如图 7-7 所示。可见此收敛曲线比前几个模型都好，分类正确率达到了 99.3%，大大超越了其他模型。

除了上述几种尝试，在调参过程中仍有很多可改变的空间，如卷积核尺寸、步长、全连接的神经元数、是否使用正则及正则项的权值等。

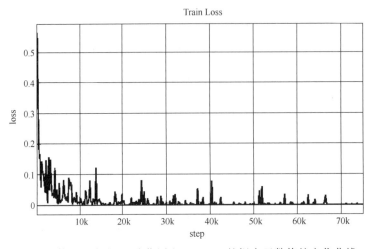

图 7-7 使用 2 个卷积-池化层和 Dropout 的损失函数值的变化曲线

7.3.2 不同优化算法比较

7.3.1 节进行了不同网络模型结构的对比分析，下面尝试在最后一个模型中替换其他的优化算法，虽然网络模型结构决定了最终学习到的特征表达，但是优化算法决定了学习率。

这里将训练轮数减少为 40，分别采用 SGD、AdaGrad、RMSprop 和 Adadelta 优化算法进行训练，学习率均设置为 0.0001，收敛曲线对比如图 7-8 所示。尽管这里给出的研究结果只是个例，但是很多实践表明，RMSprop 和 Adam 等自适应优化算法能够大大提高收敛速率。

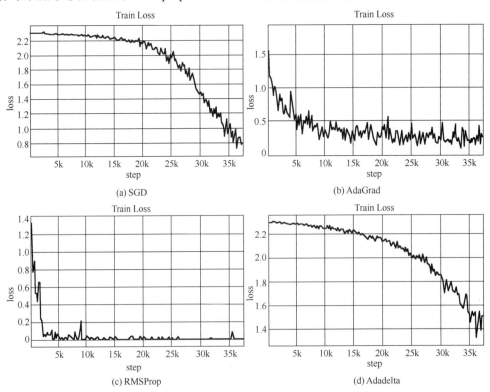

图 7-8 不同优化算法的收敛曲线对比

7.4　迁移学习与网络微调

　　人在获取狗有毛、四爪、鼻子、眼睛等哺乳动物相关知识后，在看到一只猫时，会自然而然地认为这只猫也是一种哺乳动物，这是人类智能特有的迁移能力，即在一个学习任务上的知识能够对另一个学习任务产生促进作用。迁移学习（transfer learning）是机器学习中的一个分支，是一种学习对另一种学习的影响，从而将已有问题的解决模型用于其他相似或相关问题上。如图 7-9 所示，任务 1 为源任务，任务 2 为目的任务，通过任务 1 迁移的知识，能够克服任务 2 上数据量过小的问题，并节约学习时间和成本。通常任务 1 的模型特征更为通用。

　　卷积神经网络中的迁移学习可以利用"预训练+微调"的方式进行，即利用一个较通用的任务预训练一个比较大的模型，再将模型和参数在当前任务上再训练，进行微调（fine-tuning）。由于目的任务数据一般较小，因此一般保留主要的卷积层，只将最后几层或全连接层重置。这样做并不仅仅是经验，对所有的有监督学习来说，都离不开"特征提取+分类/回归"的步骤。

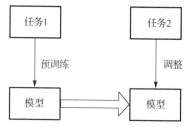

图 7-9　迁移学习示意图

　　在卷积神经网络分类任务中，卷积层对应于特征提取，全连接层对应于分类器或回归器。与传统机器学习采用手工特征不同，卷积神经网络的特征是通过任务学习得来的，而这些特征具有该领域的普遍性，不用再学习。这样需要学习的参数数量就大大减少，在目的任务规模较小的数据集上也不会出现过拟合现象。但是，对保留多少个卷积层及训练哪几个全连接层并没有定论，一般来说可以参考的经验是：当目的数据较少且与源数据相似时，可以微调后几层；当目的数据充足且相似时，可以微调更多的层；当目的数据充足但不相似时，可以微调全部。当然，究竟微调多少还需要在具体实践中加以验证。下面给出2 个模型微调的实例，均利用第 6 章提到的分类数据集。

7.4.1　迁移 AlexNet 到猫狗数据集实例

　　AlexNet 是 2012 年 Hinton 和他的学生 Alex Krizhevsky 设计的一种优秀的模型结构，并成功地应用了 ReLU、Dropout 等技术。Github 上开源了 AlexNet 的预训练参数（https://download.pytorch.org/models/alexnet-owt-4df8aa71.pth），这是在 ImageNet 上训练的结果，而在 Torchvision 的 torchvision\models\alexnet.py 文件中已定义了它的模型结构，因此可以通过继承 nn.Module 模块相对简单地定义模型，代码如下：

```
class MyAlexNet(nn.Module):
    def __init__(self, nClass, mPath):
        super(MyAlexNet, self).__init__()
        # 加载 AlexNet 模型及其参数
        Model=models.alexnet(pretrained=False)
        Model.load_state_dict(torch.load(mPath))
```

```
        print('Loaded!\n')
        self.features=Model.features
        for param in self.features.parameters():
            param.requires_grad=False
        self.classifier=nn.Sequential(nn.Dropout(),
                                      nn.Linear(9216,4096),
                                      nn.ReLU(),
                                      nn.Dropout(),
                                      nn.Linear(4096,4096),
                                      nn.ReLU(),
                                      nn.Linear(4096,nClass))
        for param in self.classifier.parameters():
            param.requires_grad=True
    def forward(self, x):
        Feature=self.features(x)
        hidden=Feature.view(Feature.size(0),-1)
        return self.classifier(hidden)
```

其中，nClass 为该任务对应的类别数，mPath 为模型 pth 文件的路径。Model=models.alexnet(pretrained=False)指定了只加载结构而不加载参数，加载参数在 Model.load_state_dict(torch.load(mPath))中完成。可以实例化该类并打印 AlexNet 结构信息，代码如下：

```
model=MyAlexNet(2,r'preTrained\alexnet-owt-4df8aa71.pth').cuda()
print(model)
```

输出结果如下：

```
MyAlexNet(
  (features): Sequential(
    (0): Conv2d(3, 64, kernel_size=(11, 11), stride=(4, 4), padding=(2, 2))
    (1): ReLU(inplace)
    (2): MaxPool2d(kernel_size=3, stride=2, padding=0, dilation=1, ceil_mode=False)
    (3): Conv2d(64, 192, kernel_size=(5, 5), stride=(1, 1), padding=(2, 2))
    (4): ReLU(inplace)
    (5): MaxPool2d(kernel_size=3, stride=2, padding=0, dilation=1, ceil_mode=False)
    (6): Conv2d(192, 384, kernel_size=(3, 3), stride=(1, 1), padding=(1, 1))
    (7): ReLU(inplace)
    (8): Conv2d(384, 256, kernel_size=(3, 3), stride=(1, 1), padding=(1, 1))
    (9): ReLU(inplace)
    (10): Conv2d(256, 256, kernel_size=(3, 3), stride=(1, 1), padding=(1, 1))
    (11): ReLU(inplace)
    (12): MaxPool2d(kernel_size=3, stride=2, padding=0, dilation=1, ceil_mode=False)
  )
  (classifier): Sequential(
    (0): Dropout(p=0.5)
    (1): Linear(in_features=9216, out_features=4096, bias=True)
```

```
        (2): ReLU()
        (3): Dropout(p=0.5)
        (4): Linear(in_features=4096, out_features=4096, bias=True)
        (5): ReLU()
        (6): Linear(in_features=4096, out_features=2, bias=True)
    )
)
```

此模型由 features 和 classifier 两部分组成。其中，features 目的是提取特征，对应于全部的卷积层；classifier 将特征映射到类别向量，对应于全部的全连接层。这里让 features 不参与训练，即停止梯度计算，代码如下：

```
for param in self.features.parameters():
    param.requires_grad=False
```

重写 classifier，因为重新定义了类别数，代码如下：

```
self.classifier=nn.Sequential(nn.Dropout(),
                    nn.Linear(9216,4096),
                    nn.ReLU(),
                    nn.Dropout(),
                    nn.Linear(4096,4096),
                    nn.ReLU(),
                    nn.Linear(4096,nClass))
```

其他训练部分与 7.3 节例子相同，下面直接给出代码。

```
from torchvision import models
import torch
import torch.nn as nn
import os
import cv2
from glob import glob
from sklearn.model_selection import train_test_split
import random as rd
import numpy as np
import matplotlib.pyplot as plt
# 划分训练集、验证集
def split(fold):
    Files=glob(os.path.join(fold,'*.jpg'))
    train,val = train_test_split(Files,test_size=0.15)
    return train, val
# 数据生成器
def gen_data(fList, batch_size, img_size=224):
    while(1):
        files=rd.sample(fList,batch_size)
        Data=[]
        Label=[]
```

```
            for f in files:
                raw=cv2.imread(f)
                rgb=cv2.cvtColor(raw, cv2.COLOR_BGR2RGB)
                img=cv2.resize(rgb, (img_size,img_size))
                Data.append(img)
                # label
                if 'dog' in f.split('\\')[-1]:
                    Label.append(0)
                else:
                    Label.append(1)
            Data=np.array(Data)
            Label=np.array(Label)
            yield Data,Label
# 主函数
if __name__ == '__main__':
    model=MyAlexNet(2,r'preTrained\alexnet-owt-4df8aa71.pth').cuda()
    print(model)
    batch=32
    DataFold=r'E:\datasets\DogCat\train'
    train,val=split(DataFold)
    gen_train=gen_data(train, batch)
    imgs,labs=gen_train.__next__()
    # 可视化
    plt.imshow(imgs[0])
    plt.show()
    gen_val=gen_data(val, batch)
    # 训练
    loss_fn = nn.CrossEntropyLoss()
    opt=torch.optim.Adam(model.parameters(),lr=1e-4)
    steps=10000
    for i in range(steps):
        model.train()
        X_data,y_data = next(gen_train)
        X=torch.Tensor(X_data.transpose(0,3,1,2))
        y=torch.LongTensor(y_data)
        X=X.cuda()
        y=y.cuda()
        y_=model(X)
        loss=loss_fn(y_, y)
        opt.zero_grad()
        loss.backward()
        opt.step()
        # 输出损失函数
        if i% 20==0:
            print('[Train] step: %d, loss: %f' % (i, loss.data))
        # 输出验证结果
```

```
        if i % 100==0:
            model.eval()
            x_val,y_val=next(gen_val)
            X=torch.Tensor(x_val.transpose(0,3,1,2))
            y=torch.LongTensor(y_val)
            X=X.cuda()
            y=y.cuda()
            y_=model(X)
            _,pred = torch.max(y_, 1)
            corect=torch.sum(pred==y)
            print('[Validate] Accuracy: %.3f' % (corect.float()/batch))
    # 保存
    torch.save(model.state_dict(), r'ckpt\Alex.pth')
```

这里将"train"文件夹的图像分为了训练集和验证集，并且在训练过程中每到 100 步就验证一次精度，这样做在实践中是必要的，因为无法另外提供测试集来修正超参数。训练完毕后，将模型文件保存为当前目录下 ckpt/Alex.pth。

测试过程类似 7.3 节，这里不再赘述。与 MNIST 不同的是，测试图像并未给出真实标签，为此将预测的类别直接写在图像显示的标题上。

```
import matplotlib.pyplot as plt
import cv2, os
from glob import glob
from Alexnet import MyAlexNet
import torch
import numpy as np
import random as rd
pthfile='ckpt\\Alex.pth'
model = MyAlexNet(2,r'preTrained\alexnet-owt-4df8aa71.pth')
device=torch.device('cuda')
model.load_state_dict(torch.load(pthfile))
model.to(device)
Label_dict={'0': 'dog', '1': 'cat'}
Fold=r'E:\datasets\DogCat\test1'
Flist=glob(os.path.join(Fold,'*.jpg'))
choice=rd.sample(Flist, 10)
for f in choice:
    raw=cv2.imread(f)
    rgb=cv2.cvtColor(raw, cv2.COLOR_BGR2RGB)
    img=cv2.resize(rgb, (224,224))
    X_data=img[np.newaxis, :,:,:]
    X=torch.Tensor(X_data.transpose(0,3,1,2))
    X=X.cuda()
    y_=model(X)
    _,pred = torch.max(y_, 1)
    sName='%d' % pred
```

```
Prediction=Label_dict[sName]
plt.figure(Prediction)
plt.imshow(rgb)
plt.show()
```

运行的部分输出结果如图 7-10 所示，几乎所有的测试样本都给出了正确的预测。

图 7-10　部分输出结果

7.4.2　迁移 VGG-19 到瓜子数据集实例

VGG 模型包括 VGG-11、VGG-13、VGG-16、VGG-19 及其加 BN 的版本，下面将用 VGG-19_BN 迁移学习第 6 章自建的瓜子数据集。具体过程与 7.4.1 节相同，首先用 Torchvision 自带的模型和从 https://download.PyTorch.org/models/vgg19_bn-c79401a0.pth 下载的参数定义模型类，代码如下：

```
class MyVgg19(nn.Module):
    def __init__(self, nClass, mPath):
        super(MyVgg19, self).__init__()
        Model=models.vgg19_bn(pretrained=False)
        Model.load_state_dict(torch.load(mPath))
        print('Loaded!\n')
        self.features=Model.features
        for param in self.features.parameters():
            param.requires_grad=False
        self.classifier=nn.Sequential(nn.Linear(25088,4096),
                                      nn.ReLU(),
                                      nn.Dropout(),
```

```
                              nn.Linear(4096,4096),
                              nn.ReLU(),
                              nn.Dropout(),
                              nn.Linear(4096,nClass))
        def forward(self, x):
            Feature=self.features(x)
            hidden=Feature.view(Feature.size(0),-1)
            return self.classifier(hidden)
```

训练环节的步骤与 7.4.1 节相同，这里不再赘述。模型类和数据集的定义分别在训练文件的上一级和再上一级目录中，因此在系统路径上增加了这两项。

训练部分 Train_guazi.py 的代码如下：

```
import sys, os
sys.path.append(r"..\..")
sys.path.append("..")
from VGG19 import MyVgg19
import torch
import torch.nn as nn
from myDataset.test4_2 import MyGuazi
from torch.utils import data
import torchvision.transforms as transforms
import argparse
# 命令行参数
parser = argparse.ArgumentParser()
parser.add_argument("--ckpt", help="Saved path of trained model.",type=str)
parser.add_argument("--batch_size", help='batch size',type=int)
args=parser.parse_args()
if not os.path.exists(args.ckpt):
    os.makedirs(args.ckpt)
# Dataloader
# 增广及预处理
batch=args.batch_size
Trans=transforms.Compose([transforms.RandomHorizontalFlip(),
             transforms.RandomVerticalFlip(),
             transforms.RandomResizedCrop((224,224),scale=(0.8,1.2),ratio=(0.9,1.1)),
             transforms.ToTensor()])
TrainSet=MyGuazi(r'..\myDataset\guazi_Train.txt',transform=Trans)
ValSet=MyGuazi(r'..\myDataset\guazi_Val.txt',transform=Trans)
trainLoader=data.DataLoader(TrainSet,batch_size=batch,shuffle=True)
valLoader=data.DataLoader(ValSet,batch_size=batch,shuffle=False)
# 模型
model=MyVgg19(4, r'..\..\preTrained\vgg19_bn-c79401a0.pth').cuda()
print(model)
# 训练
STEPS=1.0e+5
step=0
```

```
loss_fn = nn.CrossEntropyLoss()
opt=torch.optim.Adam(model.parameters(),lr=1e-4)
while step<STEPS:
    model.train()
    ims,labs = next(iter(trainLoader))
    ims=ims.cuda()
    labs=labs.cuda()
    y_=model(ims)
    loss=loss_fn(y_, labs)
    opt.zero_grad()
    loss.backward()
    opt.step()
    step+=1
    if step % 20==0:
        print('[Train] step: %d, loss: %f' % (step, loss.data))
    if step%100==0:
        model.eval()
        im_val,lab_val=next(iter(valLoader))
        im_val=im_val.cuda()
        lab_val=lab_val.cuda()
        y_=model(im_val)
        _,pred = torch.max(y_, 1)
        corect=torch.sum(pred==lab_val)
        print('[Validate] Accuracy: %.3f' % (corect.float()/batch))
torch.save(model.state_dict(), os.path.join(args.ckpt, 'vgg19.pth'))
print('Saved!')
```

这里使用了命令行参数模式，运行时输入"python Train_guazi.py --ckpt 想要保存模型的目录 --batch_size 批量"。

测试部分 Test_guazi.py 的代码如下：

```
import sys
sys.path.append(r"..\..")
sys.path.append("..")
from VGG19 import MyVgg19
import torch
from myDataset.test4_2 import MyGuazi
from torch.utils import data
import torchvision.transforms as transforms
# 测试集 dataloader
Trans=transforms.Compose([transforms.RandomResizedCrop((224,224),
                          scale=(0.9,1.1),ratio=(0.9,1.1)), transforms.ToTensor()])
TestSet=MyGuazi(r'..\myDataset\guazi_Test.txt',transform=Trans)
testLoader=data.DataLoader(TestSet,batch_size=1,shuffle=False)
# 加载 ckpt
pthfile=r'guazi\VGG19.pth'
model=MyVgg19(4, r'..\..\preTrained\vgg19_bn-c79401a0.pth')
```

```
device=torch.device('cuda')
model.load_state_dict(torch.load(pthfile))
model.to(device)
# 测试
nCount=0
Correct=0
for X,y in testLoader:
    X=X.cuda()
    y=y.cuda()
    y_=model(X)
    _,pred = torch.max(y_, 1)
    correct=torch.sum(pred==y)
    Correct+=correct.cpu().numpy()
    nCount+=1
    print(nCount)
print('Accuracy: %.3f' % (1.0*Correct/len(testLoader)))
```

测试集上的分类正确率为 84.6%。虽然瓜子数据集与 ImageNet 并不相似，但还是取得了不错的效果，也证明了 VGG-19_BN 强大的特征提取能力。

7.5　本　章　小　结

本章介绍了如何构建和训练网络，包括超参数的设定、参数初始化方法、网络优化算法、学习率的设置等，并给出了几例模型在 MNIST 上训练和测试的效果，以及如何通过经典模型迁移到较小规模的应用。由于篇幅限制，本章在理论部分提到的如卷积核尺寸、步长，池化核尺寸、步长，以及更多可选择的 BN、激活函数和 Dropout 参数等并未充分实验，而这些是需要在实际问题中不断验证的。

第8章 图 像 去 噪

图像去噪是图像处理领域一个经典而常新的问题，也是图像后续加工的预处理环节。简单来说，图像去噪就是利用一定的先验信息从被噪声污染的图像中最大限度地恢复出原图像，从而提高图像的整体质量。从数字图像诞生以来，学者们提出了很多去噪方法，大致可将其分为变换域方法、空间域方法、变分法、偏微分方程和机器学习方法。尽管上述方法取得了一定的成功，但也存在一些不足，如需提供测试阶段的优化方法；手动设置参数；模型特定，面向单一去噪任务。近年来，由于其结构上的灵活性，深度学习技术具有很强的能力来有效地克服这些方法的缺点，通常用大量的数据以端到端（End-to-End）的方式学习图像和噪声的分布，取得了较好的去噪效果。本章将简要介绍图像去噪的基础知识，重点阐述两个基于卷积神经网络的去噪方法，最后给出 PyTorch 环境下图像去噪算法的具体实现步骤。

8.1 图像去噪基础知识

图像在成像和传输中会受到设备和外部因素的影响，使得到的图像掺杂着噪声（有的文献也将压缩等处理造成的信息损失归为噪声）。噪声不仅会降低图像质量，妨碍人类视觉理解，而且会严重影响边缘提取、图像分割及目标检测等后续处理的水平，如含有噪声的对抗样本可使基于深度学习的目标检测器产生置信度很高的错误判断。因此，图像去噪是图像复原中重点研究的内容。

8.1.1 噪声模型

1. 噪声建模

解决图像去噪问题需要对降质过程进行数学建模，若以 I、J 和 z 分别表示观测图像、纯净图像和噪声，根据噪声与信号的关系，可以将噪声建模为 3 种形式。

（1）加性噪声（additive noise）

$$I=J+z \tag{8-1}$$

加性噪声分量与信号相对独立，如图像信号在信道中的传输噪声、摄像机扫描图像的噪声就属于加性噪声。

（2）乘性噪声（multiplicative noise）

$$I=zJ \tag{8-2}$$

乘性噪声分量的强度与信号相关，并随信号强弱而变化。典型实例有飞点扫描器扫描图像时的噪声、电视图像中的相关噪声、胶片中的颗粒噪声等。

（3）量化噪声（quantization noise）

量化噪声分量与信号相对独立，与量化位数有关。

其中，最常用的是加性噪声模型，另2种噪声模型也可看成加性噪声模型的特例，如乘性噪声两端取对数即变为加性噪声，量化噪声可以看成参数为量化位数的特殊分布的加性噪声。

2. 噪声概率密度函数

由于受噪声的影响，图像像素的灰度值会发生变化。而噪声本身的灰度值可以看成随机变量，其分布可以用概率密度函数（Probability Density Function，PDF）来描述，下面介绍几种常见的噪声概率密度函数。

（1）高斯噪声（Gaussian noise）

电子器件中的热噪声为高斯噪声，噪声灰度值 z 的概率密度函数可表示为

$$p(z) = \frac{1}{\sqrt{2\pi}\sigma} \exp\left[-\frac{(z-\mu)^2}{2\sigma^2} \right] \tag{8-3}$$

高斯噪声的分布仅与均值 μ、方差 σ 有关，z 的范围落入 $(\mu-2\sigma, \mu+2\sigma)$ 区间的概率为95%。由于高斯分布的广泛性和数学处理上的简便性，许多分布接近高斯分布的噪声也经常用高斯噪声模型近似处理，因此高斯噪声模型在研究中最常用。

（2）脉冲噪声（Impulsive noise）

脉冲噪声又称为椒盐噪声（salt-and-pepper noise），是信号受到强烈电磁干扰、类比数位转换器或位元传输错误而引起的，其概率密度函数可表示为

$$p(z) = \begin{cases} P_a, & z = a \\ P_b, & z = b \\ 1 - P_a - P_b, & 其他 \end{cases} \tag{8-4}$$

其中，$b>a$，灰度值 b 将显示亮点（盐），a 将显示暗点（椒）。在研究中通常令椒、盐等概率，即 $P_a = P_b$，若灰度范围为 0～255，椒粒处灰度为 0，盐粒处灰度为 255，图像其他处则保持不变。

（3）泊松噪声（Poisson noise）

泊松噪声又称为散粒噪声（shot noise），其概率分布可表示为泊松分布，即

$$P(z=k) = \frac{\lambda^k}{k!} e^{-\lambda}, \quad k = 0, 1, \cdots \tag{8-5}$$

其中 λ 为分布参数，数值上等于均值和方差。

泊松分布描述单位时间内出现的随机事件的数量，如服务台的等候人数、机器出现的故障数、自然灾害发生的次数、放射性原子核的衰变数等。光的量子效应使成像时间内到达光电传感器表面的光子数目也具有类似的统计涨落，导致灰度值出现波动，即泊松噪声。这种噪声在亮度很小和高倍放大线路中经常出现。

（4）其他概率密度函数

① 瑞利噪声

$$p(z) = \begin{cases} \dfrac{2}{b}(z-a)\exp\left[-\dfrac{(z-a)^2}{b}\right], & z \geq a \\ 0, & z < a \end{cases} \tag{8-6}$$

② 爱尔兰噪声（伽马噪声）

$$p(z) = \begin{cases} \dfrac{a^b z^{b-1}}{(b-1)!}\mathrm{e}^{-az}, & z \geq 0 \\ 0, & z < 0 \end{cases} \tag{8-7}$$

③ 指数分布噪声

$$p(z) = \begin{cases} a\mathrm{e}^{-az}, & z \geq 0 \\ 0, & z < 0 \end{cases} \tag{8-8}$$

④ 均匀分布噪声

$$p(z) = \begin{cases} \dfrac{1}{b-a}, & a \leq z \leq b \\ 0, & \text{其他} \end{cases} \tag{8-9}$$

在图像去噪问题研究中，最常用的噪声模型是加性噪声模型，而加性噪声通常表现为高斯噪声或脉冲噪声的形式，尽管在现实生活中含噪图像降质的情况有时更为复杂。

8.1.2 传统图像去噪方法

图像去噪作为数字图像处理领域的一个非常经典的问题，早在深度学习诞生之前就出现了很多去噪方法，下面只列举几类典型的方法。

1. 空域滤波方法

由于图像的相邻像素之间具有很强的相关性，当噪声各向同性时，一种自然的方法就是用相邻像素共同估计中心像素，即空间滤波。对图像局部像素值进行线性或非线性运算，包括均值滤波、高斯滤波、中值滤波、统计排序滤波等，其作用区域只取决于算子的半径。中值滤波属于非线性滤波，对椒盐噪声效果较好；均值滤波和高斯滤波属于线性滤波，在去除噪声的同时会造成边缘信息损失；而双边滤波（bilateral filter）和引导滤波（guided filter）则同时考虑了区域内像素的强度与位置信息，有保持边缘的效果，也属于非线性滤波。一般来说，空域滤波方法的效率比较高。

2. 变换域方法

变换域方法是指在频域或时频域设计滤波器，将纯净图像和噪声分量分开。例如，对图像做二维傅里叶变换，通过统计分析得到噪声常分布的频段，再设计对应的低通、高通或带通滤波器予以去除。小波分析是一种常用的时频分析技术，通过小波分解得到对应于各个频段的分量，对分解系数进行处理再重构，便可得到去噪后的图像，常用的有阈值法和模极大值法，并且小波变换有快速算法，执行效率高。多尺度几何分析（如 Contourlet

变换、Curvelet 变换）是一种图像二维表示方法，其基函数分布于多尺度、多方向上，使用少量系数即可有效地捕捉图像中的边缘轮廓，比较适合在去噪的同时保持边缘。

3. 非局部自相似性方法

该类方法使用整张图像而非局部信息。例如，非局部均值（Non-Local Means，NLM）算法利用图像的冗余性，以图像块为单位在图像中寻找相似区域，再对这些区域求加权平均，权值为对应像素邻域的 L_2 范数距离，能够较好地去掉图像中存在的高斯噪声。BM3D 算法是 NLM 算法的改进，分为基础估计和最终估计两大步，可细分为相似块分组、协同滤波和聚合三小步，是效果最好的传统算法之一。其他同类算法还有 LSSC、NCSR 和加权核范数最小化（WNNM）等，均能取得较好的去噪效果，但这类方法的主要缺点是计算复杂度高、实时性较差。

此外还有其他去噪方法，如基于稀疏表示、Markov 随机场、偏微分方程、全变分等。总之，传统图像去噪方法存在不足：一是优化类算法的效率不高；二是需要人工设定参数；三是针对特定的任务只有一种特定的模型。而利用深度卷积神经网络可以较好地解决这些问题。

8.1.3 去噪算法设计与评价

基于机器学习的图像去噪，其目的是找到 1 个合适的函数

$$\hat{J} = f(I; \theta, \sigma) \tag{8-10}$$

作为纯净图像的估计。其中，θ 为模型的参数，σ 为噪声水平，早期算法往往需要预知或预估噪声水平，但是去噪算法，尤其是基于卷积神经网络的方法，则不需要这个过程。为了得到参数 θ，需要一系列的图像对 $\{I_k, J_k\}_{k=1}^{N}$ 进行训练。

图像去噪算法的一般研究流程如图 8-1 所示。在训练和验证阶段，利用模拟的噪声模型对纯净图像样本进行加噪，再利用开发的去噪算法进行去除，得到输出图像，最后将其与原图像样本进行效果评价，验证该算法的好坏，以便调整参数和模型。在测试阶段，如果针对某一特殊领域，往往采用实测含噪图像；如果进行通用图像去噪算法研究，大多采用公开的含噪声数据集，如 Set12、BSD68、CBSD68、Kodak24、McMaster、DND、SIDD、Nam、CC 等。这些实测数据集通常包含不含噪声的真值（ground truth）图像，有的是对同一场景，拍摄低 ISO 图像作为真值，高 ISO 图像作为噪声图像；有的是对同一场景连续拍摄多张图像，然后经处理和加权平均合成为真值。在其他一些领域，如图像超分重建（Super-Resolution，SR）、图像分割、质量评价数据集等也可用于开发去噪算法。

当存在纯净真值图像时，通常用全参考图像质量评价（full-reference image quality assessment）指标衡量去噪效果，常用的评价指标如下。

1. 均方误差（Mean Squared Error，MSE）

对于两张尺寸均为 $m \times n$ 的图像 I 和 J，定义均方误差为

$$\text{MSE} = \frac{1}{mn} \sum_{i=0}^{m-1} \sum_{j=0}^{n-1} \| J(i,j) - I(i,j) \|^2 \tag{8-11}$$

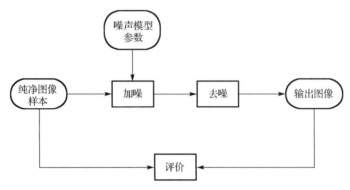

图 8-1　图像去噪算法的一般研究流程

均方误差是两张图像的差异的平均，但是当量化位数增加时，MSE 会随之变大。

2．峰值信噪比（Peak Signal-to-Noise Ratio，PSNR）

峰值信噪比经常作为图像压缩等领域中信号重建质量的测量方法，它通过均方误差进行定义。设图像的灰度级为 L（8 位灰度图像 L 为 255），则

$$\mathrm{PSNR} = 10 \cdot \lg \frac{L^2}{\mathrm{MSE}} \tag{8-12}$$

PSNR 的取值范围为 $0 \sim +\infty$，值越大越好。虽然 PSNR 对量化差异进行了归一化，但未考虑人眼的视觉识别感知特性，会出现模糊图像评价结果比清晰图像更高的情况。

3．结构相似性（Structural Similarity，SSIM）

结构相似性是一种衡量两张图像相似度的指标，最早是由美国德州大学奥斯丁分校的图像和视频工程实验室提出的。在 SSIM 使用的两张图像中，其中一张为无失真图像，另一张为失真后的图像，其表达式为

$$\mathrm{SSIM}(J, I) = \frac{(2\mu_J\mu_I + C_1)(2\sigma_{JI} + C_2)}{(\mu_I^2 + \mu_J^2 + C_1)(\sigma_I^2 + \sigma_J^2 + C_2)} \tag{8-13}$$

其中，μ_I、μ_J 分别为图像 I、J 的均值；σ_I^2、σ_J^2 为其方差；σ_{JI} 为两张图像的协方差；C_1、C_2 为小的正数，避免分母为零。$C_1 = (K_1 L)^2$，$C_2 = (K_2 L)^2$，一般取 $K_1 = 0.01$，$K_2 = 0.03$。SSIM 综合考虑了两张图像的亮度、对比度和结构相似性，范围为 $0 \sim 1$，值越大越好。

8.2　基于去噪自编码器的图像去噪

8.2.1　自编码器简介

自编码器（Auto-Encoders，AE）通过编码器（encoder）将高维的数据映射为低维的编码，再通过解码器（decoder）将其转换为输出，令输出等于输入，不断驱动内部参数调优，使编码器达到压缩数据的目的，模型的降维过程类似于 PCA。自编码器结构如图 8-2 所示。

自编码器提出后，其改进模型不断出现。例如，针对自编码器出现恒等映射的过拟合问题，可以在损失函数中加入正则化项；将多个自编码器级联从而形成栈式自编码器，可

由浅入深提取更抽象、维度更低的表示特征。在训练方式上，人们也提出了逐层预训练（layer-wise pre-training）的思想。

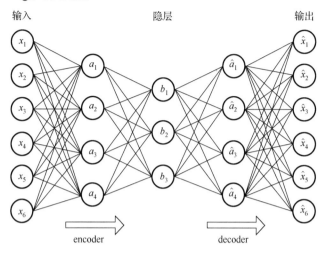

图 8-2　自编码器结构

去噪自编码器（Denoising Auto-Encoder，DAE）是通过对训练数据加噪以略微破坏数据，来防止产生恒等映射，其作用类似于随机失活。经过网络内部的运算，所施加的噪声被消除，如同经过奇异值分解（Singular Value Decomposition，SVD）可将噪声奇异值置零一样，因此这种特性也可被用于图像去噪。

8.2.2　MNIST 数据集实验

1. 使用自编码器模型

借助 PyTorch，先用简单的数据集 MNIST 进行实验，该数据集的读取已在第 6 章进行了介绍，下面给出训练集的相关代码，将图像尺寸缩放为 32×32 像素：

```
trans = transforms.Compose([transforms.Resize((32,32)),
                            transforms.ToTensor()])
data_train=datasets.MNIST(root=r'..\..\data',transform=trans,train=True,download=False)
loader_train = torch.utils.data.DataLoader(data_train, batch_size, True)
```

先搭建一个简单的栈式 AE，代码如下：

```
class myAE_mse(nn.Module):
    def __init__(self):
        super(myAE_mse,self).__init__()
        # 编码器
        self.encoder = nn.Sequential(nn.Linear(32*32,512),
                                     nn.LeakyReLU(0.1),
                                     nn.Linear(512,256),
                                     nn.LeakyReLU(0.1),
                                     nn.Linear(256,128),
                                     nn.LeakyReLU(0.1),
```

```
                                        nn.Linear(128,64))
            # 解码器
            self.decoder = nn.Sequential(nn.Linear(64,128),
                                         nn.LeakyReLU(0.1),
                                         nn.Linear(128,256),
                                         nn.LeakyReLU(0.1),
                                         nn.Linear(256,512),
                                         nn.LeakyReLU(0.1),
                                         nn.Linear(512,32*32),
                                         nn.Tanh())
        def forward(self, X):
            X=X.view(X.size(0),-1)
            encode=self.encoder(X)
            decode=self.decoder(encode)
            out=decode.view(decode.size(0),1,32,32)
            return out
```

在 myAE_mse 类中，定义了对称的 encoder 层和 decoder 层，分别由 4 个全连接层构成。先将图像展平到一维向量，再用 encoder 逐层将数据从 32×32 降维到 64，最后用 decoder 逐层恢复到原有维度。不同于前面所用的 ReLU 函数，这里用了 LeakyReLU 函数，因为 ReLU 函数对所有负数的响应为 0，而 nn.LeakyReLU(0.1)在负半轴的斜率为 0.1。输出的激活函数为 Tanh，值域为–1～1。

接着定义给图像加噪声的函数，这里只考虑高斯噪声，NumPy 库和 PyTorch 都封装了产生高斯分布的函数，此处使用 NumPy 产生零均值、方差为 sigma 的加噪图像，代码如下：

```
def add_gaussian(img, sigma):
    size=img.shape
    nois=np.random.normal(scale=sigma,size=size)
    img_=np.clip(img+nois/255.,0,1)
    return img_
```

这里将像素值范围限定为 0～1，因此用 np.clip 对超出部分进行了截断。若希望将含噪声图像输入，输出为纯净图像，为度量去噪的效果，则损失函数应为均方误差损失函数，即

$$\text{Loss} = \frac{1}{m}\sum_{i=0}^{m-1}(x_i - y_i)^2 \tag{8-14}$$

PyTorch 中对应的函数为 nn.MSELoss()。根据上述思路，相关的训练代码如下：

```
batch_size=64
lr=0.001
w_decay=1e-9
epochs=50
sigma=25      # Gaussian 方差
model=myAE_mse().cuda()
loss_fn=nn.MSELoss()
opt=torch.optim.Adam(model.parameters(),lr=lr)
```

```
print('Training begin!')
step=0
# 定义 visdom 窗口以可视化
viz=Visdom(env='Train')
model.train()
for i in range(epochs):
    for images in loader_train:
        images=np.array(images)
        img_n=add_gaussian(images,sigma=sigma)
        images=torch.Tensor(images)
        img_n=torch.Tensor(img_n)
        images=images.cuda()
        img_n=img_n.cuda()
        # 线性搬移
        img_n=img_n*2-1
        denois =model(img_n)
        # 变换到同一范围并显示
        denois=(denois+1)/2
        loss=loss_fn(denois, images)
        L1_reg = torch.tensor(0, dtype=torch.float32,requires_grad=True).cuda()
        for name,param in model.named_parameters():
            if 'weight' in name:
                L1_reg=L1_reg+torch.norm(param,1)
        opt.zero_grad()
        loss+=w_decay*L1_reg
        loss.backward()
        opt.step()
        # 可视化更新
        if step%20==0:
            lossV=loss.cpu().detach().numpy()
            viz.line(Y=[lossV],X=[step//20],
                    win='Loss',update='append',opts=dict(title='Train Loss',
                xlabel='step',ylabel='loss'))
            for j in range(6):
                denoisV=denois[j].cpu()
                viz.image(denoisV, win='Denoised[%d]' % j)
            print(step)
        step+=1
    print('Epoch: [%d||%d], loss: %.3f' % (i,epochs,loss.data))
# 保存
if not os.path.exists('ckpt'):
    os.makedirs('ckpt')
torch.save(model.state_dict(), 'ckpt\\mnist_ae_mse.pth')
```

这里设置噪声的方差为 25。另外，卷积神经网络在训练时，通常使图像输入和输出零均值化，需要先求出整个数据集的均值，这在 AlexNet、VGG 等训练中比较常见。由于 loader_train 生成的图像像素范围为 0～1，在如下代码中简单地将其线性搬移到范围–1～1 上：

```
img_n=img_n*2-1
```

而对输出再搬移回来，代码如下：

```
denois=(denois+1)/2
```

在计算损失函数值时加入了权值的 L_1 正则化，因为模型参数包括权值（weight）和偏置（bias），这里只需要对权值进行正则化，并将其加入损失函数中。

```
L1_reg = torch.tensor(0, dtype=torch.float32,requires_grad=True).cuda()
for name,param in model.named_parameters():
    if 'weight' in name:
        L1_reg=L1_reg+torch.norm(param,1)
loss+=w_decay*L1_reg
```

在代码中，设定了每 20 步在 visdom 窗口中更新一次损失曲线，并输出 6 个去噪样本，每轮训练后打印一次损失值。最后将模型保存为 mnist_ae_mse.pth。训练损失函数值的变化曲线如图 8-3 所示。

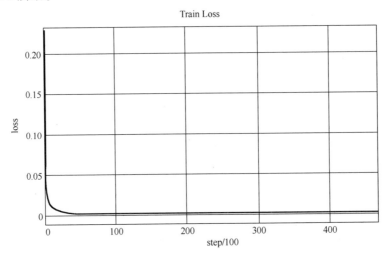

图 8-3　训练损失函数值的变化曲线

下面要在测试集上检验该模型的性能，量化指标为前述 PSNR 和 SSIM，可由 skimage.measure 模块直接调用。设定 batch_size 为 1，对去噪前后的图像样本逐个计算 PSNR 和 SSIM，最后输出测试集上的平均值。测试的全部代码如下：

```
import torch, torchvision
from torchvision import datasets, transforms
import numpy as np
import cv2
from AE_train import *
from skimage.measure import compare_psnr,compare_ssim
from utils import *
batch_size=1
trans = transforms.Compose([transforms.Resize((32,32)), transforms.ToTensor()])
data_test=datasets.MNIST(root=r'..\..\data',transform=trans,train=False,download=False)
loader_test = torch.utils.data.DataLoader(data_test, batch_size)
```

```
# 加载模型
ckpt='ckpt\\mnist_ae_mse.pth'
model=myAE_mse()
device=torch.device('cuda')
model.load_state_dict(torch.load(ckpt))
model.to(device)
sigma=25
nCount=0
psnr=np.zeros([len(loader_test)])
ssim=np.zeros([len(loader_test)])
psnr_=np.zeros([len(loader_test)])
ssim_=np.zeros([len(loader_test)])
model.eval()
# 逐批加噪、去噪
for img,_ in loader_test:
    img=np.array(img)
    img_n=add_gaussian(img,sigma=sigma)
    img_n=torch.Tensor(img_n)
    img_n=img_n.cuda()
    img_n=img_n*2-1
    denois = model(img_n)
    img_n=(img_n+1)/2
    denois=(denois+1)/2
    img_nV=img_n.cpu().detach().numpy()
    denoisV=denois.cpu().detach().numpy()
    imgV=np.squeeze(np.transpose(img,[0,2,3,1]))
    img_nV=np.squeeze(np.transpose(img_nV,[0,2,3,1]))
    denoisV=np.squeeze(np.transpose(denoisV,[0,2,3,1]))
    # 计算性能指标
    psnr[nCount]=compare_psnr(imgV, denoisV)
    ssim[nCount]=compare_ssim(imgV, denoisV)
    psnr_[nCount]=compare_psnr(imgV, img_nV)
    ssim_[nCount]=compare_ssim(imgV, img_nV)
    nCount+=1
    print(nCount)
SSIM_=np.mean(ssim_)
PSNR_=np.mean(psnr_)
print('addnoise: PSNR: %.4f, SSIM: %.4f' % (PSNR_,SSIM_))
SSIM=np.mean(ssim)
PSNR=np.mean(psnr)
print('denoise: PSNR: %.4f, SSIM: %.4f' % (PSNR,SSIM))
```

输出结果如下：

```
addnoise: PSNR: 22.6101, SSIM: 0.6722
denoise: PSNR: 25.9366, SSIM: 0.9627
```

可见，去噪后的客观评价指标比去噪前的提升还是比较明显的。下面测试改变模型的部分对最终结果的影响，之前工作中采用均方误差损失函数，由于手写体数据的字体部分几乎都是 1，而背景部分都是 0，因此尝试采用二分类损失函数 nn.BCELoss()。因此，需要维持输入/输出都在 0～1 上，需要将最后一层的激活函数改为 nn.Sigmoid()，同时去掉训练和测试过程中的线性变换，记该方法为②，之前的方法记为①。此时训练损失函数值的变化曲线如图 8-4 所示。

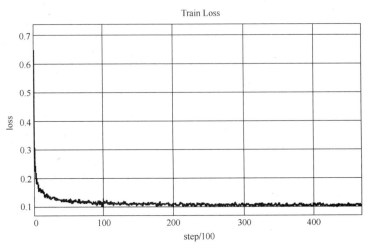

图 8-4　训练损失函数值的变化曲线②

测试代码输出结果如下，客观评价指标略低于均方误差损失函数。

```
addnoise: PSNR: 22.6153, SSIM: 0.6723
denoise: PSNR: 25.2898, SSIM: 0.9524
```

2．使用卷积自编码器模型

以上两例都采用全连接结构，还属于 MLP，没有利用图像的空间关系。下面用卷积层代替全连接层，称为卷积自编码器（CAE）。一种实现代码方式如下：

```python
class myCAE_mse_trans(nn.Module):
    def __init__(self,inC=1):
        super(myCAE_mse_trans,self).__init__()
        # 编码器
        self.encoder=nn.Sequential(nn.Conv2d(inC,16,3,padding=1),
                                   nn.LeakyReLU(0.1),
                                   nn.MaxPool2d(kernel_size=2, stride=2),
                                   nn.Conv2d(16,32,3,padding=1),
                                   nn.LeakyReLU(0.1),
                                   nn.MaxPool2d(kernel_size=2, stride=2),
                                   nn.Conv2d(32,64,3,padding=1),
                                   nn.LeakyReLU(0.1),
                                   nn.MaxPool2d(kernel_size=2, stride=2))
        # 解码器
        self.decoder=nn.Sequential(
            nn.ConvTranspose2d(64,32,3,stride=2,padding=1,output_padding=1),
            nn.LeakyReLU(0.1),
            nn.ConvTranspose2d(32,16,3,stride=2,padding=1,output_padding=1),
            nn.LeakyReLU(0.1),
            nn.ConvTranspose2d(16,inC,3,stride=2,padding=1,output_padding=1),
            nn.Tanh())
    def forward(self, X):
        encode=self.encoder(X)
        decode=self.decoder(encode)
        return decode
```

在 encoder 中，使用卷积-池化将分辨率不断降低；在 decoder 中，使用反卷积（transposed convolution）提高分辨率，使输入与输出大小相等。激活函数选用 Tanh，损失函数为

nn.MSELoss()，训练时将像素值范围变换到−1～1，记为③。为了进行比较，再把 Tanh 换成 Sigmoid，用 nn.BCELoss()分类损失训练，记为④。另外，考虑用 nn.Upsample 上采样代替 nn.ConvTranspose2d 反卷积，并用分类损失训练，记为⑤。③④⑤的训练损失函数值的变化曲线如图 8-5 所示。

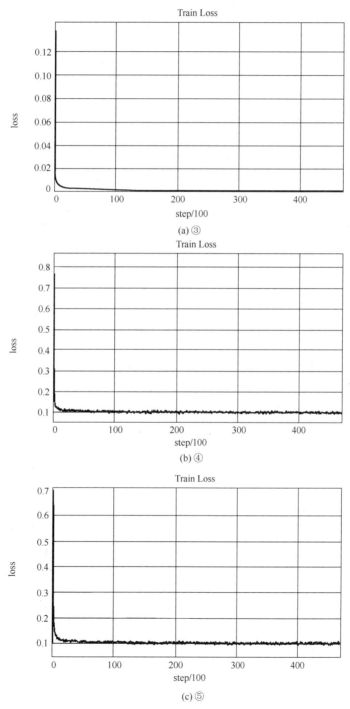

(a) ③

(b) ④

(c) ⑤

图 8-5　训练损失函数值的变化曲线

3．不同方法比较

从视觉效果和客观评价指标两方面对比以上 5 种方法的优劣，先将图像去噪效果进行可视化，效果如图 8-6 所示。

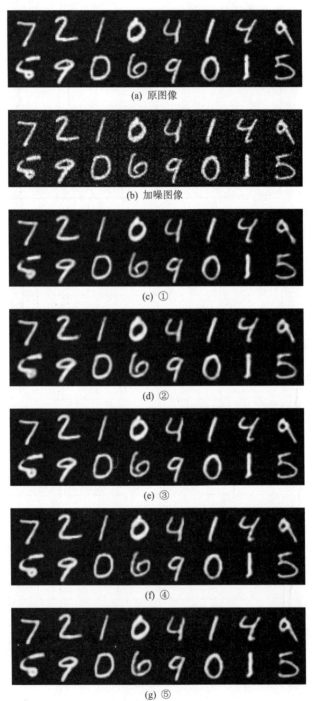

(a) 原图像

(b) 加噪图像

(c) ①

(d) ②

(e) ③

(f) ④

(g) ⑤

图 8-6　5 种方法去噪的视觉效果

从视觉上看，5 种方法的改善都比较明显，它们的平均 PSNR 和 SSIM 指标值如表 8-1 所示。通过客观评价指标值对比不难发现，使用卷积层的 CAE 模型去噪效果优于普通 AE；而在几种 CAE 中，使用反卷积进行上采样，且使用均方误差损失函数的方法③取得最优效果。

表 8-1　五种方法的平均 PSNR 和 SSIM 指标值

方　法	加　噪	方　法　①	方　法　②	方　法　③	方　法　④	方　法　⑤
PSNR	22.6123	25.9366	25.2898	29.0375	28.1524	27.2008
SSIM	0.6723	0.9627	0.9524	0.9827	0.9799	0.9757

8.2.3　Waterloo 数据集实验

1. 使用基本 CAE

MNIST 数据集分布比较简单，现在尝试将方法③用在更复杂、更普遍的自然图像中，这里选择图像质量评价的 Waterloo 数据集。该数据集含有不同大小的 4744 张自然图像，格式为 BMP，内容包括建筑、风景、人物等。图 8-7 所示为部分样本示例。先按照第 6 章的办法建立描述文件，并同时划分训练集与测试集，函数实现代码如下：

```
def describe(dFold):
    # 文件列表
    fList=glob(os.path.join(dFold,'*.bmp'))
    # 划分训练集、测试集
    train,test = train_test_split(fList, test_size=0.2)
    # 分别逐个写入
    with open('train.txt','w') as fw:
        for l in train:
            fw.write(l+'\n')
    with open('test.txt','w') as fw:
        for l in test:
            fw.write(l+'\n')
print('OK\n')
```

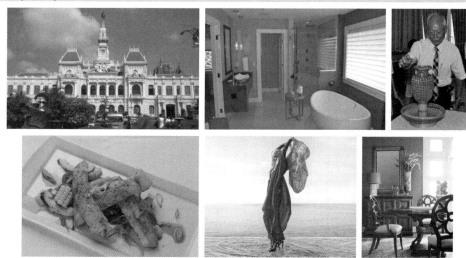

图 8-7　Waterloo 数据集部分样本示例

函数参数为图像文件夹目录，执行该函数后将会在当前目录下分别生成训练集和测试集的描述文件 train.txt 和 test.txt。再建立对应的数据集类，代码如下：

```
class challenge(data.Dataset):
    def __init__(self, datatxt, transform=None):
        super(challenge, self).__init__()
        with open(datatxt) as fr:
            lines=fr.readlines()
        self.Names=[]
        self.transform=transform
        for line in lines:
            l=line.rstrip('\n')
            self.Names.append(l)
    def __getitem__(self, index):
        fName=self.Names[index]
        img=Image.open(fName).convert('RGB')
        if self.transform is not None:
            img=self.transform(img)
        return img
    def __len__(self):
        return len(self.Names)
```

接下来导入数据，将图像随机切片为 128×128 像素大小，并对亮度、对比度、色调、饱和度进行抖动以便完成数据增广，采用前面介绍的加噪方法和强度产生含噪声图像。数据导入和增广的代码如下：

```
trans = transforms.Compose([
        transforms.RandomHorizontalFlip(),
        transforms.RandomCrop((128,128)),
        transforms.ColorJitter(brightness=0.15,contrast=0.15,saturation=0.15,hue=0.15),
        transforms.ToTensor()])
trainSet=challenge('train.txt', transform=trans)
loader_train=torch.utils.data.DataLoader(trainSet,batch_size=batch_size,shuffle=True)
```

采用 8.2.2 节方法③的模型和损失函数进行训练，训练损失函数值的变化曲线如图 8-8 所示。可见，损失函数值下降并不显著，而且波动很大。

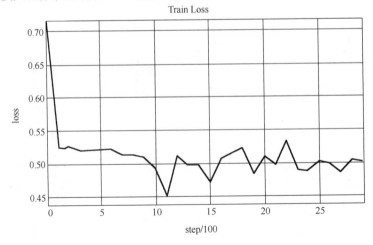

图 8-8　训练损失函数值的变化曲线

测试时，截取测试图像中心 128×128 像素大小的区域进行加噪和去噪，得到去噪前后的 PSNR、SSIM 分别为 20.6583、0.5495 和 23.9660、0.7763。去噪前后部分图像样本如图 8-9 所示。不难看出，方法③处理的图像较为模糊，并且客观评价指标值偏低。

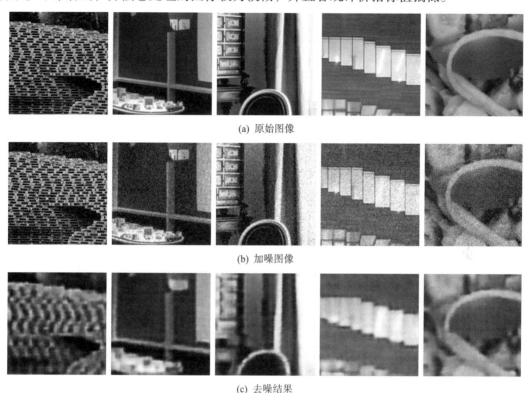

(a) 原始图像

(b) 加噪图像

(c) 去噪结果

图 8-9　去噪前后部分图像样本

2. 使用深度 CAE

前面提到，通过增加编码器深度可以提升高层特征提取能力，因此不妨设想一个更深的去噪网络来测试会不会提高效果。这里用如下代码建立共有 10 层卷积（反卷积）的网络：

```python
class denoiseCNN(nn.Module):
    def __init__(self, inC=1):
        super(denoiseCNN,self).__init__()
        # 编码器
        self.encoder=nn.Sequential(nn.Conv2d(inC,16,3,padding=1),
                                    nn.LeakyReLU(0.1),
                                    nn.MaxPool2d(kernel_size=2, stride=2),
                                    nn.Conv2d(16,32,3,padding=1),
                                    nn.LeakyReLU(0.1),
                                    nn.MaxPool2d(kernel_size=2, stride=2),
                                    nn.Conv2d(32,64,3,padding=1),
                                    nn.LeakyReLU(0.1),
                                    nn.MaxPool2d(kernel_size=2, stride=2),
```

```
                                          nn.Conv2d(64,128,3,padding=1),
                                          nn.LeakyReLU(0.1),
                                          nn.MaxPool2d(kernel_size=2, stride=2),
                                          nn.Conv2d(128,256,3,padding=1),
                                          nn.LeakyReLU(0.1),
                                          nn.MaxPool2d(kernel_size=2, stride=2))
        # 解码器
        self.decoder=nn.Sequential(
                        nn.ConvTranspose2d(256,128,3,stride=2,padding=1,output_padding=1),
                        nn.LeakyReLU(0.1),
                        nn.ConvTranspose2d(128,64,3,stride=2,padding=1,output_padding=1),
                        nn.LeakyReLU(0.1),
                        nn.ConvTranspose2d(64,32,3,stride=2,padding=1,output_padding=1),
                        nn.LeakyReLU(0.1),
                        nn.ConvTranspose2d(32,16,3,stride=2,padding=1,output_padding=1),
                        nn.LeakyReLU(0.1),
                        nn.ConvTranspose2d(16,inC,3,stride=2,padding=1,output_padding=1),
                        nn.Tanh())
    def forward(self, X):
        encode=self.encoder(X)
        decode=self.decoder(encode)
        return decode
```

训练损失函数值的变化曲线如图 8-10 所示，可见该曲线比之前平缓了许多，损失函数值也降低得比较明显。

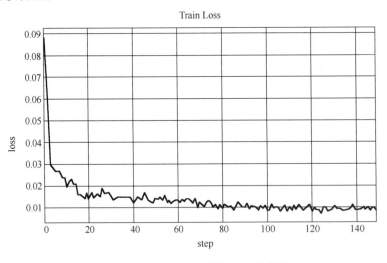

图 8-10　训练损失函数值的变化曲线

在测试集上的指标平均值仅有 PSNR：20.8015，SSIM：0.6442，对应的去噪结果如图 8-11 所示。该模型竟然弱于方法③，说明更深的模型并不一定有更好的去噪结果，而且维数越少的 encoder 可能会损失细节信息，使图像的信息失真越严重，因此需要设计更好的去噪模型。

图 8-11 去噪前后部分图像样本

8.3 基于残差学习的图像去噪

8.3.1 基本原理

2015 年，何恺明等提出的 ResNet 模型解决了卷积神经网络层数增加导致的网络退化问题，ResNet 的思想是用网络拟合残差而非数据本身，通过在若干层之间增加短路连接，可以提升模型准确度。Kai Zhang 将这种思想引入图像去噪，提出了如图 8-12 所示的 DnCNN 模型，其共有 D 层。其中，第一层为卷积+ReLU，最后一层为卷积，中间 $D-2$ 层为卷积+BN+ReLU 组合，卷积核个数都为 64，Kai Zhang 在其论文中给出 $D=17$ 和 $D=20$ 两种模型。不同于 CAE，该模型每层的输出特征图分辨率都不改变。

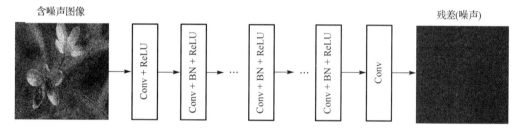

图 8-12 DnCNN 模型

DnCNN 模型并不含短路连接，而是对图像中的噪声进行学习，假设输入为 X_n，网络用函数 $f(\cdot)$ 表示，希望网络的输出逼近噪声

$$N_p = f(X_n) \tag{8-15}$$

选择损失函数，衡量拟合的程度

$$\text{Loss} = L(N_p, N) \tag{8-16}$$

训练网络达到最佳后，再从输入图像中减去噪声，从而得到去噪后的图像

$$X_p = X_n - f(X_n) \tag{8-17}$$

8.3.2 去噪实验

下面将 DnCNN 模型的残差学习思想用于 Waterloo 数据集的去噪，首先建立网络模型，考虑到算力的限制，这里将原模型削减为 12 层，但保留了基本运算。

代码如下：

```
class DnCNN(nn.Module):
    def __init__(self, inC):
        super(DnCNN, self).__init__()
        layers = []
        layers.append(nn.Conv2d(inC, 64, 3, padding=1))
        layers.append(nn.ReLU(inplace=True))
        for i in range(10):
            layers.append(nn.Conv2d(64, 64, 3, padding=1, bias=False))
            layers.append(nn.BatchNorm2d(64))
            layers.append(nn.ReLU(inplace=True))
        layers.append(nn.Conv2d(64, inC, 3, padding=1))
        self.dncnn = nn.Sequential(*layers)
    def forward(self, x):
        out = self.dncnn(x)
        return out
```

因为最后一层的输出不加激活函数，所以输入数据不再转换范围。由于进行的是残差学习，需要将导入模型和计算损失函数的代码改为：

```
noise=img_n-images
nois_pred=model(img_n)
denois=torch.clamp(img_n-nois_pred,0.,1.)
loss=loss_fn(nois_pred,noise)
```

代码其他部分保持不变，损失函数为均方误差，训练损失函数值的变化曲线如图 8-13 所示。

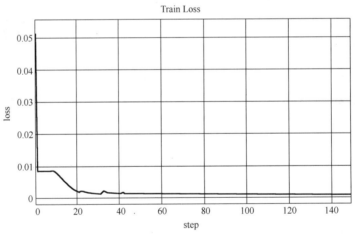

图 8-13　训练损失函数值的变化曲线

测试集上的 PSNR 为 30.2557，SSIM 为 0.9286，而用同样的网络结构不使用残差学习的指标分别为 28.8660 和 0.9107。DnCNN 模型去噪可视化效果如图 8-14 所示，可见残差学习带来的指标提升是比较明显的。

如果 8.2.3 节的方法③和 denoiseCNN 模型采用上面的残差学习思想，能否同样带来去噪性能方面的提升呢？经过实验，将这两种模型与 DnCNN 分别进行普通去噪和残差去噪的客观评价结果列入表 8-2 中。不难看出，DnCNN 模型能够显著去除噪声，而残差学习则提升了效果，但 CAE 和 denoiseCNN 无论是否采用残差学习，效果都比较差。由此可见，去噪卷积神经网络模型不能降低图像分辨率，否则会损失图像信息。

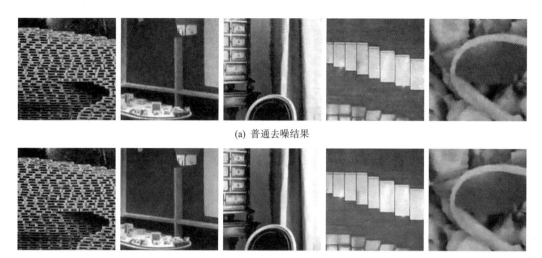

(a) 普通去噪结果

(b) 残差去噪结果

图 8-14　DnCNN 模型去噪可视化效果

表 8-2　不同方法的去噪效果对比

方　　法	加　　噪	CAE（③）	denoiseCNN	DnCNN	CAE 残差	denoiseCNN 残差	DnCNN 残差
PSNR	20.6853	23.9660	20.8015	28.8660	20.7901	20.7566	30.2557
SSIM	0.5495	0.7763	0.6442	0.9107	0.5597	0.5572	0.9286

8.3.3　非高斯噪声的去除

前面一直针对的是高斯噪声，但是现实中的噪声可能混合了其他类型的噪声。传统方法对不同分布的噪声必须设计新的去噪算法，而深度学习则可以用同一套模型来解决，具有更好的适应性。

下面仍然采用 DnCNN 残差学习来试验椒盐噪声和泊松噪声的去除。给图像增加椒盐噪声和泊松噪声的实现代码如下：

```python
def addsalt_pepper(img, prob, mode='bchw'):
    img_ = img.copy()
    if mode=='bchw':
        b,c,h, w = img_.shape
        mask = np.random.choice((0,1,2), size=(b,1,h,w), p=[prob, (1-prob)/2., (1-prob)/2.])
# 按 channel 复制到与 img 具有相同的 shape
        mask = np.repeat(mask, c, axis=1)
    elif mode=='hwc':
        h,w,c = img_.shape
        mask = np.random.choice((0, 1, 2), size=(h,w,1), p=[prob, (1-prob)/2., (1-prob)/2.])
        #按 channel 复制到与 img 具有相同的 shape
mask = np.repeat(mask, c, axis=-1)
    # 盐噪声
img_[mask == 1] = 1
    # 椒噪声
img_[mask == 2] = 0
    return img_
# 增加泊松噪声
```

```
def add_poisson(img, lam):
    size=img.shape
    nois=np.random.poisson(lam=lam,size=size)
    img_=np.clip(img+nois/255.,0,1)
    return img_
```

其中，椒盐噪声参数 prob 为像素点无噪声的概率，椒粒和盐粒等概率，逐像素将每个通道置 0 或置 1；泊松噪声参数 lam 为泊松分布参数 λ，是整数。令 prob=0.7，lam=30，对模型进行训练和测试，得到两种噪声下的客观评价指标值如表 8-3 所示，去噪前后部分可视化效果如图 8-15 所示。

表 8-3　椒盐噪声和泊松噪声下的客观评价指标值

噪 声 类 型	PSNR		SSIM	
	去 噪 前	去 噪 后	去 噪 前	去 噪 后
p=0.3 椒盐噪声	10.0268	30.5474	0.1378	0.9431
λ=30 泊松噪声	18.7721	31.9895	0.8265	0.8984

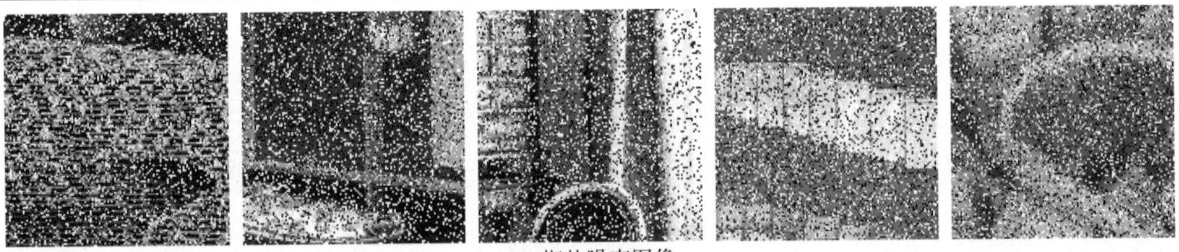

(a) 椒盐噪声图像

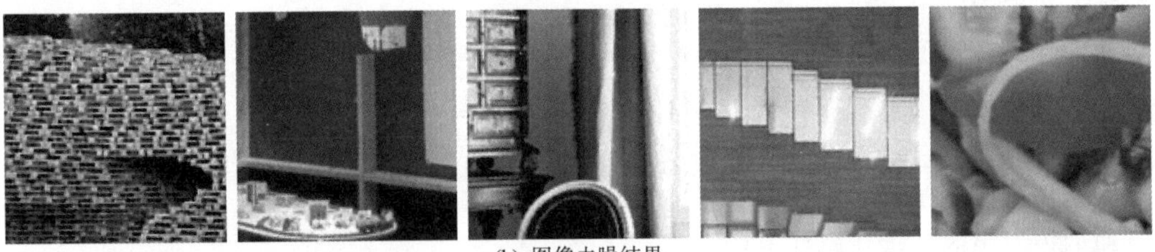

(b) 图像去噪结果

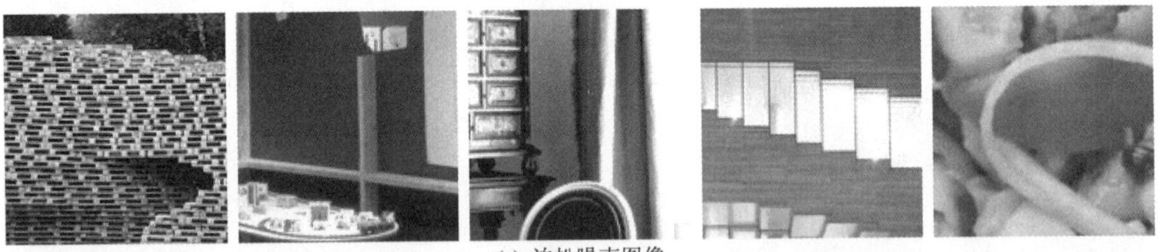

(c) 泊松噪声图像

(d) 图像去噪结果

图 8-15　椒盐噪声和泊松噪声去噪前后部分可视化效果

通过上面的实例不看发现，该算法思想对高斯、椒盐、泊松等多种类型的噪声均有很好的抑制效果。目前，深度卷积神经网络技术在图像去噪领域取得了长足的进步，除了残差学习，还有利用生成式对抗网络（Generative Adversarial Networks, GAN）生成噪声样本，多尺度、注意力机制及多任务去噪等，限于篇幅，不再赘述。

8.4　本 章 小 结

本章介绍了利用卷积神经网络进行图像去噪的原理和实现。首先介绍了图像去噪的目的和背景、研究思路及经典方法，接着介绍了两种基于卷积神经网络进行图像去噪的模型和方法，以大量的代码系统搭建了训练和测试平台，并给出了对比实验数据。在深度学习的研究与应用中，无论是提出新的模型，还是改进算法，或者改变训练的思路，都需要强有力的实验结果支撑，也离不开对模型各部件的替换对比和可解释性分析。

第9章 图像修复

　　图像修复（image inpainting）是图像处理的一个重要研究分支，既可用于修复破损的老照片，又可用于去掉图像中不需要的物体。图像修复的实现方法很多，在深度学习之前的时代，人们使用相似块填充、偏微分方程、稀疏表示等手段，这些手段对较小区域有着较好的修复效果，但是很难处理大范围信息或者语义缺失的情形，而深度学习给出了一种很好的解决方案。本章先介绍图像修复的一般原理，再介绍两例基于卷积神经网络处理图像修复问题的基本方法。

9.1　图像修复基础知识

9.1.1　图像修复概念

　　图像修复可以描述为采集图像或视频时，可能出现感兴趣目标被前景物体所遮挡，或者在编辑时出现涂鸦或不合适的字幕，人工将其抹去后即在图中形成掩膜（mask），采用自动的算法在掩膜区重建原图像或视频的过程，如图 9-1 所示。一般意义上的图像修复特指单张图像修复。与图像去噪、超分辨率重建、图像增强一样，图像修复也是数字图像处理研究的热点之一，每年顶级学术会议如 CVPR、ICCV、ECCV 都会收录一定数量的图像修复主题论文，而成熟的修复算法也已集成到商业处理软件如 Adobe Photoshop 中。

图 9-1　图像修复应用案例

　　与其他图像复原问题一样，图像修复问题的降质模型可以描述为

$$Y = D \odot X + v \tag{9-1}$$

其中，X 为待求原图像；Y 为遮挡后观测图像；D 为降质矩阵，与 X 逐像素相乘运算，其

中遮挡区域为 0、其他为 1；ν 为其他噪声干扰，可以暂不考虑。

图像修复要利用图像的冗余信息完成对应区域的填充，使其边界与图像中的其他部分连续且纹理一致，并且不破坏语义特征。与去噪相似，图像修复效果的客观评价指标主要是 PSNR 和 SSIM，除此之外，主观评价也是一项重要的指标。从数学优化的角度看，图像修复是一个典型的不适定问题（ill-posed problem），即存在不止一个符合要求的解，因此需要根据一定的正则约束，建立最优化准则，从而实现修复。据此，传统的图像修复算法可以分为以下几种。

- 相似块填充算法。基于图像的局部自相似性（Local Self-Similarity，LSS），先在整张图像 Y 中逐块检索与待修复区域图像块最相似的纹理和结构，常用度量标准有像素的欧氏距离和 SIFT 描述子等，然后按预定义的顺序将其复制、粘贴到待修复区域。该类算法严重依赖已有图像内容的低层特征，但是在传统方法中被认为是效果最好的一种。
- 偏微分方程算法。假设图像属于有界变差（Bounded Variation，BV）函数空间，首先利用偏微分方程拟合图像 Y，再通过求解方程的初值、边界值问题填充待修复区域。该类算法适合缺失部分不大、结构简单、具有重复纹理的图像。
- 稀疏表示类算法。这类算法首先在数据集上学习对图像的结构和纹理最优稀疏表示的过完备字典（overcomplete dictionary），然后对待修复的图像进行稀疏分解，最后在稀疏或低秩空间中重建修复区域。
- 滤波类算法。首先采用一组滤波器或小波变换将图像分解到不同频带和不同分辨率中，然后在频带上填充修复区域，最后逆变换到原始空间中，达到由粗到精逐渐修复图像的目的。

以上每种算法都有各自的优缺点，传统算法在修复区域不大、图像结构与纹理比较规则和单一的情况下取得了较好的效果，但由于缺乏对图像整体语义的学习，当修复区域比较大时效果会比较差，往往退化为低层纹理的延伸，无法合成高层语义信息。而且，大多数表现优异的传统算法计算复杂度很高，难以满足实时处理需求。

与其他图像处理领域类似，评价一个算法的好坏要在公认的数据集上进行，这些数据集同时也为基于学习的算法提供了充足的训练数据，常用的图像修复数据集如下。

- Paris Street View，是从 Google 街景数据收集的一个大规模的图像数据集，包含世界上几个大城市的街道图像，由 15 000 张图像组成。
- Places，由麻省理工学院计算机科学与人工智能实验室（CSAIL）建立，包含 400 个场景类别，如卧室、街道、犹太教堂和峡谷等，共有 1000 万张图像。
- Foreground-aware，不同于其他数据集，包含了大量用于修复的不规则掩膜，其中 100 000 个用于训练，10 000 个用于测试。每个掩膜是一个 256×256 像素的灰度图像，掩膜区域为 255，其他为 0。

9.1.2 基于深度学习的图像修复方法

借助卷积神经网络强大的学习能力，基于深度学习的图像修复方法能够在特定的数据集上学习语义的先验知识，而在部署应用时只需要前向运算，因此速度快。基于卷积神经网络的图像修复范式如图 9-2 所示，其中 X^* 表示被遮挡的待修复图像，原图像 X 为算法重建的目标，将 X^* 用掩膜 M（待修复部分像素值为 1，其他为 0）覆盖，形成掩膜图像 X_M 作为卷积神经网络的输入，即

$$X_M = X^* \odot (1-M) = X \odot (1-M) \qquad (9\text{-}2)$$

卷积神经网络需要利用 X_M 来估计 X，使 X_M 和 X 更加相似，为此必须建立它们之间的损失函数：

$$\text{Loss} = L(F[X \odot (1-M)], X) \qquad (9\text{-}3)$$

其中，F 表示所用卷积神经网络的映射函数。常用的损失函数有 L_1/L_2 距离、对抗损失、在某个预训练网络特定层上的感知损失及风格损失等。

图 9-2　图像修复范式

近年来，人们提出了很多基于卷积神经网络的图像修复方法。例如，Yeh 提出了一种基于 DCGAN 的模型，第 1 步在所研究的数据集上训练一个 DCGAN 模型以学习图像语义，第 2 步针对图像寻找最优输入编码，该模型适合分布比较集中的数据集。Pathak 提出了一种 Context-Encoder 模型，通过 Auto-Encoder 生成修复图像，将其作为生成器网络，用判别器网络衡量生成器网络的输出与真实图像的差异，将欧氏距离损失和对抗损失加权作为联合损失函数，该模型构成了后续方法的基本框架。Iizuka 在此基础上增加了生成器网络的层数，判别器网络增加了 1 个独立的局部分支，用来鉴别修复区域的真伪，提升了图像局部修复效果。Yu 提出了两阶段粗-精修复模型，在第一阶段粗修复后，在第二阶段增加了并行的注意力机制支路，利用修复结果估计掩膜内外的映射关系。下面将分别对 DCGAN 和 Context-Encoder 图像修复模型进行详细分析和代码实现。

9.2　基于 DCGAN 的图像修复

9.2.1　生成式对抗网络

在深度学习中，有一类生成问题希望建立低维的隐变量到图像的映射关系，从隐变量采样得到符合现实中合理分布而又不存在于数据集的样本。从概率分布的角度看，一个数据集可看成多元概率分布的若干次采样，图像像素之间存在着某种未知的依赖关系，如果将每个像素看成一个维度，那么数据的分布可看成高维空间中的流形（manifold），而生成

式对抗网络（Generative Adversarial Networks, GAN）就是恢复该流形对应的低维空间的一种方法。GAN 包括两部分：生成器（Generator）和判别器（Discriminator）。生成器的输入为随机向量，输出为某一分布的图像，判别器判断所生成的图像是否真实。两者相互博弈，在对抗训练中，判别器提高判断真伪能力，而生成器则提高欺骗判别器的能力，使生成的图像越来越接近真实样本。GAN 的基本模型如图 9-3 所示。

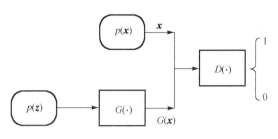

图 9-3　GAN 的基本模型

其中，$D(\cdot)$、$G(\cdot)$ 分别为判别器、生成器函数，生成器从概率分布为 $p(z)$ 的随机向量 z 中采样生成假样本 $G(z)$，真实样本 x 的概率分布为 $p(x)$，判别器的作用是最大程度地分辨真实样本（使之输出为 1）和假样本（使之输出为 0），其损失函数为

$$-\{E_{x\sim p_{\mathrm{data}}(x)}[\log D(x)] + E_{z\sim p_z(z)}[\log(1-D(G(z)))]\} \tag{9-4}$$

而生成器则与之相反，要最大化上式，因此总的目标函数为

$$\min_G \max_D V(D,G) = \min_G \max_D E_{x\sim p_{\mathrm{data}}(x)}\big[\log D(x)\big] + E_{z\sim p_z(z)}\big[\log(1-D(G(z)))\big] \tag{9-5}$$

为求解最优的 G，首先固定生成器并优化判别器，使得 $V(D,G)$ 最大，即

$$
\begin{aligned}
V(D,G) &= \int_x p_{\mathrm{data}}(x)\log D(x)\mathrm{d}x + \int_z p_z(z)\log[1-D(G(z))]\mathrm{d}z \\
&= \int_x p_{\mathrm{data}}(x)\log D(x)\mathrm{d}x + \int_x p_G(x)\log[1-D(x)]\mathrm{d}x \\
&= \int_x \{p_{\mathrm{data}}(x)\log D(x) + p_G(x)\log[1-D(x)]\}\mathrm{d}x
\end{aligned}
\tag{9-6}
$$

由于函数 $a\log(y) + b\log(1-y)$ 极大值点为 $y = a/(a+b)$，因此达到最优时

$$D^*(x) = \frac{p_{\mathrm{data}}(x)}{p_{\mathrm{data}}(x) + p_G(x)} \tag{9-7}$$

即 D 的最优由真实样本的分布和生成器生成假样本的分布决定。当 D 达到最优时，

$$
\begin{aligned}
V(D^*,G) &= \int_x \left[p_{\mathrm{data}}(x)\log\frac{p_{\mathrm{data}}(x)}{p_{\mathrm{data}}(x)+p_G(x)} + p_G(x)\log\frac{p_G(x)}{p_{\mathrm{data}}(x)+p_G(x)} \right]\mathrm{d}x \\
&= \int_x p_{\mathrm{data}}(x)\log\frac{1}{2}\mathrm{d}x + \int_x p_G(x)\log\frac{1}{2}\mathrm{d}x \\
&\quad + \mathrm{KL}\left(p_{\mathrm{data}}(x) \| \frac{p_{\mathrm{data}}(x)+p_G(x)}{2} \right) \\
&\quad + \mathrm{KL}\left(p_G(x) \| \frac{p_{\mathrm{data}}(x)+p_G(x)}{2} \right) \\
&= -\log 4 + 2\mathrm{JS}(p_{\mathrm{data}}(x) \| p_G(x)) \geqslant -\log 4
\end{aligned}
\tag{9-8}
$$

其中，$\mathrm{KL}(p(x)\|q(x))$ 表示两个分布函数 $p(x)$ 和 $q(x)$ 的 KL 散度，衡量两个分布的接近程度：

$$\mathrm{KL}(p(\boldsymbol{x}) \| q(\boldsymbol{x})) = \int_x p(\boldsymbol{x}) \log \frac{p(\boldsymbol{x})}{q(\boldsymbol{x})} \mathrm{d}\boldsymbol{x} \qquad (9\text{-}9)$$

KL 散度是非对称的，而 JS 散度是对称的，定义为

$$\mathrm{JS}(p(\boldsymbol{x}) \| q(\boldsymbol{x})) = \frac{1}{2}\mathrm{KL}\left(p(\boldsymbol{x}) \| \frac{p(\boldsymbol{x})+q(\boldsymbol{x})}{2}\right) + \frac{1}{2}\mathrm{KL}\left(q(\boldsymbol{x}) \| \frac{p(\boldsymbol{x})+q(\boldsymbol{x})}{2}\right) \qquad (9\text{-}10)$$

式（9-8）等号成立的条件为当且仅当 $p_{\mathrm{data}}(\boldsymbol{x}) = p_G(\boldsymbol{x})$，即生成器生成的假样本分布等于真实样本分布，目标函数达到最小，而此时 $D(\boldsymbol{x}) = 1/2$，即对所有真假样本正确分类的概率为 0.5。

根据上述原理，基本的 GAN 的优化算法步骤如下：

① 初始化；

② k 步优化判别器；

③ 以概率分布 $p_z(\boldsymbol{z})$ 产生 m 个随机向量 $\boldsymbol{z}$；

④ 随机取 m 个数据 $\boldsymbol{x}$；

⑤ 以下式为负梯度，更新判别器的参数 θ_d：

$$\mathrm{Grad} = -\nabla_{\theta_d} \frac{1}{m} \sum_{i=1}^{m} [\log D(\boldsymbol{x}_i) + \log(1 - D(G(\boldsymbol{z}_i)))] \qquad (9\text{-}11)$$

⑥ 以下式为负梯度，更新生成器的参数 θ_g：

$$\mathrm{Grad} = -\nabla_{\theta_g} \frac{1}{m} \sum_{i=1}^{m} \log D(G(\boldsymbol{z}_i)) \qquad (9\text{-}12)$$

⑦ 若达到迭代次数则退出训练，否则返回 k 步优化判别器。

与理论推导不同，生成器和判别器是交替训练的，因为如果判别器训练得过好，会使判别器的梯度为零。每次判别器和生成器更新的次数比 k 也要根据实际来调整。

9.2.2 手写体生成实例

1. 网络结构

用 GAN 来学习 MNIST 数据集，并生成类似手写体数字图像，这里生成器和判别器都采用卷积神经网络结构，每层操作与输出维度如表 9-1 所示。

表 9-1 生成器和判别器网络每层操作与输出维度

生成器网络（输入 batch×100）		判别器网络（输入 batch×1×28×28）	
操作	输出维度	操作	输出维度
全连接	batch × 3136	卷积、LeakyReLU、池化	batch × 32 × 14 × 14
Reshape	batch × 1 × 56 × 56	卷积、LeakyReLU、池化	batch × 64 × 7 × 7
BN、ReLU	batch × 1 × 56 × 56	Reshape	batch × 3136
卷积、BN、ReLU	batch × 50 × 56 × 56	全连接、LeakyReLU	batch × 1024
卷积、BN、ReLU	batch × 25 × 56 × 56	全连接、Sigmoid	batch × 1
卷积、Tanh	batch × 1 × 28 × 28		

实现该结构的代码如下：

```python
# 判别器
class Discriminator(nn.Module):
    def __init__(self):
        super(discriminator, self).__init__()
        self.conv1 = nn.Sequential(
            nn.Conv2d(1, 32, 5, padding=2),    # batch, 32, 28, 28
            nn.LeakyReLU(0.2, True),
            nn.AvgPool2d(2, stride=2),    # batch, 32, 14, 14
            )
        self.conv2 = nn.Sequential(
            nn.Conv2d(32, 64, 5, padding=2),    # batch, 64, 14, 14
            nn.LeakyReLU(0.2, True),
            nn.AvgPool2d(2, stride=2)    # batch, 64, 7, 7
        )
        self.fc = nn.Sequential(
            nn.Linear(64*7*7, 1024),
            nn.LeakyReLU(0.2, True),
            nn.Linear(1024, 1),
            nn.Sigmoid()
        )
    def forward(self, x):
        x = self.conv1(x)
        x = self.conv2(x)
        x = x.view(x.size(0), -1)
        x = self.fc(x)
        return x
# 生成器
class Generator(nn.Module):
    def __init__(self, input_size, num_feature):
        super(generator, self).__init__()
        self.fc = nn.Linear(input_size, num_feature)    # batch, 3136=1x56x56
        self.br = nn.Sequential(
            nn.BatchNorm2d(1),
            nn.ReLU(True)
        )
        self.downsample1 = nn.Sequential(
            nn.Conv2d(1, 50, 3, stride=1, padding=1),    # batch, 50, 56, 56
            nn.BatchNorm2d(50),
            nn.ReLU(True)
        )
        self.downsample2 = nn.Sequential(
            nn.Conv2d(50, 25, 3, stride=1, padding=1),    # batch, 25, 56, 56
            nn.BatchNorm2d(25),
            nn.ReLU(True)
        )
```

```
        self.downsample3 = nn.Sequential(
            nn.Conv2d(25, 1, 2, stride=2),    # batch, 1, 28, 28
            nn.Tanh()
        )
    def forward(self, x):
        x = self.fc(x)
        x = x.view(x.size(0), 1, 56, 56)
        x = self.br(x)
        x = self.downsample1(x)
        x = self.downsample2(x)
        x = self.downsample3(x)
        return x
```

2. 训练与测试

训练中，令 $k=1$，实现优化算法的代码如下：

```
for img, _ in dataloader:
    real_img = img.cuda()
    real_label = torch.ones([img.size(0),1]).cuda()
    fake_label = torch.zeros([img.size(0),1]).cuda()
    # ======训练判别器，锁定生成器
    # 真实样本损失
    real_out = D(real_img) # hope close to 1
    d_loss_real = criterion(real_out, real_label)
    # 假样本损失
    z = torch.randn(img.size(0), z_dimension).cuda()
    fake_img = G(z)
    fake_out = D(fake_img.detach()) # hope close to 0
    d_loss_fake = criterion(fake_out, fake_label)
    # 优化判别器
    d_loss = 0.5*(d_loss_real + d_loss_fake)
    d_optimizer.zero_grad()
    d_loss.backward()
    d_optimizer.step()
    # ======训练生成器，锁定判别器
    # 假样本损失
    output = D(fake_img)
    g_loss = criterion(output, real_label)
    # 优化生成器
    g_optimizer.zero_grad()
    g_loss.backward()
    g_optimizer.step()
```

这里有两步训练。第一步，固定生成器、训练判别器，判别器的损失由两部分构成，一是真实样本 real_img 对应的输出 real_out 与全 1 向量 real_label 的交叉熵损失 d_loss_real，二是生成器生成的假样本 fake_img 对应的输出 fake_out 与全 0 向量 fake_label 的交叉熵损失 d_loss_fake。由于更新判别器后，PyTorch 构建的计算图销毁，而产生 fake_img 的生成器网络还要在第二步更新，因此这里用了 fake_out = D(fake_img.detach())，使生成器网络不参与第一步的梯度计算。第二步，固定判别器、更新生成器，损失函数为 fake_img 的输出output 与全 1 向量 real_label 的交叉熵损失 g_loss，然后计算梯度，完成更新，销毁计算图。

用 visdom 将训练损失实时显示出来，代码如下：

```
viz.line(Y=[LossDV],X=[nCount//100],
    win='Discriminator',update='append',
    opts=dict(title='D Train Loss', xlabel='step/100',ylabel='loss'))
viz.line(Y=[LossGV],X=[nCount//100],
    win='Generator',update='append',
    opts=dict(title='G Train Loss', xlabel='step/100',ylabel='loss'))
```

训练时生成器和判别器的损失函数值的变化曲线如图 9-4 所示，可见不同于前面介绍的分类与回归训练，GAN 的对抗损失并没有明显的收敛趋势。

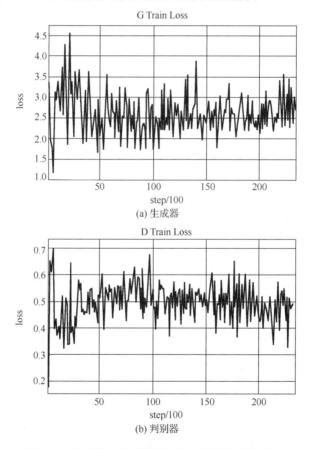

图 9-4　生成器和判别器的损失函数值的变化曲线

训练完成后，保存参数到 ckpt 目录下，分别将文件命名为 generator.pth 和discriminator.pth，代码如下：

```
torch.save({'epoch':epoch,'state_dict':G.state_dict()}, 'ckpt/generator.pth')
torch.save({'epoch':epoch,'state_dict':D.state_dict()}, 'ckpt/discriminator.pth')
```

在测试时，只需加载生成器，根据随机向量 z 产生任意结果。测试代码如下：

```
import torch,os
from torchvision.utils import save_image
from train import generator
from utils import *
# 如果没有，则产生输出文件夹
if not os.path.exists('./output'):
    os.mkdir('./output')
# 加载模型
G_model=generator(100,3136)
ckpt=torch.load(r'ckpt\generator.pth')
G_model.load_state_dict(ckpt['state_dict'])
G_model.to(torch.device('cuda'))
G_model.eval()
g_num=150
batch=128
# 逐批生成
for i in range(g_num):
    z=torch.randn([batch,100]).cuda()
    fake=G_model(z)
    out=to_img(fake)
    save_image(out,r'output\%d.jpg' % i)
    print(i)
```

最终测试生成的部分假样本如图 9-5 所示。可以看出，经过 50 轮训练，生成器网络生成的手写体数字模型已非常接近真实图像。当然这只是非常简单的数据，当需要生成更复杂的图像时，生成器和判别器网络的结构也必须更深、更复杂。

图 9-5　测试生成的部分假样本

9.2.3　基于 DCGAN 的人脸修复

9.2.2 节给出了生成手写体数字图像的实例，说明可通过对抗训练让 GAN 合成接近真实的图像，但如何应用于图像修复呢？可以认为已训练好的生成器网络建立了随机向量的先验分布 $p(z)$ 到真实样本的分布 $p(x)$ 的映射，假设 X 为未知真实图像，对应着 z 空间的某个值，X_1 为待修复掩膜图像：

$$X_1 = X \odot (1 - M) \tag{9-13}$$

通过 X_1 反推，可以寻找 z 空间中对应的最相近的 z^*，使下列损失函数最小：

$$\text{Loss} = \left\| X_1 - G(z) \odot (1 - M) \right\|_2 - \lambda \log D[G(z)] \tag{9-14}$$

其中，等号后的第一项是待修复图像 $G(z)$ 与真实图像在修复区域之外的均方误差；第二项为 GAN 中更新生成器的损失，使 $G(z)$ 符合真实样本的分布；λ 为权衡两项的超参数。与 GAN 训练不同的是，保持生成器与判别器参数不变，只对 z 求最优解，得到的 z^* 认为是 X 在 z 空间的对应值。

以上就是 Yeh 提出的人脸语义修复方法。生成器与判别器均选用深层卷积神经网络，因此此时的 GAN 又称为深度卷积生成对抗网络（DCGAN），其各层操作与输出维度如表 9-2 所示。

表 9-2　DCGAN 各层操作及输出维度

| 生成器网络（输入 batch×100） | | 判别器生成器网络（输入 batch×64×64×3） | |
操　作	输出维度	操　作	输出维度
全连接	batch × 8192	卷积、LeakyReLU	batch × 32 × 32 × 64
Reshape	batch × 4 × 4 × 512	卷积、BN、LeakyReLU	batch × 16 × 16 × 128
BN、ReLU	batch × 4 × 4 × 512	卷积、BN、LeakyReLU	batch × 8 × 8 × 256
反卷积、BN、ReLU	batch × 8 × 8 × 512	卷积、BN、LeakyReLU	batch × 4 × 4 × 512
反卷积、BN、ReLU	batch × 16 × 16 × 256	Reshape	batch × 8192
反卷积、BN、ReLU	batch × 32 × 32 × 128	全连接	batch × 1
反卷积、BN、ReLU	batch × 64 × 64 × 64	—	—
反卷积、Tanh	batch × 64 × 64 × 3	—	—

下面用 CelebA 人脸数据集中已进行人脸对齐的 202 599 张图像做实验，将图像尺寸缩放到 100×150 像素，再截取中心 64×64 像素作为人脸样本（见图 9-6），按 2∶1 的比例划分训练集和测试集，此处省略数据集类 Inpaint 的代码。

图 9-6　CelebA 数据集部分样本

首先进行 GAN 的训练，过程与 9.2.2 节相同，代码如下：

```python
import torch
import torch.nn as nn
from torch.utils.data import DataLoader
from torchvision import transforms
from torchvision.utils import save_image
import os
from utils import *
from model_inpaint import *
from visdom import Visdom
if not os.path.exists('sample'):
    os.makedirs('sample')
if not os.path.exists('ckpt'):
    os.makedirs('ckpt')
Batch=64
# 数据变换与增广
trans = transforms.Compose([transforms.RandomHorizontalFlip(),
                            transforms.Resize((100,150)),
                            transforms.CenterCrop(64),
                            transforms.ToTensor()])
# 数据集
trainSet=Inpaint('CelebAtrain.txt', transform=trans)
trainLoader=DataLoader(trainSet,batch_size=Batch,shuffle=True)
# 模型导入
dim=100
Dnet=discriminator(3).cuda()
Gnet=generator(dim,3).cuda()
loss_fn=nn.BCELoss().cuda()
d_optimizer = torch.optim.Adam(Dnet.parameters(), lr=2e-4)
g_optimizer = torch.optim.Adam(Gnet.parameters(), lr=2e-4)
# 训练过程
Epochs=70
nCount=0
viz=Visdom(env='DCGAN')
for epoch in range(Epochs):
    Dnet.train()
    Gnet.train()
    for img in trainLoader:
        real=to_input(img).cuda()
        real_label = torch.ones([img.size(0),1]).cuda()
        fake_label = torch.zeros([img.size(0),1]).cuda()
        # 训练生成器，锁定判别器
        # 真实样本损失
        d_optimizer.zero_grad()
        real_out = Dnet(real) # hope close to 1
        d_loss_real = loss_fn(real_out, real_label)
```

```
        # 假样本损失
        z = torch.rand(img.size(0), dim).cuda()
        fake = Gnet(z)
        fake_out = Dnet(fake.detach()) # hope close to 0
        d_loss_fake = loss_fn(fake_out, fake_label)
        # 优化判别器
        d_loss = 0.5*(d_loss_real + d_loss_fake)
        d_loss.backward()
        d_optimizer.step()
        # 训练生成器，锁定判别器
        # 假样本损失
        for k in range(2):
            g_optimizer.zero_grad()
            fake = Gnet(z)
            output = Dnet(fake)
            g_loss = loss_fn(output, real_label)
            # 优化 G
            g_loss.backward()
            g_optimizer.step()
        nCount+=1
        if nCount%100==0: %    # 可视化输出
            print('Epoch: [%d|%d]. Step: %d. D_loss: %.4f, G_loss: %.4f' %
            (epoch, Epochs, nCount, d_loss.data, g_loss.data))
            LossDV=d_loss.cpu().detach().numpy()
            LossGV=g_loss.cpu().detach().numpy()
            viz.line(Y=[LossDV],X=[nCount//100],win='Discriminator',update='append',
            opts=dict(title='D Train Loss', xlabel='step/100',ylabel='loss'))
            viz.line(Y=[LossGV],X=[nCount//100],win='Generator',update='append',
            opts=dict(title='G Train Loss', xlabel='step/100',ylabel='loss'))
            for n in range(6):
                FakeV=to_img(fake.cpu().data)
                viz.image(FakeV[n], win='Generate[%d]' % n)
            for n in range(6):
                imgV=img.cpu().data
                viz.image(imgV[n], win='Real[%d]' % n)
# 采样输出
Gnet.eval()
z = torch.rand(Batch, dim).cuda()
fake = Gnet(z)
FakeV=to_img(fake.cpu().data)
save_image(FakeV,r'sample\%d.png' % epoch,nrow=8)
# 保存模型
torch.save({'epoch':epoch,'state_dict':Gnet.state_dict()}, 'ckpt/G.pth')
torch.save({'epoch':epoch,'state_dict':Dnet.state_dict()}, 'ckpt/D.pth')
```

图像在进入网络和显示前进行了相应范围的拉伸，所用到的函数实现代码如下：

```
def to_input(img):
    # img 范围：0～1
    # output 范围：-1～1
    return img*2-1
def to_img(inp):
    # input 范围：-1～1
    # output 范围：0～1
    img=0.5*(inp+1)
    return img.clamp(0.,1.)
```

训练完成后，生成器已具备合成人脸的能力。这时遮挡图像中心 1/4 面积区域，形成待修复样本 X_1，保持 G、D 不变，按式（9-14）的损失函数对 z 进行优化，相关代码如下：

```
import torch
from torch.utils.data import DataLoader
import torch.nn as nn
from torch.autograd import Variable
import os,cv2
from utils import *
from model_inpaint import *
from PIL import Image
import numpy as np
from torchvision.utils import save_image
from torchvision import transforms
from skimage.measure import compare_psnr,compare_ssim
if not os.path.exists('output_inpaint2'):
    os.makedirs('output_inpaint2')
if not os.path.exists('mediate'):
    os.makedirs('mediate')
with open('CelebAtest.txt') as fo:
    Lines=fo.readlines()
Batch=1
# 图像变换
trans = transforms.Compose([transforms.Resize((100,150)),
                            transforms.CenterCrop(64),
                            transforms.ToTensor()])
testSet=Inpaint('CelebAtest.txt', transform=trans)
testLoader=DataLoader(testSet,batch_size=Batch,shuffle=False)
psnr=np.zeros([len(testLoader)])
ssim=np.zeros([len(testLoader)])
# 权衡系数
Lam=0.1
nIter=5000
Gnet=generator(100,3).cuda()
Dnet=discriminator(3).cuda()
ckpt_g=torch.load('ckpt/G.pth')
Gnet.load_state_dict(ckpt_g['state_dict'])
Gnet.to(torch.device('cuda'))
Gnet.eval()
ckpt_d=torch.load('ckpt/D.pth')
```

```
Dnet.load_state_dict(ckpt_d['state_dict'])
Dnet.to(torch.device('cuda'))
Dnet.eval()
for param in Gnet.parameters():
    param.requires_grad=False
for param in Dnet.parameters():
    param.requires_grad=False
MASK=np.zeros([64,64],np.float32)
MASK[16:48,16:48]=1.
Mask=torch.Tensor(MASK).cuda()
loss_fn_ad=nn.BCELoss().cuda()
loss_fn_c=nn.MSELoss(reduction='sum').cuda()
nCount=0
# 对测试集图像在 z 空间寻优
for im_gt in testLoader:
    im_gt=im_gt.cuda()
    Masked=to_input(im_gt*(1−Mask))
    Gt=to_input(im_gt)
    real_label = torch.ones([1,1]).cuda()
    Z=Variable(torch.rand(1,100)).cuda()
    Z.requires_grad=True
    opt=torch.optim.Adam([Z])
    # 开始迭代
    for i in range(nIter):
        opt.zero_grad()
        Fake=Gnet(Z)
        logit=Dnet(Fake)
        lossAD=loss_fn_ad(logit, real_label)
        lossC=loss_fn_c(Fake*(1−Mask),Masked*(1−Mask))
        loss=lossC+Lam*lossAD
        loss.backward()
        opt.step()
        if i%100==0:
            print('%d of %d: Loss: %.4f. Construction: %.4f, Adversarial: %.4f.'
                    % (i,nCount,loss.data,lossC.data,lossAD.data))
            imFake=to_img(Fake.data)
            Gener=imFake*Mask+im_gt*(1−Mask)
            save_image(Gener, r'mediate\%d.png' % (i))
    # 保存最终结果
    imFake=to_img(Fake.data)
    Gener=imFake*Mask+im_gt*(1−Mask)
    Masked=im_gt*(1−Mask)
    save_image(im_gt, r'output_inpaint2\%d_gt.jpg' % (nCount))
    save_image(Masked, r'output_inpaint2\%d_masked.jpg' % (nCount))
    # 泊松融合
    # After save_image imageRange changed 0～255
    dst=np.array(torch.squeeze(im_gt.cpu().permute(0,2,3,1)),np.uint8)
    src=np.array(torch.squeeze(Gener.cpu().permute(0,2,3,1))*255,np.uint8)
    mask=255*np.ones([32,32],np.uint8)
    center=(32,32)
```

```
result=cv2.seamlessClone(src[16:48,16:48],dst,mask,center,cv2.NORMAL_CLONE)
cv2.imwrite(r'output_inpaint2\%d_inpainted.jpg' % (nCount), result[:,:,::-1])
psnr[nCount]=compare_psnr(dst, result)
ssim[nCount]=compare_ssim(dst, result, multichannel=True)
print('Count: %d. psnr: %.4f. ssim: %.4f' % (nCount,psnr[nCount],ssim[nCount]))
nCount+=1
PSNR=np.mean(psnr)
SSIM=np.mean(ssim)
print('PSNR: %.4f.\nSSIM: %.4f' % (PSNR,SSIM))
```

因为修复的图像区域会与原图像存在一定的色差，这里用 OpenCV 库的 seamlessClone 进行泊松融合，最后修复的部分样本效果如图 9-7 所示。在客观评价指标方面，在 66 858 张测试图像上的平均 PSNR 为 25.0298，SSIM 为 0.8399，可见主客观质量都是不错的。 DCGAN 通过 GAN 学习数据集分布，再在待修复样本上二次优化的方法适合分辨率较小且分布比较统一的图像，在其他数据集上则表现一般，但这种对抗的思想也被其他模型和领域广泛借鉴，成为另一种损失函数。

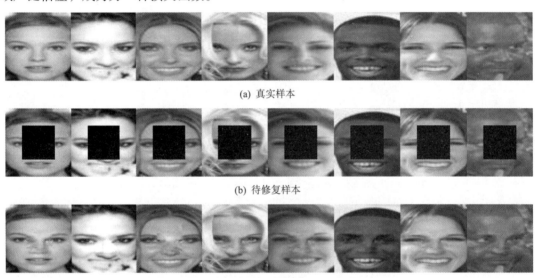

(a) 真实样本

(b) 待修复样本

(c) 已修复样本

图 9-7　修复的部分样本效果

9.3　基于 Context-Encoder 的图像修复

与 DCGAN 模型必须先学习图像的分布不同，Pathak 提出的 Context-Encoder 模型属于自编码器的变形，直接用待修复图像作为输入，输出修复图像，属于比较直接的 "image2image" 方式。而目前图像修复领域取得 SOTA 效果的方法基本全是采用这种结构的。

9.3.1　Context-Encoder 模型结构

第 8 章已介绍过自编码器在图像去噪中的应用，展示了 DnCNN 对噪声图像的恢复能力，那么如果将待修复图像看成噪声图像，直接用 DnCNN 进行修复，效果会怎样？可用

ParisStreetView 数据集实验,将 6594 张 1280×1024 像素大小的图像随机切分成 128×128 像素大小的样本,按照 4∶1 的比例划分训练集和测试集,在训练集中选取 10%作为验证集。将中心 56×56 像素大小区域覆盖掩膜,以掩膜区域修复结果与真实样本的均方误差为损失函数,进行 100 轮训练,损失函数值的变化曲线如图 9-8 所示。

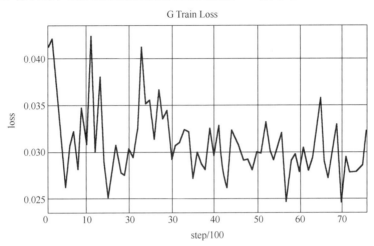

图 9-8　DnCNN 模型的训练损失函数值的变化曲线

可见损失下降并不明显,部分修复效果如图 9-9 所示。

(a) 原图

(b) 掩膜图像

(c) 修复效果

图 9-9　DnCNN 模型部分修复效果

除掩膜边缘区域外，大部分区域并未得到修复，这是因为 DnCNN 模型每层输出分辨率都是相同的，但是待修复图像本身信息少于原图像，因此需要一种更低秩的表示。此外，采用单一的均方误差损失函数容易导致修复区域比较模糊，与真实图像差距很大。为此，Context-Encoder 模型给出了解决方案，其结构如图 9-10 所示。

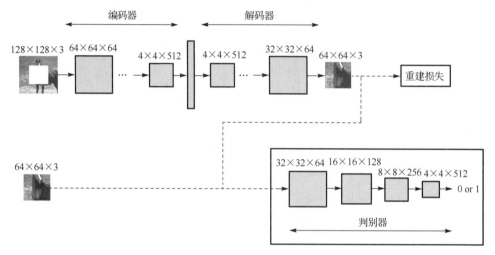

图 9-10　Context-Encoder 模型结构

该模型借鉴了 GAN 的对抗思想，其生成器网络是一个中间窄的自编码器结构，以待修复图像样本（大小为 128×128 像素）为输入，但是只生成修复区域；将真实样本的遮挡区域与修复区域一起送入判别器网络，进行对抗学习。其损失函数为

$$L = \lambda_{rec} L_{rec} + \lambda_{adv} L_{adv} \tag{9-15}$$

等式右边第 1 项是重构损失（reconstruction loss），为修复区域和真实样本对应区域的 L_2 距离；第 2 项是对抗损失（adversarial loss），两者加权系数分别为 0.999 和 0.001。

9.3.2　算法与实验

用 PyTorch 进行复现，相比于原方法，这里将加权系数改为 0.998 和 0.002，还增加了 TV 正则化项，使修复结果更加平滑，令其系数为 0.001。此外，仍使用中心 56×56 像素大小的掩膜，上下左右各重叠 4 个像素，在计算重构损失时相对于其他像素权值乘以 10。其模型、训练和测试的代码如下。

1. 模型代码

```
import torch
import torch.nn as nn
from torchvision import models
# 生成模型，输入 128*128，输出 64*64
class myConE1(nn.Module):
    def __init__(self, inC=3):
        super(myConE1, self).__init__()
        self.layer1=nn.Sequential(nn.Conv2d(inC,64,4,2,1,bias=False),
```

```
                                    nn.LeakyReLU(0.2,True))
        self.layer2=nn.Sequential(nn.Conv2d(64,64,4,2,1,bias=False),
                                    nn.BatchNorm2d(64),
                                    nn.LeakyReLU(0.2,True))
        self.layer3=nn.Sequential(nn.Conv2d(64,128,4,2,1,bias=False),
                                    nn.BatchNorm2d(128),
                                    nn.LeakyReLU(0.2,True))
        self.layer4=nn.Sequential(nn.Conv2d(128,256,4,2,1,bias=False),
                                    nn.BatchNorm2d(256),
                                    nn.LeakyReLU(0.2,True))
        self.layer5=nn.Sequential(nn.Conv2d(256,512,4,2,1,bias=False),
                                    nn.BatchNorm2d(512),
                                    nn.LeakyReLU(0.2,True))
        self.BottleNeck=nn.Sequential(nn.Conv2d(512,4000,4,bias=False),
                                    nn.BatchNorm2d(4000),
                                    nn.LeakyReLU(0.2,True))
        self.tlayer1=nn.Sequential(nn.ConvTranspose2d(4000,512,4,1,bias=False),
                                    nn.BatchNorm2d(512),
                                    nn.ReLU(True))
        self.tlayer2=nn.Sequential(nn.ConvTranspose2d(512,256,4,2,1,bias=False),
                                    nn.BatchNorm2d(256),
                                    nn.ReLU(True))
        self.tlayer3=nn.Sequential(nn.ConvTranspose2d(256,128,4,2,1,bias=False),
                                    nn.BatchNorm2d(128),
                                    nn.ReLU(True))
        self.tlayer4=nn.Sequential(nn.ConvTranspose2d(128,64,4,2,1,bias=False),
                                    nn.BatchNorm2d(64),
                                    nn.ReLU(True))
        self.tlayer5=nn.Sequential(nn.ConvTranspose2d(64,inC,4,2,1,bias=False),
                                    nn.Tanh())
    def forward(self, x):
        hidden=self.layer1(x)
        hidden=self.layer2(hidden)
        hidden=self.layer3(hidden)
        hidden=self.layer4(hidden)
        hidden=self.layer5(hidden)
        hidden=self.BottleNeck(hidden)
        hidden=self.tlayer1(hidden)
        hidden=self.tlayer2(hidden)
        hidden=self.tlayer3(hidden)
        hidden=self.tlayer4(hidden)
        out=self.tlayer5(hidden)
        return out
# 判别器，输入 64*64，输出 1
class myLocalD(nn.Module):
    def __init__(self, inC=3):
```

```python
        super(myLocalD, self).__init__()
        self.layer1=nn.Sequential(nn.Conv2d(inC, 64, 4, 2, 1, bias=False),
                                  nn.LeakyReLU(0.2, inplace=True))
        self.layer2=nn.Sequential(nn.Conv2d(64, 128, 4, 2, 1, bias=False),
                                  nn.BatchNorm2d(128),
                                  nn.LeakyReLU(0.2, inplace=True))
        self.layer3=nn.Sequential(nn.Conv2d(128, 256, 4, 2, 1, bias=False),
                                  nn.BatchNorm2d(256),
                                  nn.LeakyReLU(0.2, inplace=True))
        self.layer4=nn.Sequential(nn.Conv2d(256, 512, 4, 2, 1, bias=False),
                                  nn.BatchNorm2d(512),
                                  nn.LeakyReLU(0.2, inplace=True))
        self.layer5=nn.Sequential(nn.Conv2d(512, 1, 4, 1, bias=False),
                                  nn.Sigmoid())
    def forward(self, x):
        hidden=self.layer1(x)
        hidden=self.layer2(hidden)
        hidden=self.layer3(hidden)
        hidden=self.layer4(hidden)
        hidden=self.layer5(hidden)
        out=hidden.view(x.size(0),-1)
        return out
# 全变差损失类
class TVLoss(nn.Module):
    def __init__(self,TVLoss_weight=1):
        super(TVLoss,self).__init__()
        self.TVLoss_weight = TVLoss_weight
    def forward(self,x):
        batch_size = x.size()[0]
        h_x = x.size()[2]
        w_x = x.size()[3]
        count_h =   (x.size()[2]-1) * x.size()[3]
        count_w = x.size()[2] * (x.size()[3] - 1)
        h_tv = torch.pow((x[:,:,1:,:]-x[:,:,:h_x-1,:]),2).sum()
        w_tv = torch.pow((x[:,:,:,1:]-x[:,:,:,:w_x-1]),2).sum()
        return self.TVLoss_weight*2*(h_tv/count_h+w_tv/count_w)/batch_size
```

2．训练代码

```python
import os
import torch
import torch.nn as nn
import torchvision.transforms as transforms
from torchvision.utils import save_image
from utils import *
from nets import *
from torch.utils import data
import numpy as np
```

```python
from PIL import Image
from visdom import Visdom
# 参数设置
batchs=32
Epochs=100
lam_l2=0.998
lam_ad=0.002
lam_tv=0.001
if not os.path.exists('sample'):
    os.makedirs('sample')
if not os.path.exists('ckpt'):
    os.makedirs('ckpt')
# 数据处理
trans = transforms.Compose([transforms.RandomHorizontalFlip(),
                            transforms.Resize(256),
                            transforms.RandomCrop(128),
                            transforms.ToTensor()])
trainSet=Inpaint('Paristrain.txt', transform=trans)
valSet=Inpaint('Parisval.txt', transform=trans)
trainLoader=data.DataLoader(trainSet,batch_size=batchs,shuffle=True)
valLoader=data.DataLoader(valSet,batch_size=batchs,shuffle=False)
# 模型实例化
netG=myConE1().cuda()
netD=myLocalD().cuda()
loss_ad=nn.BCELoss().cuda()
loss_l2=nn.MSELoss().cuda()
loss_tv=TVLoss(lam_tv)
# 优化器
optD = torch.optim.Adam(netD.parameters(), lr=2.e-4, betas=(0.5, 0.999))
optG = torch.optim.Adam(netG.parameters(), lr=2.e-4, betas=(0.5, 0.999))
# 使用 python -m visdom.server
viz=Visdom(env='Context Encoder')
# 掩模处理
nCount=0
MASK=np.zeros([128,128],np.float32)
MASK_=MASK.copy()
MASK[32:96,32:96]=1.
MASK_[36:92,36:92]=1.
MASK=torch.Tensor(MASK).cuda()
MASK_=torch.Tensor(MASK_).cuda()
# 训练过程
for i in range(Epochs):
    netG.train()
    netD.train()
    for im_gt in trainLoader:
        im_gt=im_gt.cuda()
```

```
        im_masked=(1-MASK_)*im_gt
        Gt=to_input(im_gt)
        Masked=to_input(im_masked)
        Gt_center=Gt[:,:,32:96,32:96]
        realLab=torch.ones([im_gt.size(0),1]).cuda()
        fakeLab=torch.zeros([im_gt.size(0),1]).cuda()
        #----------训练判别器
        optD.zero_grad()
        realout=netD(Gt_center) # real
        loss_real=loss_ad(realout,realLab)
        Fake=netG(Masked) # fake
        fakeout=netD(Fake.detach())
        loss_fake=loss_ad(fakeout,fakeLab)
        lossD=0.5*(loss_fake+loss_real)
        lossD.backward()
        optD.step()
        #----------训练生成器
        optG.zero_grad()
        fakeout=netD(Fake)
        loss_GD=loss_ad(fakeout,realLab) # adversarial loss
        wMask=10*(MASK-MASK_)+MASK_
        loss_c=loss_l2(Fake*wMask[32:96,32:96],Gt_center*wMask[32:96,32:96])
        loss_t=loss_tv(Fake)
        lossG=lam_l2*loss_c+lam_ad*loss_GD+loss_t
        lossG.backward()
        optG.step()
        # 可视化
        if nCount%100==0:
            LossDV=lossD.cpu().detach().numpy()
            LossGV=lossG.cpu().detach().numpy()
            viz.line(Y=[LossDV],X=[nCount//100],win='Discriminator',update='append',
            opts=dict(title='D Train Loss', xlabel='step/100',ylabel='loss'))
            viz.line(Y=[LossGV],X=[nCount//100],win='Generator',update='append',
            opts=dict(title='G Train Loss', xlabel='step/100',ylabel='loss'))
            for n in range(6):
                Gener=Gt.clone()
                Gener[:,:,32:96,32:96]=Fake
                GenerV=to_img(Gener.cpu().data)
                viz.image(GenerV[n], win='Generate[%d]' % n)
            print('Epoch:[%d|%d]. Step:%d. lossD: %.4f, …
            lossG: %.4f. G: ADloss: %.4f, L2loss: %.4f, TVloss: %.6f' %
            (i,Epochs,nCount,LossDV,LossGV,loss_GD.data,loss_c.data,loss_t.data))
        nCount+=1
    netG.eval()
    im_gt=next(iter(valLoader))
    im_gt=im_gt.cuda()
```

```
im_masked=(1-MASK_)*im_gt
Masked=to_input(im_masked).cuda()
Fake=netG(Masked) # fake
imFake=to_img(Fake)
save_image(im_gt,r'sample\%d_gt.jpg' % i,nrow=4)
save_image(im_masked,r'sample\%d_masked.jpg' % i,nrow=4)
output=im_gt.clone()
output[:,:,32:96,32:96]=imFake
save_image(output,r'sample\%d_generate.jpg' % i,nrow=4)
# 保存
torch.save({'epoch':i,'state_dict':netG.state_dict()},'ckpt/G_context_Paris.pth' )
torch.save({'epoch':i,'state_dict':netD.state_dict()},'ckpt/D_context_Paris.pth' )
```

3. 测试代码

```
import torch,os
import numpy as np
import cv2
from utils import *
from PIL import Image
from nets import *
from DNCNNtrain import DnCNN
model=myConE1()
ckpt=torch.load('ckpt/G_context2_Paris.pth')
model.load_state_dict(ckpt['state_dict'])
model.to(torch.device('cuda'))
model.eval()
if not os.path.exists('output2'):
    os.makedirs('output2')
MASK_=np.zeros([128,128],np.float32)
MASK_[36:92,36:92]=1.
MASK_=torch.Tensor(MASK_).cuda()
# 读取描述文件
with open('Paristest.txt') as fo:
    Lines=fo.readlines()
# 逐一读图运行
for line in Lines:
    line=line.strip('\n')
    im=np.array(Image.open(line).convert('RGB'))/255.
    H,W,_=im.shape
    if H<128 or W<128:
        continue
    img=im[H//2-64:H//2+64,W//2-64:W//2+64,:]
    img=torch.Tensor(img).cuda().permute(2,0,1)
    im_masked=(1-MASK_)*img
    Masked=to_input(im_masked)
    fake=model(Masked.unsqueeze(0))
    imFake=to_img(torch.squeeze(fake))
```

```
output=torch.squeeze(img.clone())
output[:,36:92,36:92]=imFake[:,4:60,4:60]
imSave=output.cpu().detach().permute(1,2,0).numpy()
profix=line.split('\\')[−1]
cv2.imwrite(os.path.join('output2',profix),imSave[:,:,::−1]*255)
print(line)
```

与前面 DnCNN 模型对应的部分修复效果如图 9-11 所示。

图 9-11　Context-Encoder 模型部分修复效果

测试集平均 PSNR 为 31.3726，SSIM 为 0.8906，可见效果改善了很多。

除此之外，Pathak 还给出了另一种模型，用 AlexNet 的卷积层作为编码器，直接生成全部的修复图像，模型结构如图 9-12 所示。

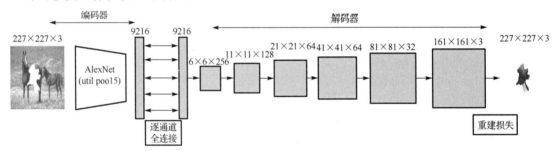

图 9-12　Context-Encoder 模型的一个变种

下面给出该模型的代码，因为图像大小与 Pathak 的论文中有所不同，所以全连接层单元数有所差异。原文中没有用对抗损失，这里加入了对抗损失。

```
# 生成模型
# 128*128*3 in, 128*128*3 out
class myConE2(nn.Module):
    def __init__(self):
        super(myConE2, self).__init__()
        Model=models.AlexNet()
        self.features=Model.features
        self.avgpool=Model.avgpool
        self.BottleNeck=nn.Sequential(nn.Linear(9216,4096),
                            nn.ReLU(True))
        self.recon=nn.Sequential(nn.ConvTranspose2d(256,128,4,2,1,bias=False),
                            nn.BatchNorm2d(128),
                            nn.ReLU(True),
```

```
                                    nn.ConvTranspose2d(128,64,4,2,1,bias=False),
                                    nn.BatchNorm2d(64),
                                    nn.ReLU(True),
                                    nn.ConvTranspose2d(64,64,4,2,1,bias=False),
                                    nn.BatchNorm2d(64),
                                    nn.ReLU(True),
                                    nn.ConvTranspose2d(64,32,4,2,1,bias=False),
                                    nn.BatchNorm2d(32),
                                    nn.ReLU(True),
                                    nn.ConvTranspose2d(32,3,4,2,1,bias=False),
                                    nn.Tanh())
        def forward(self, x):
            Feature=self.features(x)
            Pool=self.avgpool(Feature)
            hidden=Pool.view(x.size(0),−1)
            bottle=self.BottleNeck(hidden)
            hidden=bottle.view(x.size(0),256,4,4)
            return self.recon(hidden)
# 判别器
# 128*128 in, 1 out
class myGlobalD(nn.Module):
    def __init__(self, inC=3):
        super(myGlobalD, self).__init__()
        self.layer1=nn.Sequential(nn.Conv2d(inC, 64, 4, 2, 1, bias=False),
                                    nn.LeakyReLU(0.2, inplace=True))
        self.layer2=nn.Sequential(nn.Conv2d(64, 64, 4, 2, 1, bias=False),
                                    nn.BatchNorm2d(64),
                                    nn.LeakyReLU(0.2, inplace=True))
        self.layer3=nn.Sequential(nn.Conv2d(64, 128, 4, 2, 1, bias=False),
                                    nn.BatchNorm2d(128),
                                    nn.LeakyReLU(0.2, inplace=True))
        self.layer4=nn.Sequential(nn.Conv2d(128, 256, 4, 2, 1, bias=False),
                                    nn.BatchNorm2d(256),
                                    nn.LeakyReLU(0.2, inplace=True))
        self.layer5=nn.Sequential(nn.Conv2d(256, 512, 4, 2, 1, bias=False),
                                    nn.BatchNorm2d(512),
                                    nn.LeakyReLU(0.2, inplace=True))
        self.layer6=nn.Sequential(nn.Conv2d(512, 1, 4, 1, bias=False),nn.Sigmoid())
    def forward(self, x):
        hidden=self.layer1(x)
        hidden=self.layer2(hidden)
        hidden=self.layer3(hidden)
        hidden=self.layer4(hidden)
        hidden=self.layer5(hidden)
        hidden=self.layer6(hidden)
        out=hidden.view(x.size(0),−1)
        return out
```

用该模型的部分修复效果如图 9-13 所示,在客观评价指标方面,PSNR 为 26.3629,

SSIM 为 0.8623，均比原模型稍差，但是该模型可以用于不规则形状的掩膜。读者可以在上述模型的基础上，结合修复对象特点加以改进和提升。

图 9-13　变种模型的部分修复效果

9.4　本 章 小 结

本章重点介绍和复现了 DCGAN 和 Context-Encoder 两类图像修复模型。DCGAN 模型从学习分布的角度，力图找到在隐空间中待修复图像的最接近表示；而 Context-Encoder 模型则更直接地通过图像其他部分回归出待修复区域。这两种方法都属于深度学习的基本方法，近几年来人们提出了性能更好的策略，如注意力机制、风格损失、感知损失、多分辨结构等，本书不再赘述。

第 **10** 章　目 标 检 测

本章首先简要介绍目标检测的基础知识；然后重点阐述两种典型的基于卷积神经网络的图像目标检测方法，即两阶段的 R-CNN 系列方法及单阶段的 YOLO、SSD 方法；最后通过开源的 MMDetection 目标检测算法库，来实现常见的目标检测方法。

10.1　目标检测基础知识

10.1.1　传统目标检测方法

传统目标检测方法主要包含三个关键步骤：区域选择、特征提取和目标分类，处理流程如图 10-1 所示。

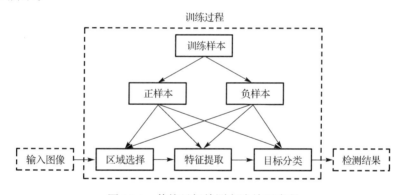

图 10-1　传统目标检测方法处理流程

1. 区域选择

在目标检测过程中，目标在图像中的位置、大小往往都是未知的，如果盲目、穷举式地在图中搜索目标，其时间成本是无法接受的。因此，必须找到办法快速判断图中哪些区域包含目标的可能性较大，再重点对这些区域进行判断。这个过程就是区域选择。

典型的区域选择方法有窗口评分区域选择和聚合区域选择两种。窗口评分区域选择通常设定不同尺度、大小和长宽比的滑动窗口，在图像上进行遍历，对每个生成的候选区域根据某种规则进行评分，选出得分最高的区域作为最终的候选区域。这种方法一般处理速度较快但精度不高。聚合区域选择利用算法生成多个可能重叠的候选区域，然后对多个候选区域进行特征提取和检测，其代表性算法是选择性搜索（selective search）算法。

2．特征提取

目标检测不但要获取目标在图像中的准确空间信息，而且要对目标进行分类，这就离不开对目标特征的准确深入认识。对于计算机来说，需要利用一种或一系列特征提取算法，将像素点以孤立点、曲线、区域等形式提取出来，作为图像的特征。

特征提取需要考虑到光照、尺度、背景等多变因素，其性能直接影响分类检测的准确度。在传统目标检测方法中，特征设计和提取算法一般由人工构建，主要包括 SIFT 特征、Haar 特征、LBP 特征、HOG 特征等。

3．目标分类

特征提取的结果一般表示为特定长度的特征向量，目标检测算法利用分类器对特征向量进行分类，以此判断出目标的类型。一般来说，会针对不同任务和待检测目标专门设计或学习分类器，以提高准确性。传统目标检测方法中常用的分类器有支持向量机（Support Vector Machine, SVM）、级联（Cascade）分类器等。

10.1.2　基于卷积神经网络的目标检测方法

AlexNet 在 ILSVRC 2012 图像分类比赛上的出色表现，使得卷积神经网络迅速被引入目标检测领域。2014 年，Sermanet 等的 Overfeat 首先进行了尝试，但 Girshick 迈出了关键一步，设计并实现了 R-CNN 目标检测算法框架，将传统方法流程中的特征提取部分用卷积神经网络来实现，提高了目标检测的性能。随后，研究人员对 R-CNN 进行了大量改进和优化，最终形成了 Fast R-CNN、Faster R-CNN 等系列算法。这些算法由获取候选区域及目标识别定位两个步骤组成，一般称为两阶段（two-stage）目标检测方法。两阶段目标检测方法虽然检测精度高，但网络结构复杂，有些网络不同的任务模块甚至需要分别进行单独训练，计算消耗和时间复杂度较高，难以满足图像目标检测任务的实时性要求。

与此同时，Redmon 等所提出的 YOLO（You Only Look Once）系列方法及刘伟等提出的 SSD（Single Shot MultiBox Detector）系列方法，则将这两个步骤融合在一个网络结构中，称为单阶段（one-stage）目标检测方法。YOLO 方法舍弃了区域生成部分，将图像目标检测转化为回归问题，构建一个端到端的检测网络，大大提高了检测速度。而 SSD 方法既保留了两阶段目标检测方法中的锚点，又在多个特征映射图上进行多尺度检测，从而有效提高了检测精度。单阶段目标检测方法结构简单、速度快，但精度不如两阶段目标检测方法。直到 2017 年，单阶段目标检测方法 RetinaNet 引入了焦损失（focal loss），使其在保持较高检测速度的同时，可以达到与两阶段目标检测方法相当的精度。目前，基于卷积神经网络的目标检测方法发展迅速，两种方法都出现了大量新的算法，性能效率进一步提高。

10.1.3　目标检测评价指标

为了分析目标检测算法的性能，或者对不同的目标检测算法进行比较，必须要有统一、客观的评价指标。常用的目标检测评价指标主要包含两大类。一类是对算法分类能力的评价，除第 1 章介绍的精度、查准率与查全率、PR 曲线等指标外，AP（Average-Precision）与 mAP（mean Average Precision）也是常用的检测评价指标。AP 就是 PR 曲线与坐标轴形

成的面积，通常来说，分类器性能越好，其 AP 值越高，具体定义为

$$\text{AP} = \int_0^1 p(r)\,\mathrm{d}r \qquad (10\text{-}1)$$

mAP 是多个类别 AP 的平均值，用于多类别目标检测，假设目标类别数为 N，则

$$\text{mAP} = \frac{1}{N}\sum_{i=0}^{N}\text{AP}_i \qquad (10\text{-}2)$$

另一类评价指标侧重于对目标定位精度的评判，其中最常用的是交并比（Intersection over Union，IoU）。交并比计算的是算法"预测区域"和目标"真实区域"的交集面积和并集面积的比值，如图 10-2 所示。交并比代表了目标检测中对于目标空间特征预测的准确程度，好的预测结果拥有较高的交并比。

交并比的数学定义为

$$\text{IoU} = \frac{S(A\cap B)}{S(A\cup B)} \qquad (10\text{-}3)$$

其中，A 表示算法的预测区域，B 表示目标的真实区域，S 表示求区域的面积。

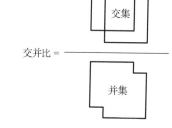

图 10-2　交并比示意图

10.1.4　目标检测数据集

1. PASCAL VOC 数据集

PASCAL VOC 数据集是目标检测的常用数据集，包含两个主要版本：2007 和 2012。该数据集提供 20 个目标类别，样本划分及样本数如表 10-1 所示，部分图像样本如图 6-3 所示。

表 10-1　PASCAL VOC 数据集样本划分及样本数

版本 \ 划分	Train		Val		Trainval		Test	
	图片数	目标数	图片数	目标数	图片数	目标数	图片数	目标数
VOC 2007	2501	6301	2510	6307	5011	12032	9963	24640
VOC 2012	5717	13609	5823	13841	11540	27450	23080	54900
总　数	8218	19910	8333	20148	16551	40058	33043	79540

2. MS COCO 数据集

MS COCO 数据集是 Microsoft 赞助的一个多功能数据集，可用于目标检测、分割和场景理解。MS COCO 数据集中的图像主要从复杂的日常场景中截取，包括 30 多万张影像和大约 250 万个目标标注，其中超过 5000 个标记的类别有 82 个，部分图像样本如图 6-4 所示。

3. Google Open Image 数据集

Google Open Image 是 Google 研究团队发布的数据集。最新发布的 Open Images V4 包含 190 万张图像、600 个种类、1540 万个边界框标注，是目前最大的目标检测数据集。Google Open Image 的图像场景较为复杂，通常包含多个不同的目标，且标注质量非常高，是目标检测算法研究的理想数据集。

4．ImageNet 数据集

ImageNet 数据集有 1400 多万张图像，涵盖 2 万多个类别。一般来说，ImageNet 数据集主要用来作为目标分类数据集。但其中有超过百万张图像有明确的类别和边界框标注，因此也可以将其作为目标检测数据集，部分图像样本如图 6-1 所示。

5．DOTA 数据集

DOTA 是航空遥感图像目标检测常用数据集，包含 2806 张航空影像，图像分辨率从 800×800 到 4000×4000 不等，包含 15 个类别共计 188 282 个实例。标注方式为四点确定的具有方向的矩形。DOTA 数据集为航空遥感数据集，与其他数据集相比，其特点是图像空间分辨率变化大，包含大量密集排布的较小尺寸目标等。

10.2　两阶段目标检测网络

10.2.1　R-CNN

1．R-CNN 概述与特点

从结构上看，R-CNN（Regions with CNN features）并不是纯粹的神经网络方法，而只是用卷积神经网络替代传统目标检测中的手工特征提取方法。因此，R-CNN 也包含 3 个主要步骤，流程示意图如图 10-3 所示。

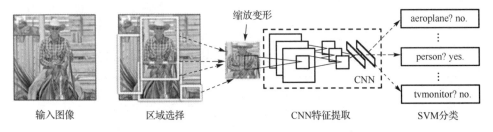

图 10-3　R-CNN 流程示意图

首先，R-CNN 利用选择性搜索算法在每张输入的图像上产生近 2000 个候选区域（region proposals），并将每个候选区域尺寸缩放到 227×227 像素；然后，使用 AlexNet 卷积神经网络从每个候选区域中提取一个固定长度（长度为 4096，由全连接层提供）的特征向量；接着，对特征向量使用线性支持向量机（Linear SVM）进行分类；最后，对判别为目标的候选区域进行优化，并输出结果。

R-CNN 将 PASCAL VOC 数据集的目标检测率从 35.1%提升到了 53.7%，充分证明了卷积神经网络在目标检测领域的巨大潜力。自此，R-CNN 将目标检测带入了新的阶段。但是，R-CNN 也存在两个无法回避的问题：一是步骤复杂。在 R-CNN 中，除了需要训练用于特征提取的卷积神经网络，还要训练用于分类的 SVM 和用于进行边界框修正的回归算法，步骤烦琐，不便于工程应用。二是耗时极长。目标检测时，对于每个候选区域都要用卷积神经网络进行一次特征提取，而候选区域数以千计，因此 R-CNN 检测耗时极长。除此之外，选择性搜索算法只能运行在 CPU 上，效率也非常低。之后，何恺明等提出了空间金字塔池化（Spatial Pyramid Pooling，SPP），对 R-CNN 中卷积神经网络进行了部分优化，提升了网络运行速度。但直到 Fast R-CNN 的出现，才在很大程度上解决了 R-CNN 中特征提取效率低的问题。

R-CNN 之所以采用 SVM 进行分类而不是直接由卷积神经网络进行分类，是因为当时 R-CNN 没有很好地解决训练时正负样本不均衡问题带来的过拟合现象，使得卷积神经网络分类效果不佳。不过，SVM 带来的分类性能提升并不显著，而且增加了算法的复杂度，因此在后续的发展中，R-CNN 系列方法重新采用卷积神经网络进行分类。

2．边界框回归

在 R-CNN 中，候选边界框是由选择性搜索算法提供的，但是这些候选边界框大多与目标真正的边界框存在较大的偏差。如图 10-4 所示，其中实线矩形框标出了目标真实边界框，而虚线矩形框为算法提取的边界框，两者之间存在明显的偏差。为了减小这种偏差，需要对算法得到的边界框进行调整，使其与真实边界框更加接近。在 R-CNN 中，采取的是边界框回归的方法。

图 10-4 边界框预测偏差

边界框回归的目标是：寻找一种映射关系，将算法提取的边界框 P 映射到 G'，G' 与真实边界框 G 尽可能接近。令 $P=(P_x, P_y, P_w, P_h)$，$G'=(G'_x, G'_y, G'_w, G'_h)$，$G=(G_x, G_y, G_w, G_h)$，令边界框的 4 个参数变换函数分别为 $d_x(P)$、$d_y(P)$、$d_w(P)$ 和 $d_h(P)$，则有

$$\begin{cases} G'_x = P_w d_x(P) + P_x \\ G'_y = P_h d_y(P) + P_y \\ G'_w = P_w e^{d_w(P)} \\ G'_h = P_h e^{d_h(P)} \end{cases} \tag{10-4}$$

因为 $d_x(P)$、$d_y(P)$、$d_w(P)$、$d_h(P)$ 均是在网络特征提取的最终特征图上进行线性建模的，所以可以统一表示为

$$d_*(P) = \boldsymbol{w}_*^{\mathrm{T}} \boldsymbol{\varPhi}_5(P) \tag{10-5}$$

其中，$\boldsymbol{w}_*$是参数向量，$\varPhi_5(P)$表示最高层特征图。$\boldsymbol{w}_*$可以通过岭回归来学习：

$$\boldsymbol{w}_* = \arg\min_{\hat{\boldsymbol{w}}_*} \sum_i^N (t_*^i - \hat{\boldsymbol{w}}_*^{\mathrm{T}} \varPhi_5(P^i))^2 + \lambda \|\hat{\boldsymbol{w}}_*\|^2 \tag{10-6}$$

其中，t_*为

$$\begin{cases} t_x = (G_x - P_x)/P_w \\ t_y = (G_y - P_y)/P_h \\ t_w = \log(G_w/P_w) \\ t_h = \log(G_h/P_h) \end{cases} \tag{10-7}$$

最终可定义边界框回归的损失函数为

$$\text{Loss} = \sum_i^N (t_*^i - \hat{\boldsymbol{w}}_*^{\mathrm{T}} \varPhi_5(P^i))^2 \tag{10-8}$$

这样经过训练，就可以通过特征图上相应区域的数据预测边界框的偏移量。

3. 非极大值抑制方法

经过分类和边界框回归后，筛选出的预测边界框仍然存在大量的重叠框即冗余边界框，如图 10-5(a)所示。为了进一步去除冗余，以便获得真正的目标边界框，R-CNN 采用了非极大值抑制（Non-Maximum Suppression, NMS）方法。这种方法并不是 R-CNN 原创的，其在目标检测、目标跟踪等研究领域早已广泛应用。

在 R-CNN 中，非极大值抑制的原理是：对于任意两个分类结果一致，而交并比（IoU）超过一定阈值（如选取 0.3）的边界框，认为互相冗余，而分类得分较低的那个边界框，被标记为冗余边界框。如果一个边界框在与它冗余的所有边界框中得分最高，则得到保留，并作为最终的检测结果，如图 10-5(b)所示。

(a) 冗余边界框　　　　　　　　　(b) 非极大值抑制的抑制结果

图 10-5　边界框的非极大值抑制

10.2.2　Fast R-CNN

2015 年，Girshick 对 R-CNN 的特征提取与目标分类部分进行了优化，提出了运行速度极大提升的 Fast R-CNN。与 R-CNN 相比，Fast RCNN 在训练速度上提升了大约 9 倍，而预测速度更提升了约 213 倍。

Fast R-CNN 的主要贡献包括：提出 RoI Pooling (Region of Interest Pooling)，实现了特

征图的复用，极大提升了特征提取效率；利用多任务损失函数，统一类别输出任务和候选框回归任务，其中在分类任务上用 Softmax 层及 Smooth L_1 损失替代了 SVM 分类器，不仅性能略有提升，而且使算法框架更加统一，简化了训练过程。

Fast R-CNN 的流程示意图如图 10-6 所示。

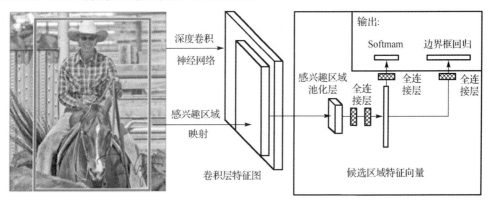

图 10-6 Fast R-CNN 流程示意图

1. RoI Pooling

在 R-CNN 中，对于每个候选区域，都会将其输入卷积神经网络以便提取特征。而实际任务中，很多候选区域存在交集，甚至可能是完全包含的关系。因此，对每个候选区域都进行特征提取存在极大的冗余。在 Fast R-CNN 中，只对全图进行一次卷积神经网络特征提取，形成一张全局特征图；然后，各候选区域根据自己在图中的坐标，从全局特征图中提取各自的特征编码，这使得算法的计算量极大减少，运行速度极大提升。

但候选区域的大小是不同的，而网络要求各候选区域的特征编码长度是一致的。为了解决这个矛盾，Fast R-CNN 借鉴了 SPP 的思想，提出了 RoI Pooling，如图 10-7 所示。

对于任意候选区域，Fast R-CNN 根据其坐标和尺寸，在全局特征图中获得局部特征图，再将局部特征图划分成固定数量的网格，对每个网格区域中的特征值进行池化操作，池化结果可以展开成固定长度的特征编码。这样，只要对全图进行一次卷积神经网络运算，就可以提取任意区域的固定长度特征编码。

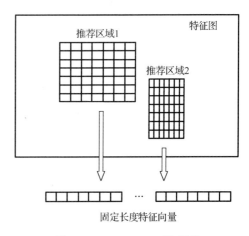

图 10-7 RoI Pooling 示意图

RoI Pooling 与 SPP 不同的地方在于：SPP 从不同尺度对输入数据进行池化（见图 3-19），而 RoI Pooling 仅从单一尺度进行池化。实验证明，RoI Pooling 的这种处理可以大量节省计算时间，而性能损失并不明显。

2. 多任务网络

Fast R-CNN 利用多任务损失函数，统一类别输出任务和候选框回归任务，其损失函数包含分类损失和回归损失两个部分。其中，分类损失用于目标分类，替代了 R-CNN 中的 SVM 分类算法，而回归损失用于边界框回归。这样，Fast R-CNN 将特征提取、目标分类和边界框回归统一在一个卷积神经网络中，大大简化了算法结构和流程。

Fast R-CNN 的损失函数为

$$L(p,u,t^u,v) = L_{cls}(p,u) + \lambda[u \geq 1]L_{loc}(t^u,v) \tag{10-9}$$

其中，分类损失为

$$L_{cls}(p,u) = -\log p_u \tag{10-10}$$

边界框回归损失为

$$L_{loc}(t^u,v) = \sum_{i \in \{x,y,w,h\}} \text{smooth}_{L_1}(t_i^u - v_i) \tag{10-11}$$

$$\text{smooth}_{L_1}(x) = \begin{cases} 0.5x^2 & ,|x|<1 \\ |x|-0.5 & ,\text{其他} \end{cases} \tag{10-12}$$

10.2.3　Faster R-CNN

2017 年，何恺明与 Girshick 等推出了 R-CNN 系列方法的重要里程碑——Faster R-CNN。顾名思义，Faster R-CNN 进一步提升了速度，使得目标检测速度接近实时。除了速度更快，Faster R-CNN 最突出的变化就是用区域推荐网络（Region Proposal Networks，RPN）取代了选择性搜索算法，也去掉了最后一点传统方法的残留。至此，基于 R-CNN 的目标检测方法实现了端到端的卷积神经网络处理流程，如图 10-8 所示。

从图中可以看出，区域推荐网络和 RoI Pooling 层一样，是工作在特征提取网络输出的特征图之上的。其主要功能如下。

- 以特征图上的每个特征点为中心，每个中心生成 9 个不同大小、不同形状的初始候选区域，称为锚框（anchor）。
- 构建 RPN 网络，对每个锚框进行预测。RPN 网络损失函数包含两部分，一个是分类损失，用来判断锚框属于前景还是背景；另一个是回归损失，用来判断锚框和真实目标边界框（bounding box）的空间几何差别。
- 根据 RPN 预测结果，选择部分得分较高的锚框（如 12 000 个），利用非极大值抑制合并重叠的锚框，在剩余的锚框中再次根据得分选择部分锚框（如 2000 个）作为最终的候选区域，并将其传递给网络的 R-CNN 部分进行分类和进一步的边界框优化。

为了更好地理解 Faster R-CNN，下面介绍锚框和 RPN 网络。

1．锚框

一个锚框代表图像中某个矩形区域，用(x_1, y_1, x_2, y_2)表示，分别代表矩形左上角和右下角点坐标。对特征图上任意一点，算法会以其为中心，设置长宽比为$\{1:1, 1:2, 2:1\}$三种形状，几何尺寸$\{0.5, 1, 2\}$三种大小共 9 个锚框，如图 10-9 所示。

锚框的标准尺寸一般人工选取，依据是图像大小及目标大小。一般来说，需要保证最大的锚框可以覆盖数据集中较大的目标尺寸。

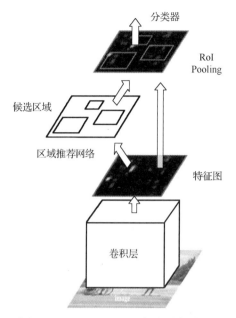

图 10-8　Faster R-CNN 流程示意图

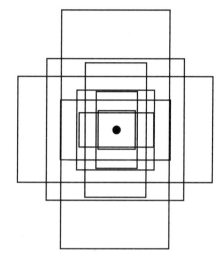

图 10-9　锚框示意图

如果输入图像的尺寸为 800×600，特征提取网络选择 VGGNet，图像经过网络后经过多次卷积和池化，最终特征图尺寸为 50×38。每个特征点设置 9 个锚框，则一共有 50×38×9=17 100 个锚框。这么多锚框，虽然有极大可能框出了图像中所有的待检测目标，但是到底哪些锚框框出了目标？又如何通过调整锚框坐标和尺寸，更精确、细致地标出目标呢？这些问题都是通过 RPN 来解决的。

2．RPN 网络

RPN 网络的输入为特征图，其网络结构如图 10-10 所示。

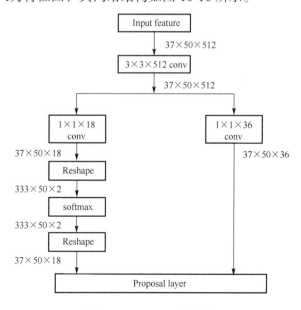

图 10-10　RPN 网络结构

RPN 网络分为 2 条分支，一条分支通过 Softmax 对锚框进行分类，获得其属于前景和背景的概率；另一条分支计算锚框的几何偏移量。而最后的 Proposal 层则负责综合分类得分和回归偏移量，来获取较好的候选区域。

若 RPN 的输入为 37×50×512 的特征图，可进行如下操作：

- 用 3×3 卷积进一步提取特征，输出仍然保持为 37×50×512。
- 在分类分支中，用 1×1 卷积将通道数压缩为 18，即输出 37×50×18 的特征图。在每个点上，这 18 个通道值分别对应 9 个锚框的前景/背景预测值；经过重组（Reshape），将特征映射到 333×75×2，这样每个点代表了某一个锚框的前景/背景预测值，并输入 Softmax 函数中转化为概率表达，将得到的特征值再重组到 37×50×18 的维度上，最终输出每个锚框属于前景与背景的概率。
- 在回归分支中，用 1×1 卷积输出 37×50×36 的特征图，每个点上的 36 个通道分别对应 9 个锚框各 4 个偏移量，对应锚框中心点坐标及宽高相对于真值的偏差。

同样，RPN 的损失函数也包含了分类与回归两部分，如下：

$$L(\{P_i, t_i\}) = \frac{1}{N_{cls}} \sum_i L_{cls}(P_i, P_i^*) + \lambda \frac{1}{N_{reg}} \sum_i P_i^* L_{reg}(t_i, t_i^*) \qquad (10\text{-}13)$$

其中，$\dfrac{1}{N_{cls}} \sum_i L_{cls}(P_i, P_i^*)$ 是分类损失；P_i 代表每个锚框的类别真值，P_i^* 代表预测值；

$\dfrac{1}{N_{reg}} \sum_i P_i^* L_{reg}(t_i, t_i^*)$ 是锚框几何特征的回归损失；λ 是加权系数，用来平衡两类损失的比例。

10.3 单阶段目标检测网络

与两阶段目标检测方法不同，单阶段目标检测方法的主要思路是均匀在图像的不同位置进行密集抽样，抽样时采用不同尺度和长宽比，然后利用卷积神经网络提取特征后直接进行分类与回归。由于整个过程只需要一步，因此速度比两阶段目标检测方法更快。但是，均匀密集采样会导致正样本（目标）与负样本（背景）极不均衡，影响了模型的精度，因此不如两阶段目标检测方法准确。单阶段目标检测方法的代表有 YOLO 和 SSD 两种。

10.3.1 YOLO

诞生于 2015 年的 YOLO 方法，利用了一个卷积神经网络来实现目标位置与类别的检测，相对于 Faster R-CNN 速度更快。与基于 R-CNN 的方法一样，YOLO 方法也经过了几次改进，分别称为 YOLO v1、YOLO v2、YOLO v3 和 YOLO v4。

1. YOLO v1

YOLO v1 的网络结构如图 10-11 所示。

YOLO v1 的输入图像为 448×448×3 的 RGB 图像，首先利用卷积神经网络进行特征提取，YOLO v1 的卷积神经网络包含 24 个卷积层、4 个最大池化和 2 个全连接层，最终输出的特征图尺寸为 7×7×30。其特征提取网络结构如图 10-12 所示。

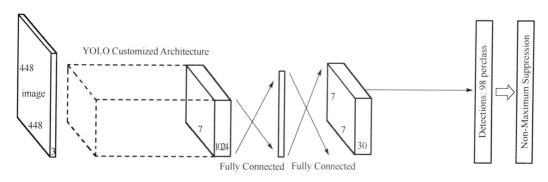

图 10-11　YOLO v1 的网络结构

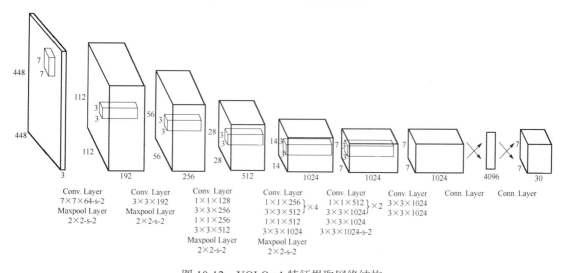

图 10-12　YOLO v1 特征提取网络结构

与特征图对应，YOLO v1 将输入图像也划分为 7×7 个网格，每个网格对应特征图中的一个点，如图 10-13 所示。

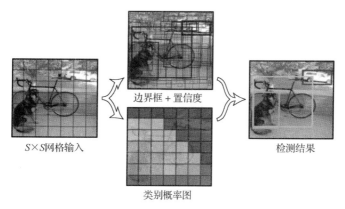

图 10-13　YOLO v1 网格划分

所划分的每个网格负责检测中心点落在该网格内的目标。在 YOLO v1 中每个网格会预测 2 个边界框及边界框的置信度。置信度 c 由边界框含有目标的概率 $P_r(\text{object})$ 和边界框

的几何准确度 IOU_{pred}^{truth} 共同决定，因而置信度可以定义为 $c = P_r(object) * IOU_{pred}^{truth}$。

边界框的大小与位置可以用 4 个值来表征 (x, y, w, h)，分别代表边界框相对于所属网格左上角坐标的偏移量与边界框尺寸。需要注意的是，偏移量以网格尺寸进行归一化，而尺寸以图像尺寸进行归一化，因此，四个值的值域均为[0, 1]。再加上置信度 c，每个边界框的预测值包含五个元素 (x, y, w, h, c)。

除了边界框，每个网格还要预测所包含目标的类别。对于每个类别，YOLO v1 用一个数值来表示包含此类目标的概率。在原文中采用的是 PASCAL VOC 数据集，共有 20 个类别，因此，YOLO v1 分配给每个网络 20 个数。这样，YOLO v1 将图像划为 7×7 共 49 个网格，每个网格对应的预测值包括 2 个边界框共 10 个预测值，以及 20 个分类预测值。这也是特征提取网络最终输出 7×7×30 的特征图的原因。

YOLO v1 共预测 98 个边界框，再采用非极大值抑制方法对预测结果进行优化，最终输出检测结果。由于采用端到端的卷积神经网络实现目标检测，YOLO v1 速度较快，但是由于只选取了少量的边界框进行预测，而且物体的宽高比方面泛化率低，因此与 Faster R-CNN 方法相比，YOLO v1 的目标定位性能较低。

R-CNN、YOLO v1 等方法的一大特点就是未使用锚框这种先验知识。实际上，不使用锚框的方法是目前的研究热点，包括 FCOS（Fully Convolutional One-Stage）、FSAF（Feature Selective Anchor-Free）在内的很多无锚框（anchor free）方法都取得了很好的效果。

2. YOLO v2

YOLO v1 虽然检测速度很快，但是在检测精度上比 R-CNN 系列检测方法低。因此，作为改进，YOLO v2 采用多种策略来提升定位准确性和召回率。同时，YOLO v2 仍然保持了其较高的检测速度。表 10-2 所示为 YOLO v2 的主要改进。

表 10-2 YOLO v2 的主要改进

	YOLO v1	采用的优化策略							YOLO v2
Batch norm?		√	√	√	√	√	√	√	√
hi-res classifier?			√	√	√	√	√	√	√
Convolutional?				√	√	√	√	√	√
Anchor boxes?				√	√				
New network?					√	√	√	√	√
Dimension priors?						√	√	√	√
Location prediction?						√	√	√	√
Passthrough?						√	√	√	√
Multi-scale?							√	√	√
hi-res detector?								√	√
VOC2007 mAP	63.4	65.8	69.5	69.2	69.6	74.4	75.4	76.8	78.6

上表给出了 YOLO v1 及 YOLO v2 采取不同优化策略时在 VOC2007 数据集上的 mAP 指标，清晰看出各种改进对性能的贡献，如下所述。

- 批量归一化（Batch Normalization，BN）：在 YOLO v2 中，每个卷积层后面都添加了 BN 层，并且不再采用随机失活，mAP 提升了 2.4%。
- Anchor Boxes：YOLO v2 借鉴了 Faster R-CNN 中的锚框策略，使得网络更容易收敛，也提升了网络的定位性能。
- Darknet-19：YOLO v2 采用了一个称为 Darknet-19 的特征提取网络，使得计算量可以减少约 33%。

3. YOLO v3

YOLO v3 的主要改进是引入了残差网络及特征的多尺度融合，进一步提升了正确率。YOLO v3 对 Darknet 也做了改进，不但增加了网络深度，还引入残差网络构建。新的 Darknet 有 53 层卷积层，故命名为 Darknet-53。Darknet-53 兼顾了性能与效率，在 ImageNet 数据集上，其性能与 ResNet-101 和更深的 ResNet152 基本一致，但速度快得多。

4. YOLO v4

YOLO v4 是 2020 年 4 月推出的，使用 Tesla V100 GPU，在 MS COCO 数据集上以接近 65 FPS 的推理速度，实现了 43.5%AP 的准确度。

YOLO v4 采用了近些年卷积神经网络领域中一些优秀的优化策略，从数据处理、主干网络、网络训练、损失函数等方面进行优化。例如，采用 Mosaic 数据增广方法，将 4 张训练图像组合成 1 张来进行训练，可以让检测器检测超出常规语境的目标，增强了模型的鲁棒性，同时减少了对大的 mini-batch 的依赖，而且采用自对抗训练（self-adversarial training）也可以在一定程度上抵御对抗攻击。

10.3.2　SSD

SSD 采用一个端到端的卷积神经网络来进行检测，其网络结构如图 10-14 所示。在特征提取方面，SSD 在 VGGNet 基础上增加了 4 个小尺寸卷积层，然后在 6 个不同的特征层上进行目标类别与位置的预测。

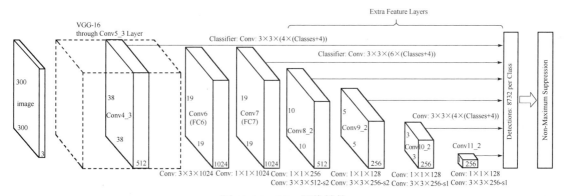

图 10-14　SSD 网络结构

SSD 结构简单，实现优雅，利用了多层特征图进行检测，因此虽然它是单阶网络，但在某些场景与数据集下，检测精度可以与 Faster R-CNN 等两阶段目标检测方法相媲美；而且检测速度超过了 Faster R-CNN 及 YOLO v1，更加适合工程应用。SSD 的主要技术手段如下所述。

1. 采用多尺度特征图用于检测

SSD 利用特征提取网络中浅层和深层的多个几何尺寸特征图进行目标的预测，这样不但可以提高分类正确率，而且实现了目标的多分辨率检测，提升了对小目标的检测效果。从图 10-14 中可以看到，SSD 分别从 VGG-16 的 38×38 特征图和后续深层的 19×19、10×10、5×5、3×3、1×1 特征图中检测目标，实际上这实现了传统方法中的多尺度检测。

2. 设置先验框

SSD 同样借鉴了 Faster R-CNN 中锚框的理念，提出了相似的先验框（prior box）的概念。每个单元设置尺度或者宽高比不同的先验框，如图 10-15 所示，以使网络更容易收敛。在特征图的每个像素点处，生成不同宽高比的先验框，如设置宽高比为 {1, 2, 3, 1/2, 1/3}。大量的先验框使得 SSD 的检测精度超过了没有使用先验框的 YOLO v1。

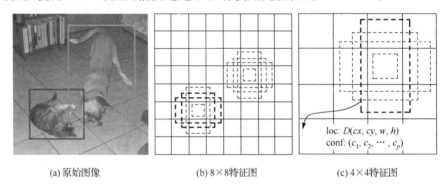

(a) 原始图像　　　　　(b) 8×8特征图　　　　　(c) 4×4特征图

图 10-15　SSD 的先验框

SSD 确定每个特征图对应的先验框尺寸的表达式为

$$s_k = s_{\min} + \frac{s_{\max} - s_{\min}}{m-1}(k-1), \ k \in [1, m] \tag{10-14}$$

其中，k 对应参与目标检测的第 4、7、8、9、10、11 个卷积层，共 6 个；s_k 代表在第 k 层上的先验框尺度；$s_{\min}$ 取 0.2，$s_{\max}$ 取 0.9，分别代表最浅层和最深层对应尺度与原始图像尺寸的比例；m 是指进行预测时使用特征图的数量。

3. 对训练数据进行增广

SSD 的数据增广主要包括光学变换和几何变换两类。

- 光学变换：包括亮度随机调整、对比度随机调整、色调随机调整、饱和度随机调整、通道随机调换等。
- 几何变换：包括随机扩展、随机剪裁、随机镜像、固定比例缩放等。

完善的数据增广为 SSD 带来了 8.8% 的 mAP 提升。

10.4　MMDetection 检测算法库

MMDetection 是商汤科技与香港中文大学共同推出的开源的卷积神经网络检测算法库，包含 R-CNN 系列、SSD 等 20 余种目标检测算法。

10.4.1 MMDetection 安装

1．安装环境

- Linux（不正式支持 Windows）
- Python 3.5 或更高版本
- PyTorch 1.1 或更高版本
- CUDA 9.0 或更高版本
- NCCL 2
- GCC 4.9 或更高版本
- mmcv

2．支持的算法与模块

MMDetection 支持目前绝大部分检测网络，且保持更新，支持的算法如表 10-3 所示。

表 10-3　MMDetection 支持的算法

检测算法＼基础网络	ResNet	ResNeXt	SENet	VGG	HRNet	RegNetX	Res2Net
RPN	✓	✓	□	✗	✓	□	□
Fast R-CNN	✓	✓	□	✗	✓	□	□
Faster R-CNN	✓	✓	□	✗	✓	✓	✓
Mask R-CNN	✓	✓	□	✗	✓	✓	✓
Cascade R-CNN	✓	✓	□	✗	✓	□	✓
Cascade Mask R-CNN	✓	✓	□	✗	✓	□	✓
SSD	✗	✗	✗	✓	✗	✗	✗
RetinaNet	✓	✓	□	✗	✓	✓	□
GHM	✓	✓	□	✗	✓	□	□
Mask Scoring R-CNN	✓	✓	□	✗	✓	□	□
Double-Head R-CNN	✓	✓	□	✗	✓	□	□
Grid R-CNN (Plus)	✓	✓	□	✗	✓	□	□
Hybrid Task Cascade	✓	✓	□	✗	✓	□	✓
Libra R-CNN	✓	✓	□	✗	✓	□	□
Guided Anchoring	✓	✓	□	✗	✓	□	□
FCOS	✓	✓	□	✗	✓	□	□
RepPoints	✓	✓	□	✗	✓	□	□
Foveabox	✓	✓	□	✗	✓	□	□
FreeAnchor	✓	✓	□	✗	✓	□	□
NAS-FPN	✓	✓	□	✗	✓	□	□
ATSS	✓	✓	□	✗	✓	□	□
FSAF	✓	✓	□	✗	✓	□	□
PAFPN	✓	✓	□	✗	✓	□	□
NAS-FCOS	✓	✓	□	✗	✓	□	□
PISA	✓	✓	□	✗	✓	□	□

3．安装步骤

第 1 步，创建一个 conda 虚拟环境并激活它：

```
conda create -n open-mmlab python=3.7 -y
conda activate open-mmlab
```

第 2 步，安装 PyTorch 和 Torchvision：

```
conda install pytorch torchvision -c pytorch
```

第 3 步，克隆 MMDetection 存储库：

```
git clone https://github.com/open-mmlab/mmdetection.git
cd mmdetection
```

第 4 步，安装 MMDetection（其他依赖库将自动安装）：

```
pip install mmcv
python setup.py develop   # or "pip install -v -e ."
```

10.4.2 模型的测试

1．在数据集上测试模型

在数据集上测试指定的网络模型和算法，代码如下：

```
# 单 GPU
    python tools/test.py ${CONFIG_FILE} ${CHECKPOINT_FILE} [--out ${RESULT_FILE}]
        [--eval ${EVAL_METRICS}] [--show]
# 多 GPU
./tools/dist_test.sh ${CONFIG_FILE} ${CHECKPOINT_FILE} ${GPU_NUM} [--out ${RESULT_FILE}]
    [--eval ${EVAL_MET
```

（1）参数说明

① RESULT_FILE：指定输出结果的存储路径与文件名。将采用 pickle 格式存储。如果未指定此参数，结果将不会保存到文件中。

② EVAL_METRICS：指定评估的项目。不同的数据集可选的参数不同。例如，MS COCO 数据集：proposal_fast, proposal, bbox, segm；PASCAL VOC 数据集：mAP, recall。

③ --show：如果指定，检测结果将绘制在图像上并显示在新窗口中。仅适用于单 GPU 测试。需确保环境中可以使用 GUI，否则可能会出现错误。

● --show-dir：指定测试结果绘制图像保存路径。如果未指定，将不会保存测试结果绘制图像。仅适用于单 GPU 测试。

● --show-score-thr：指定检测算法中目标检测的阈值。

（2）实例

① 在 MSCOCO 数据集上测试 Faster R-CNN 算法，并显示检测结果：

```
python tools/test.py configs/faster_rcnn_r50_fpn_1x_coco.py \
    checkpoints/faster_rcnn_r50_fpn_1x_20181010-3d1b3351.pth \
    --show
```

② 在MSCOCO数据集上测试Faster R-CNN算法,并将测试结果绘制图像保存到磁盘:

```
python tools/test.py configs/faster_rcnn_r50_fpn_1x.py \
    checkpoints/faster_rcnn_r50_fpn_1x_20181010-3d1b3351.pth \
    --show-dir faster_rcnn_r50_fpn_1x_results
```

③ 在 PASCAL VOC 数据集上测试 Faster R-CNN 算法,并分析 mAP 指标:

```
python tools/test.py configs/pascal_voc/faster_rcnn_r50_fpn_1x_voc.py \
    checkpoints/SOME_CHECKPOINT.pth \
    --eval mAP
```

2．测试单张图像

```
python  demo/image_demo.py  ${IMAGE_FILE}  ${CONFIG_FILE}  ${CHECKPOINT_FILE}
[--device ${GPU_ID}] [--score-thr ${SCORE_THR}]
```

例如,如果希望采用 CPU 上运行 Faster R-CNN 算法的预训练模型来检测图像名为 "demo.jpg" 的文件,可以通过以下代码实现:

```
python demo/image_demo.py demo/demo.jpg configs/faster_rcnn_r50_fpn_1x_coco.py \
    checkpoints/faster_rcnn_r50_fpn_1x_20181010-3d1b3351.pth --device cpu
```

输出的测试结果绘制图像如图 10-16 所示。

图 10-16　MMDetection 测试结果绘制图像

3．利用摄像头采集图像并实时检测目标

```
python  demo/webcam_demo.py  ${CONFIG_FILE}  ${CHECKPOINT_FILE}  [--device  ${GPU_ID}]
[--camera-id ${CAMERA-ID}] [--score-thr ${SCORE_THR}]
```

例如:

```
python demo/webcam_demo.py configs/faster_rcnn_r50_fpn_1x_coco.py \
    checkpoints/faster_rcnn_r50_fpn_1x_20181010-3d1b3351.pth
```

上述代码的主要功能是利用摄像头实时采集图像,并在 GPU 上运行 Faster R-CNN 算法的预训练模型检测目标。

10.4.3　模型的训练

1．用单个 GPU 训练模型

```
python tools/train.py ${CONFIG_FILE} [optional arguments]
```

如果要在命令中指定工作目录，则可以添加参数--work_dir${YOUR_WORK_DIR}

2．用多个 GPU 训练模型

```
./tools/dist_train.sh ${CONFIG_FILE} ${GPU_NUM} [optional arguments]
```

参数说明：

① --no-validate：默认情况下，在训练过程中，每隔 k 次迭代执行一次评估（默认值为 1，可通过 config 文件修改）。如果想禁止评估，可以使用此参数。

② --work-dir ${WORK_DIR}：覆盖配置文件中指定的工作目录。

③ --resume-from ${CHECKPOINT_FILE}：从先前的检查点文件恢复。

resume_from 和 load_from 之间的差异：resume_from 加载模型权值和优化器状态，并且纪元也从指定的检查点继承，通常用于恢复意外中断的训练过程；load_from 仅加载模型权值，并且训练周期从 0 开始，通常用于微调。

3．用多台机器训练

如果在使用 Slurm 管理的群集上运行 MMDetection，则可以使用脚本 slurm_train.sh。

```
./tools/slurm_train.sh ${PARTITION} ${JOB_NAME} ${CONFIG_FILE} ${WORK_DIR} [${GPUS}]
```

使用 16 个 GPU 在 dev 分区上训练 Mask R-CNN 的示例如下。

```
./tools/slurm_train.sh dev mask_r50_1x configs/mask_rcnn_r50_fpn_1x.py /nfs/xxxx/mask_rcnn_r50_fpn_1x 16
```

如果只有多台计算机连接了以太网，则可以参考 PyTorch 启动实用程序。如果没有像 infiniband 这样的高速网络，通常速度很慢。

4．在单台计算机上运行多个训练任务

如果想在单台计算机上运行多个训练任务，如 8 个 GPU 运行两个任务，每个任务分别占用 4 个 GPU，那么需要为每个任务指定不同的端口（默认端口是 29500），从而避免通信冲突。如果使用 dist_train.sh 启动多个任务，可以在命令行中指定端口，如：

```
CUDA_VISIBLE_DEVICES=0,1,2,3 PORT=29500 ./tools/dist_train.sh ${CONFIG_FILE} 4
CUDA_VISIBLE_DEVICES=4,5,6,7 PORT=29501 ./tools/dist_train.sh ${CONFIG_FILE} 4
```

如果使用 Slurm 启动多个任务，需要修改任务的 config.py 文件，设置不同端口。

对于任务 1，设置 config1.py：

```
dist_params = dict(backend='nccl', port=29500)
```

对于任务 2，设置 config1.py：

```
dist_params = dict(backend='nccl', port=29501)
```

然后，使用两个 config 文件分别启动任务：

```
CUDA_VISIBLE_DEVICES=0,1,2,3 GPUS=4 ./tools/slurm_train.sh ${PARTITION} ${JOB_NAME}
config1.py ${WORK_DIR}
CUDA_VISIBLE_DEVICES=4,5,6,7 GPUS=4 ./tools/slurm_train.sh ${PARTITION} ${JOB_NAME}
config2.py ${WORK_DIR}
```

10.4.4　MMDetection 算法配置文件解析

在上述示例中，出现了大量 CONFIG_FILE 的标识，这是指代 MMDetection 所使用的配置文件。配置文件一般为 Python 格式文件，其中使用 Python 数据格式定义了算法模型、数据集、训练及测试等方面的具体参数。为了便于使用，MMDetection 提供了丰富的常用算法配置文件。下面以定义 Faster R-CNN 算法的"faster_rcnn_r50_fpn_1x.py"为例，介绍各个参数的含义。

1. 模型设置

```python
# model 模块，主要定义算法模型
model = dict(
    type='FasterRCNN',                        # 检测算法类型
    pretrained='modelzoo://resnet50',
    # backbone 子模块，定义检测算法所用的特征提取网络
backbone=dict(
        type='ResNet',                        # 特征提取网络类型
        depth=50,                             # 网络层数
        num_stages=4,                         # ResNet 的 stage 数量
        out_indices=(0, 1, 2, 3),             # 定义输出的 stage 序号
        frozen_stages=1,                      # -1 表示都更新参数
        style='pytorch'),
    # neck 子模块，此处定义特征金字塔 FPN 的参数
    neck=dict(
        type='FPN',                           # neck 类型
        in_channels=[256, 512, 1024, 2048],   # 输入的各个 stage 的通道数
        out_channels=256,                     # 输出的特征层的通道数
        num_outs=5),                          # 输出的特征层的数量
    # rpn 子模块，定义 RPN 相关参数
    rpn_head=dict(
        type='RPNHead',                       # RPN 网络类型
        in_channels=256,                      # RPN 网络的输入通道数
        feat_channels=256,                    # 特征层的通道数
        anchor_scales=[8],                    # 生成的 anchor 的基准尺寸
        anchor_ratios=[0.5, 1.0, 2.0],        # anchor 的长宽比
        anchor_strides=[4, 8, 16, 32, 64],    # 每个特征层上 anchor 的步长
        target_means=[.0, .0, .0, .0],        # 均值
        target_stds=[1.0, 1.0, 1.0, 1.0],     # 方差
        use_sigmoid_cls=True),                # 是否使用 Sigmoid 函数来进行分类
    # bbox_roi_extractor 子模块
    bbox_roi_extractor=dict(
        type='SingleRoIExtractor',            # RoIExtractor 类型
        roi_layer=dict(type='RoIAlign', out_size=7, sample_num=2),
        out_channels=256,                     # 输出通道数
        featmap_strides=[4, 8, 16, 32]),      # 特征图步长
    # bbox_head 子模块
    bbox_head=dict(
```

```
        type='SharedFCBBoxHead',              # 全连接层类型
        num_fcs=2,                            # 全连接层数量
        in_channels=256,                      # 输入通道数
        fc_out_channels=1024,                 # 输出通道数
        roi_feat_size=7,                      # ROI 特征层尺寸
        num_classes=81,                       # 分类器的类别数量
        target_means=[0., 0., 0., 0.],        # 均值
        target_stds=[0.1, 0.1, 0.2, 0.2],     # 方差
        reg_class_agnostic=False))
```

2. 模型训练设置

```
train_cfg = dict(                             # 训练参数模块
    rpn=dict(                                 # 训练时 RPN 参数子模块
        assigner=dict(
            type='MaxIoUAssigner',
            pos_iou_thr=0.7,                  # 正样本的 IoU 阈值
            neg_iou_thr=0.3,                  # 负样本的 IoU 阈值
            min_pos_iou=0.3,                  # 正样本的 IoU 最小值
            ignore_iof_thr=-1),
        sampler=dict(
            type='RandomSampler',             # 正负样本提取器类型
            num=256,                          # 需提取的正负样本数量
            pos_fraction=0.5,                 # 正样本比例
            neg_pos_ub=-1,
            add_gt_as_proposals=False),
        allowed_border=0,                     # 允许在 bbox 周围外扩一定的像素
        pos_weight=-1,                        # 正样本权值，−1 表示不改变原始的权值
        debug=False),                         # debug 模式
    rpn_proposal=dict(
        nms_across_levels=False,              # 是否在所有的 fpn 层内进行 NMS
        nms_pre=2000,
        nms_post=2000,                        # 在 NMS 后保留的得分最高的 proposal 数量
        max_num=2000,                         # 在处理完成后保留的 proposal 数量
        nms_thr=0.7,                          # NMS 阈值
        min_bbox_size=0),                     # 最小 bbox 尺寸
    rcnn=dict(
        assigner=dict(
            type='MaxIoUAssigner',            # 网络正负样本划分类型
            pos_iou_thr=0.5,                  # 正样本的 IoU 阈值
            neg_iou_thr=0.5,                  # 负样本的 IoU 阈值
            min_pos_iou=0.5,                  # 正样本的 IoU 最小值
            ignore_iof_thr=-1),
        sampler=dict(
            type='RandomSampler',             # 正负样本提取器类型
            num=512,                          # 需提取的正负样本数量
            pos_fraction=0.25,                # 正样本比例
            neg_pos_ub=-1,
```

```
                add_gt_as_proposals=True),
            pos_weight=-1,                          # 正样本权值，-1 表示采用原始权值
            debug=False))
```

3. 测试参数模块(参数含义可参考 train_cfg)

```
test_cfg = dict(
    rpn=dict(
        nms_across_levels=False,
        nms_pre=2000,
        nms_post=2000,
        max_num=2000,
        nms_thr=0.7,
        min_bbox_size=0),
    rcnn=dict(
            score_thr=0.05,
            nms=dict(type='nms', iou_thr=0.5),
            max_per_img=100))
```

4. 数据集设置

```
        dataset_type = 'CocoDataset'            # 数据集类型
        data_root = 'data/coco/'                # 数据集根目录
        img_norm_cfg = dict(
            mean=[123.675, 116.28, 103.53], std=[58.395, 57.12, 57.375], to_rgb=True)
            data = dict(
            imgs_per_gpu=2,                     # 每个 GPU 计算的样本数量
            workers_per_gpu=2,                  # 每个 GPU 分配的线程数
            train=dict(                         # 训练集参数
                type=dataset_type,              # 训练集类型
                ann_file=data_root + 'annotations/instances_train2017.json',
                img_prefix=data_root + 'train2017/',
                img_scale=(1333, 800),          # 输入图像尺寸
                img_norm_cfg=img_norm_cfg,      # 图像初始化参数
                size_divisor=32,                # 对图像缩放时的最小单位
                flip_ratio=0.5,                 # 图像的随机左右翻转的概率
                with_mask=False,                # 训练时是否采用 mask 注释数据
                with_crowd=True,
                with_label=True),               # 训练时是否附带标签
            val=dict(                           # 验证集参数，可参考训练集参数
                type=dataset_type,
                ann_file=data_root + 'annotations/instances_val2017.json',
                img_prefix=data_root + 'val2017/',
                img_scale=(1333, 800),
                img_norm_cfg=img_norm_cfg,
                size_divisor=32,
                flip_ratio=0,
                with_mask=False,
                with_crowd=True,
```

```
                with_label=True),
        test=dict(
            type=dataset_type,
            ann_file=data_root + 'annotations/instances_val2017.json',
            img_prefix=data_root + 'val2017/',
            img_scale=(1333, 800),
            img_norm_cfg=img_norm_cfg,
            size_divisor=32,
            flip_ratio=0,
            with_mask=False,
            with_label=False,
            test_mode=True))
```

5. 优化参数设置

```
optimizer = dict(type='SGD', lr=0.02,
momentum=0.9, weight_decay=0.0001)
optimizer_config = dict(grad_clip=dict(max_norm=35, norm_type=2))
# 学习策略
lr_config = dict(
    policy='step',                                  # 优化策略
    warmup='linear',                                # 学习率增加的策略，linear 为线性增加
    warmup_iters=500,                               # 学习率增加的周期
    warmup_ratio=1.0 / 3,                           # 学习率增加比例
    step=[8, 11])                                   # 在第 8 和 11 个训练周期时降低学习率
```

6. 其他工作参数

```
checkpoint_config = dict(interval=1)                # 自动存储的周期
log_config = dict(
    interval=50,                                    # 经过 50 轮训练后输出一次信息
    hooks=[
        dict(type='TextLoggerHook'),                # 控制台以文本格式输出信息
        # dict(type='TensorboardLoggerHook') ])
# 运行时间设置
total_epochs = 12                                   # 最大训练周期
dist_params = dict(backend='nccl')                  # 分布式参数
log_level = 'INFO'                                  # 输出信息的完整度级别
work_dir = './work_dirs/faster_rcnn_r50_fpn_1x'
load_from = None                                    # 加载模型的路径，并重新开始训练计数
resume_from = None                                  # 加载模型的路径，并继续训练计数
workflow = [('train', 1)]                           # 当前工作区名称
```

10.4.5　使用自己的数据集

　　MMDetection 为一些常用数据集做了接口，因此可以很方便在这些数据集上进行训练和检测。但很多时候还需要用 MMDetection 来训练自己的数据集或适配自己的数据类型。

　　对于目标检测任务来说，需要给出数据集中每张图像中的目标边界框和目标类别等信息。这些信息一般存储在一个或多个文件中，随数据集一起分发，这些文件称为数据集的

标注文件。目前常见的标注文件格式主要有 COCO 格式和 PASCAL VOC 格式。其中,COCO 格式的标注文件是一个 JSON 格式文件,包含所有图像的标注内容;而 PASCAL VOC 针对每个图像的标注信息单独建立一个 XML 格式文件进行存储。

MMDetection 提供了多个与数据集相关的类和文件,存放在/mmdet/dataset 目录中。包括 MSCOCO 数据集和 PASCAL VOC 数据集的访问代码。

- coco.py:提供了针对 MSCOCO 数据集的 COCODataset 类。
- voc.py:提供了针对 PASCAL VOC 数据集的 VOCDataset 类。

为了使 MMDetection 可以读取自有数据集,建议按照这两种数据集格式对数据进行存储和标注。下面以 VOC2017 格式数据集为例。

VOC2017 数据存储一般遵照以下目录结构:

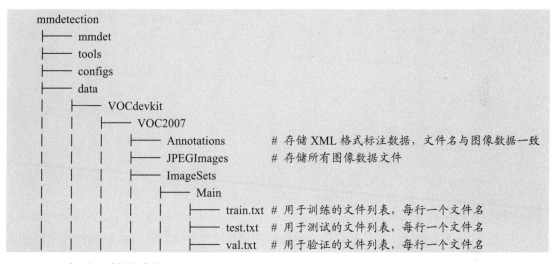

```
mmdetection
├──── mmdet
├──── tools
├──── configs
├──── data
│     ├──── VOCdevkit
│     │     ├──── VOC2007
│     │     │     ├──── Annotations      # 存储 XML 格式标注数据，文件名与图像数据一致
│     │     │     ├──── JPEGImages       # 存储所有图像数据文件
│     │     │     ├──── ImageSets
│     │     │     │     ├──── Main
│     │     │     │     │     ├──── train.txt  # 用于训练的文件列表，每行一个文件名
│     │     │     │     │     ├──── test.txt   # 用于测试的文件列表，每行一个文件名
│     │     │     │     │     ├──── val.txt    # 用于验证的文件列表，每行一个文件名
```

VOC 标注文件格式如下:

```
<annotation>
    <folder>VOC2007</folder>
    <filename>000001.jpg</filename>      # 此标注文件对应的图像文件名
    <source>
        <database>The VOC2007 Database</database>
        <annotation>PASCAL VOC2007</annotation>
        <image>flickr</image>
        <flickrid>341012865</flickrid>
    </source>
    <owner>
        <flickrid>Fried Camels</flickrid>
        <name>Jinky the Fruit Bat</name>
    </owner>
    <size> # 图像维度
        <width>353</width>               # 图像宽度
        <height>500</height>             # 图像高度
        <depth>3</depth>                 # 图像通道数
    </size>
```

```
        <segmented>0</segmented>              # 是否用于分割
        <object>                             # 图像中第一个目标信息
            <name>dog</name>                 # 物体类别名称
            <pose>Left</pose>                # 拍摄角度：front, rear, left, right, unspecified
            <truncated>1</truncated>         # 目标是否存在缺失或遮挡
            <difficult>0</difficult>         # 检测难易程度
            <bndbox>                         # 目标边界框
                <xmin>48</xmin>              # 边界框左上角横坐标
                <ymin>240</ymin>             # 边界框左上角纵坐标
                <xmax>195</xmax>             # 边界框右下角横坐标
                <ymax>371</ymax>             # 边界框右下角纵坐标
            </bndbox>
        </object>
        <object>                             # 图像中第二个目标信息
            <name>person</name>
            <pose>Left</pose>
            <truncated>1</truncated>
            <difficult>0</difficult>
            <bndbox>
                <xmin>8</xmin>
                <ymin>12</ymin>
                <xmax>352</xmax>
                <ymax>498</ymax>
            </bndbox>
        </object>
    </annotation>
```

用 LabelImg 等数据标注软件都可以方便地将图像标注为 PASCALVOC 格式的标注数据。

将数据集按照以上格式整理后，还需要将以下文件中的与目标类别相关字段修改为自有数据集的目标类别。假设自有数据集包含 person、dog、cat 和 fish 四类数据，操作步骤如下所述。

第 1 步，将/mmdet/dataset/voc.py 中的代码：

```
CLASSES = ('aeroplane', 'bicycle', 'bird', 'boat', 'bottle', 'bus', 'car',
           'cat', 'chair', 'cow', 'diningtable', 'dog', 'horse',
           'motorbike', 'person', 'pottedplant', 'sheep', 'sofa', 'train',
           'tvmonitor')
```

改为

```
CLASSES = ('person', 'dog', 'cat', 'fish')
```

第 2 步，将 mmdet/core/evaluation/class_name.py 中的代码：

```
def voc_classes():
    return ['aeroplane', 'bicycle', 'bird', 'boat', 'bottle', 'bus', 'car', 'cat',
            'chair', 'cow', 'diningtable', 'dog', 'horse', 'motorbike', 'person',
            'pottedplant', 'sheep', 'sofa', 'train', 'tvmonitor' ]
```

改为

```
def voc_classes():
    return ['person', 'dog', 'cat', 'fish']
```

第 3 步，将 cfg 配置文件中的代码：

```
bbox_head=dict(
        type='SharedFCBBoxHead',
        num_fcs=2,
        in_channels=256,
        fc_out_channels=1024,
        roi_feat_size=7,
        num_classes=81,          # 数据集中分类类别数量（背景也算一类）
                                 # 若数据集包含 80 类待检测目标，则 num_classes=80+1=81
        target_means=[0., 0., 0., 0.],
        target_stds=[0.1, 0.1, 0.2, 0.2],
        reg_class_agnostic=False,
        loss_cls=dict(
            type='CrossEntropyLoss', use_sigmoid=False, loss_weight=1.0),
        loss_bbox=dict(type='SmoothL1Loss', beta=1.0, loss_weight=1.0)))
```

改为

```
bbox_head=dict(
        type='SharedFCBBoxHead',
        num_fcs=2,
        in_channels=256,
        fc_out_channels=1024,
        roi_feat_size=7,
        num_classes=5,           # 自有数据集中包含 4 类待检目标
                                 # 再加上背景，num_classes=5
        target_means=[0., 0., 0., 0.],
        target_stds=[0.1, 0.1, 0.2, 0.2],
        reg_class_agnostic=False,
        loss_cls=dict(
            type='CrossEntropyLoss', use_sigmoid=False, loss_weight=1.0),
        loss_bbox=dict(type='SmoothL1Loss', beta=1.0, loss_weight=1.0)))
```

至此，按照本章前面所述的模型训练和测试方法，可以对自有数据集进行训练和测试。

10.5 本 章 小 结

本章首先回顾了目标检测的基础知识，然后重点介绍了基于 R-CNN 的两阶段目标检测网络，以及以 YOLO、SSD 为代表的单阶段目标检测网络。目前，高性能、高效率的目标检测方法仍然不断涌现，但本章介绍的这几种方法在不同程度和不同方向上开拓了卷积神经网络在目标检测任务上的新方向，因此仍然是学习目标检测网络的优秀范本。本章还介绍了目标检测算法库 MMDetection，这是一个不断扩充最新检测算法的优秀开源项目，可以帮助快速搭建算法原型或测试现有的模型。

参 考 文 献

[1] 李涓子, 唐杰. 2019 人工智能发展报告[R]. 中国人工智能学会, 2019.

[2] 周志华. 机器学习[M]. 北京: 清华大学出版社, 2016.

[3] 刘铁岩, 陈薇, 王太峰, 等. 分布式机器学习[M]. 北京: 机械工业出版社, 2018.

[4] 雷明. 机器学习与应用[M]. 北京: 清华大学出版社, 2018.

[5] A Gidon, T A ZoInik, P Fidzinski, et al. Dendritic action potentials and computation in human layer 2/3 cortical neurons[J]. Science, 2020, Vol. 367: 83-87.

[6] 胡越, 罗东阳, 花奎, 等. 关于深度学习的综述与讨论[J]. 智能系统学报, 2019, 14(1): 1-19.

[7] 周飞燕, 金林鹏, 董军. 卷积神经网络研究综述[J]. 计算机学报, 2017, 40(6): 1229-1250.

[8] 袁方, 肖胜刚, 齐鸿志. Python 语言程序设计[M]. 北京: 清华大学出版社, 2019.

[9] 周元哲. Python 3.x 程序设计基础[M]. 北京: 清华大学出版社, 2020.

[10] 陈云. 深度学习框架——PyTorch 入门与实践[M]. 北京: 电子工业出版社, 2018.

[11] M D Zeiler, R Fergus. Visualizing and understanding convolutional networks[C]. Proc of European Conference on Computer Vision, 2014: 818-833.

[12] 唐进民. 深度学习之 PyTorch 实战计算机视觉[M]. 北京: 电子工业出版社, 2018.

[13] 魏溪含, 涂铭, 张修鹏. 深度学习与图像识别——原理与实践[M]. 北京: 机械工业出版社, 2019.

[14] I Goodfellow, Y Bengio, A Courville. 深度学习[M]. 赵申剑, 等, 译. 北京: 人民邮电出版社, 2017.

[15] 董洪义. 深度学习之 PyTorch 物体检测实战[M]. 北京: 机械工业出版社, 2020.

[16] A Krizhevsky , I Sutskever, G Hinton. ImageNet classification with deep convolutional neural networks[C]. Advances in Neural Information Processing Systems, 2012: 1097–1105.

[17] K M He, X Y Zhang, S Q Ren. Deep residual learning for image recognition[C]. Proc of IEEE Conference on Computer Vision & Pattern Recognition. IEEE Computer Society, 2016: 770-778.

[18] K Zhang, W M Zuo, Y Chen, et al. Beyond a Gaussian denoiser: Residual learning of deep CNN for image denoising[J]. IEEE Tran. on Image Processing, 2017, 26(7): 3142-3155.

[19] K M He, X Zhang, S Ren, et al. Spatial pyramid pooling in deep convolutional networks for visual recognition [C]. Proc of European Conference on Computer Vision, 2014: 346-361.

[20] R A Yeh, C Chen, L Yian, et al. Semantic image inpainting with deep generative models[C]. Proc of the IEEE Conference on Computer Vision and Pattern Recognition. 2017: 5485-5493.

[21] Pathak D, Krahenbuhl P, Donahue J, et al. Context encoders: Feature learning by inpainting[C]. Proc of the IEEE Conference on Computer Vision and Pattern Recognition. 2016: 2536-2544.

[22] C Szegedy, W Liu, Y Jia, et al. Going deeper with convolutions[C]. Proc of IEEE Conference on Computer Vision and Pattern Recognition, 2015: 1-9.

[23] K Simonyan, A Zisserman. Very deep convolutional networks for large-scale image recognition[C]. Proc of International Conference on Learning Representations, 2015: 1-14.

[24] W Liu, D Anguelov, D Erhan, et al. SSD: Single shot multibox detector[C]. Proc of European Conference on Computer Vision, 2016: 21-37.

[25] J Redmon, S Divvala, R Girshick, et al. You only look once: Unified, real-time object detection[C]. Proc of the IEEE Conference on Computer Vision and Pattern Recognition, 2016: 779-788.

[26] R Girshick. Fast R-CNN[C]. Proc of IEEE International Conference on Computer Vision. 2015: 1440-1448.

[27] S Q Ren, K M He, R Girshick, et al. Faster R-CNN: Towards real-time object detection with region proposal networks[J]. IEEE Trans. on Pattern Analysis and Machine Intelligence. 2017, 39: 1137-1149.